图书在版编目（CIP）数据

以运营为导向的乡村规划策划和设计 / 张尚武，桑春，徐驰主编. —— 上海：同济大学出版社，2024．8. （理想空间）. —— ISBN 978-7-5765-1252-6

Ⅰ．TU982.29

中国国家版本馆 CIP 数据核字第 2024LK4373 号

理想空间
2024—8（96）

编委会主任	夏南凯　俞　静
编委会成员	（以下排名顺序不分先后）
	赵　民　唐子来　周　俭　彭震伟　郑　正
	夏南凯　周玉斌　张尚武　王新哲　杨贵庆
主　编	周　俭　王新哲
执行主编	管　娟
本期主编	张尚武　桑　春　徐　驰
责任编辑	由爱华　朱笑黎
编　辑	管　娟　姜　涛　顾毓涵　余启佳　钟　皓
	郭玖玖　田佼民　王　杉　李　旭
责任校对	徐春莲
平面设计	顾毓涵
主办单位	上海同济城市规划设计研究院有限公司
地　址	上海市杨浦区中山北二路 1111 号同济规划大厦 1408 室
网　址	http://www.tjupdi.com
邮　编	200092

出版发行	同济大学出版社
经　销	全国各地新华书店
策划制作	《理想空间》编辑部
印　刷	上海颛辉印刷厂有限公司
开　本	635mm x 1000mm 1/8
印　张	16
字　数	319 000
印　数	1—2 500
版　次	2024 年 8 月第 1 版
印　次	2024 年 8 月第 1 次印刷
书　号	ISBN 978-7-5765-1252-6
定　价	55.00 元

购书请扫描二维码

本书使用图片均由文章作者提供。

编者按

近年来，乡村振兴已从重点关注物质环境建设逐步进入了强调乡村全面振兴的新时期，乡村运营逐渐成为当前乡村振兴实践中的重要内容，与乡村规划建设的关系日益紧密。新时期乡村运营的重点任务是结合乡村物质空间规划建设，通过整合资源要素、创新开发模式、改革体制机制等举措，提升各类公益性和经营性"资产"的使用效率，并使得其中部分"资产"能够获取持续收益，或者减少乡村公共支出负担，从而促进乡村的可持续发展。当前国内涌现了大量的乡村运营实践案例，但在实际工作中仍存在诸多问题值得探讨。

本辑在探讨乡村运营与乡村振兴关系的基础上，从具体项目实践出发，通过开展代表性案例剖析，阐述和总结乡村运营项目的发展趋势，以及规划策划设计与乡村运营项目的融合关系。全书分为主题专访、主题论文和实践研究三个部分。主题专访重点从规划设计提升、人力资源发掘、开发模式选择、学科教育完善等维度，探讨乡村运营带来的新要求；主题论文结合不同地区的案例，探讨策划规划、建筑设计与乡村项目运营之间的联动和支撑关系；实践研究重点包括两个视角的探讨，一是运营前置思维如何影响多层次策划规划设计实践；二是多类型项目运营方对乡村振兴和建设的认识和思考。

上期封面：

CONTENTS
目录

新时期乡村运营与乡村振兴的关系
Several Understandings of the Relationship Between Rural Operation and Rural Revitalization in the New Period

张尚武，同济大学建筑与城市规划学院教授，上海同济城市规划设计研究院有限公司院长，上海市工程勘察设计大师。

[文章编号]　　2024-96-A-004

一、乡村运营的概念与作用

采访人：当前，乡村振兴已从重点关注物质空间建设的阶段进入了强调乡村全面振兴的新时期，各类文旅业态、新农业业态、农村电商业态和新公共服务业态在乡村地区不断涌现。乡村运营逐渐成为当前乡村振兴实践中的重要内容。您如何看待乡村运营在新时期乡村振兴中的作用？

张尚武：乡村运营是指通过市场化手段实现乡村地区资源资产价值转换的运行和经营活动。乡村运营是一个很综合的概念，就像城市运营、社区运营的概念一样，既可以指那些位于乡村地区的具体经营性项目的运营，又可以理解为是一个广义的系统性运营的概念。它不仅仅是经济维度的，也应该包括社会、生态、文化等多个维度。

强调乡村运营的理念，核心是探索一种乡村地区综合的、可持续的发展模式。通过乡村运营让乡村地区恢复发展能力，逐步培育乡村地区的内生发展动力，使乡村能够具备长期的、可持续发展的能力。乡村运营与积极应对"三农"问题密不可分，涉及乡村地区第一、第二、第三产业的融合，涉及生态、文化价值的转换，涉及物质空间的利用，也涉及乡村社会治理能力建设等多个方面，是推进乡村振兴战略的一个重要组成部分和基础性环节。实现乡村振兴离不开乡村运营。

二、乡村运营的重点和难点

采访人：您认为新时期乡村运营的重点、难点是什么？应当如何应对并克服这些重点、难点？

张尚武：在当前的乡村规划建设活动中，乡村运营的概念已经受到广泛关注。但大量的实践也表明，乡村运营最大的难点，或者特殊性，在于乡村虽然是很具体的场所，但是与城市相比，乡村本身不具备市场经济环境下的多元要素集聚条件，比如大部分乡村的户籍人口流失，常住人口分布分散且老龄化严重，特色资源缺乏且分散，产业基础和集体经济基础薄弱，就业机会尤其是高收入的就业机会稀少，所以较为城市运营而言，乡村要探索出一套成熟的运营模式是相对困难的。举例而言，现在大都市周边乡村或者有特色资源的乡村，都在大力推动乡村文旅业态建设和运营，但是乡村文旅业态作为一种消费业态，在实际运营中有很多困难之处，比如工作日和节假日客流的峰谷不均，缺乏周边客群的日常消费支撑，文旅内容相对单一乏味而难以吸引复购等。尤其是在后疫情时代，这些问题更加明显。

随着乡村振兴进入新时期，乡村运营还面临很多的难点与痛点需要突破。从宏观层面而言，乡村运营需要创造城乡之间要素通畅流动的条件。当前城乡之间还存在很多要素流动的壁垒，比如，城里人想要去农村投资缺乏清晰的途径，取得农村建设用地、农业用地使用权的方式和机制仍然不够清晰，缺乏相应的成熟管理体系；又比如，各类乡村运营业态的管理规则不清晰，水上运动、露营等新业态缺乏经营许可审批依据，各地对乡村民宿的管理规则差异较大，农用地如何利用也有各种规则模糊地带；还比如退休的城里人要长期回到农村生活居住也缺乏有效的政策支撑。以前农业时代村里能培养进士进入城市，进士退休之后能够返回农村养老，并成为乡贤带动一方发展，现在这种现象已经不多见了。总之，各类城市要

素进入农村、利用农村资源发展农村的壁垒仍然比较多，城乡双向流动模式尚未建立，这是推动乡村运营中迫切需要解决的问题。

因此，为了让乡村运营在新时期乡村振兴过程中发挥更大的作用，国家在宏观层面应该积极稳妥地推进改革，持续打破阻碍城乡要素流动的各类壁垒，建立起良性的体制机制，从而激发起各类主体投资乡村、建设乡村和运营乡村的动力。当前我国的城镇化正处在城乡关系持续动态变化的关键阶段，重视乡村运营、推动乡村振兴非常紧迫且意义重大。一旦进入城镇化格局固化、乡村全面衰退阶段，再去推动乡村振兴的难度和代价会非常大。

三、乡村运营和乡村规划建设的关系

采访人：一段时期内，部分乡村存在"重规划建设、轻后续运营"的现象，造成一些资源闲置和浪费。如部分村级公共服务设施使用频率较低，没有发挥应有的作用，部分村级道路、绿化等基础设施建成后运营维护不到位，短期内无法正常使用；又如部分政府主导的乡村文旅项目在建设时"大干快上"，但最后经营惨淡，投资难以收回，政府负债增加。您怎样看待新时期乡村运营和乡村规划建设之间的关系？

张尚武：在过去一段时期，农村地区的发展"欠账"比较多，因此，乡村振兴战略的各项行动比较多地关注在乡村物质空间提升上，包括人居环境整治、公共服务设施补足、基础设施建设和改善住房条件等方面，项目的推进实施大部分靠各级政府的投入。在上一个阶段，开展这些规划建设是有必要的，这也

为未来乡村的发展提升奠定了基础。但一个阶段应当有一个阶段的重点，进入新时期，大部分乡村各类基础设施、公共服务设施、人居环境等都得到不同程度的提升，东部沿海发达地区的乡村可能已经具备相当高的建设水平。同时，当前各级政府的财政预算也进入"紧约束"时期，"只考虑当期建设、不考虑后续运营""只考虑投入、不考虑产出"的时代在逐步过去，确实需要开始重视培育乡村内生动力，关注除物质空间建设之外的乡村运营议题。

乡村规划建设与乡村运营之间的关系可能需要按两类对象分开来探讨。

一是乡村的公益性设施和空间。在这些设施和空间规划建设之初，就应该考虑到与乡村可持续运营之间的关系，比如乡村人居环境提升，不应该追求城市精致型的绿化景观设计，而应该采用适宜当地的、低养护成本的设计。又比如乡村的公共服务设施建设，规划建设时应当考虑未来功能使用的弹性，甚至是考虑与经营性功能的适度混合，以提高设施的使用效率，现在城市里出现的菜市场与社区邻里服务中心融合建设的思路值得借鉴。还比如乡村的基础设施建设，规划建设时一方面要考虑便于村民出行使用，另一方面，也要兼顾未来产业发展、培育的需要，为乡村经营性业态的导入提供助力。

二是乡村的经营性、产业类项目。对于这类项目，政府或者村集体层面重点需要做好"公共产品"的供给。这些"公共产品"既包括前述的物质空间类的公共产品，又包括很多政策性、制度性的"公共产品"。如市场主体获得乡村特定空间资源使用权的政策、资金奖补政策、后续各类业态的经营管理政策等。政府和市场主体要有分工，政府应当强化政策引导，为乡村营造一个可持续发展的环境，避免各类项目对乡村生态、农民生活和农业生产产生消极影响。同时，要打通壁垒提供通道，为资本、为人才进入乡村创造更有利的条件。市场主体在政府引导下，充分发挥自身特长和能动性，开展具体的乡村产

3.乡村地区的水上活动运营现场照片
4.中国城市规划学会乡村规划与建设学委会在专业实践基地举办学术交流活动的现场照片
5.同济规划院设立乡村规划建设研究院,揭牌仪式现场照片

品设计、企业运营和空间运营,从而实现可持续的乡村振兴。

无论政府还是市场主体都应该认识到乡村发展问题的地域性与多样化挑战,应尊重乡村地区的发展规律来谋划应对之策。乡村地区缺乏城市地区所拥有的"规模经济"效应,且不同地区的乡村发展差异较大,每一个实际项目都可能会因为区位条件、政府财力、体量规模、功能定位或政策制度要求的不同,而选择不同的"投资—建设—运营"模式,并不存在哪一个模式是最好的,只要能实现经济效益、社会效益、生态效益等多维度综合平衡的模式就是可行的。因此,一方面,政府应当顺应市场发展趋势,聚焦小部分有特色资源、区位条件较好的乡村,制定相应政策,推动打造乡村运营的示范性案例;另一方面,要意识到乡村问题的解决是一个长期过程,没有一劳永逸的方法和模式,需要因地制宜地持续调整发展思路。乡村运营与规划建设切忌急于求成,走"运动式""全覆盖""一刀切"推进的老路。要避免大规模地、不计代价、不讲收益地打造"形象工程",将政府投资变成后续的沉重"包袱",而应该让"政府的归政府,市场的归市场",结合市场需求慢慢来做。通过不断地探索和总结,寻找乡村可持续的"投资—建设—运营"的方法和路径。

总体而言,新时期的乡村规划建设,需要有"运营前置"的思维,在乡村规划建设活动的第一步,就要考虑相应的运营思路。要打破就事论事的思维,用更加综合化、长期化的思维来推进规划建设项目的实施落地,就像现在大家认识到"城市更新"不仅仅是物质空间的更新,还需要考虑长期运营和可持续发展。乡村规划建设方案的编制需要融入策划思维和运营思维,乡村规划建设方案的实施需要在政府的政策引导和通道构建下,实现村内、村外资源和需求的结合,以单个项目的良性运营为基础,不断积累,推动乡村整体的良性运营。只有这样,乡村内生的发展动力才能够建立起来,乡村运营与规划建设才能够较好地结合,而不能等物质空间都建设完成了再来思考如何开展乡村运营。

四、乡村运营与乡村人群多元化

采访人:您刚才也提到,乡村运营是一个长期和伴随的过程。我们在实践中也经常会遇到或者听到这样的现象,一些外来市场主体主导的经营性项目在运营过程中,不可避免地和原住村民产生关联。一方面,可能存在联动协同,如很多运营主体会聘请当地村民,给留守村中的村民提供诸如保洁、后勤、厨师、农业种植养护等就业岗位;另一方面,也有矛盾冲突,如外来游客、外来经营主体与原住村民的生活习惯、生产方式等存在矛盾和冲突。您认为在长期的乡村运营中,应当如何认识乡村振兴与乡村人群的关系?

张尚武:乡村振兴的根本目的还是要解决"三农"问题,要让农业、农村和农民得到实际意义上的发展,而不是去解决某些企业的发展问题,否则路线方向就走偏了。农民本身是乡村社会

6.笔者在无锡某村踏勘调研现场照片
7.乡村地区的亲子研学活动运营现场照片

的主体，乡村运营必然要与当地村民进行良性互动，才能取得根本性的成功。

从人群来看，乡村运营会涉及三类人群，一是老村民，就是出生和成长在本村、至今仍常住在本村的村民。乡村运营需要发展集体经济，充分保障老村民的利益。在乡村运营业态的遴选上，要考虑引入业态与本地人口结构、劳动力结构的匹配性，尽量让老村民能够参与进来，从而让老村民的社会网络能够为乡村运营所用，使其成为乡村发展的主要力量；二是新村民，就是有较长时间工作或者生活在本村的外来人群。乡村运营要依靠新村民进入乡村，为乡村的发展带来新的资金、思路和技术。新村民中要重点关注那些曾经出生或生活在本村、后来进入城市、现在又有可能回到乡村的人群，这些人本身对于乡村既有"乡愁"记忆和文化羁绊，又具备新的视野和技术，往往能对乡村发展起到重大的带动作用，成为新时期的"乡贤"；三是游客或者消费者，就是短期来本村内旅游，或者购买本村农产品的人群。乡村运营也要高度重视这部分人群，毕竟乡村运营的"现金流"很大部分来自这部分人群。在乡村运营中，要引导消费者充分尊重新老村民的生活习惯和文化习俗，避免发生冲突和矛盾。

五、乡村运营对规划人才、规划教育的新要求

采访人：在新时期乡村运营得到普遍重视的情况下，规划师未来可能也要能够了解乡村运营、具备整合乡村运营资源的能力，您认为规划设计师从事乡村运营有什么优势？乡村运营对规划行业从业人员、规划教育提出了什么新要求？

张尚武：乡村振兴战略的落实包含一个很长的链条，它涉及多学科、多专业和多团队的合作，其中规划与运营是至关重要的环节。我们在乡村规划建设实践中也发现，很多乡村实际运营项目的发起人是规划师和设计师出身，这些人中不乏国内知名连锁民宿品牌创始人、知名乡村文旅投资运营先行者等。

在乡村运营中，相对于其他专业出身的人员，规划设计师对社会、经济、文化、生态和空间等多个维度的综合理解更加全面，更加熟知土地政策、规划实施全过程和空间设计的重点，能够把握乡村规划建设与运营的全局，更适合站在乡村运营项目前端开展统筹。同时，乡村运营不同于乡村设计，事务相对琐碎且是长期工作，需要与属地政府、多方供应商和客户衔接协调，而规划设计师本身就具备较强的多方沟通和协调能力，这也是规划设计师从事乡村运营的一个优势。

从乡村振兴领域的社会需求来看，乡村运营是未来乡村规划建设落地不可少的环节，也将对乡村规划设计本身提出新的要求。因此，城乡规划从业人员的专业能力也会相应地发生变化，对于规划实施、策划运营等方面要强化相应的技能储备。但也应该注意到，大部分的规划师和研究者不一定会大包大揽地亲自下场进行投资和运营实践，更多的是从事前端统筹和引领等工作。因此需要一支更专业、更综合的团队才能整合包括乡村运营方在内的各种资源要素，实实在在地推动乡村地区发展。

最近同济规划院组建了乡村规划建设研究院（以下简称乡村院）。组建乡村院的主要目标是依托同济大学，倡导产学研一体化，从理论和实践两方面培养人才、积累经验，建设一个面向专业领域的实践平台和产学研平台，为我国乡村振兴战略实施提供助力。十多年来，同济规划院开展了大量的乡村规划建设类项目，积累了很多乡村教学和实践活动的经验，聚集了一批专业人才，在国内已拥有较大影响力，未来希望将乡村规划建设作为一个专业化的领域，去发挥和提升同济规划院的技术优势。

从乡村运营对城乡规划教育的要求来看，城乡规划专业学生的知识体系为适应乡村发展趋势，需要相应地发生变化。一是课程体系的变化，针对不同学习阶段，应增设与乡村运营相关的课程，甚至不排除未来增设相应专业或者梯队方向；二是教学模式的变化，一方面要通过"企业导师""校外导师"等制度，引入更多的身处乡村建设运营实践一线的人才进入师资队伍，增加学生在乡村运营实践方面的知识储备；另一方面，要创建乡村规划建设的教学实践基地库，让学生更多地去教学实践基地现场、去企业开展体验和学习活动，使得学生更早地对乡村规划建设和乡村运营形成实际的认知。

采访人：黎威
文字整理：侯琬盈、黎威

主题论文
Theme Paper

乡村振兴中的地域文化挖掘
Local Culture Excavation in Rural Revitalization

桑 春　褚丽珍　袁中慧
Sang Chun Chu Lizhen Yuan Zhonghui

[摘　要]　自党的十九大提出乡村振兴战略以来，特色小镇在发展乡村旅游、推动乡村振兴中发挥着日益显著的作用，而特色小镇的建设和发展，离不开在地文化的融入运用。本文首先介绍新宾边外林场的项目背景、基本情况和建设目标；其次对新宾边外林场的在地文化进行深度的挖掘和创新运用，提出"重启人地交流"的社会价值，归纳人地交流的五个系列，即从自然、林事、生活、文化、创作五个方面策划边外林场"二十四节气"小镇项目产品体系；最后给出项目的空间结构和平面布局，并思考新时代背景下项目建设与乡村振兴、当地产业发展的关系和建设意义。

[关键词]　乡村振兴；在地文化；边外林场；"二十四节气"小镇

[Abstract]　Since the 19th National Congress of the Communist Party of China put forward the rural revitalization strategy, characteristic towns have been playing an increasingly prominent role in developing rural tourism and promoting rural revitalization. The construction and development of characteristic towns are inseparable from the integration and application of local culture. This article firstly introduces the project background, basic situation and construction goals of the Bianwai Forest Farm. Secondly, the article carries out in-depth excavation and innovative application of the local culture of Xinbin Bianwai Forest Farm, puts forward the social value of "restarting human-local communication", summarizes the five sequences of human communication, and plans the product system of the 24 solar terms of the Bianwai Forest Farm from five aspects: nature, forestry, life, culture and creation. Finally, the spatial structure and plane layout of the project are given, and the article further considers the relationship and significance of project construction, rural revitalization and local industrial development under the background of the new era.

[Keywords]　rural revitalization; local culture; Bianwai Forest Farm; "24 Solar Terms" town

[文章编号]　2024-96-A-008

1.新宾区位图
2.新宾14个国有林场分布图

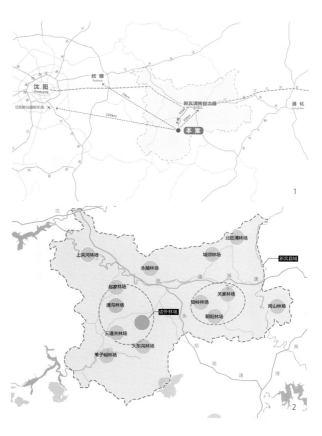

一、项目介绍

1.项目区位

项目位于辽宁省抚顺市新宾满族自治县，当地有着丰富的森林资源，森林面积高达26.02万hm²，森林覆盖率73.9%。14个国有林场分布于全县11个乡镇，经营总面积93.2万亩，森林覆盖率91.1%，布局呈现大分散、小集中的空间格局。其中，边外林场直线距离沈阳桃仙国际机场105km、距抚顺市70km、距新宾满族自治县35km，距离省道S104沈通线6.5km。

2.林场概况

边外林场成立于1963年3月1日，至今已有60多年历史，主要负责经营、管理、培育林场所属国家森林资源和优良苗木。林场主要业务以种植、采集为主，还负责加工、销售林木、林制品及林副产品等，在职员工126名（50户左右）大多已搬离林场。

项目总用地面积约48.65km²，其中边外工区作为项目的重点区域范围总占地面积约2269.3hm²，林场的山、水、林、田、村构成了一个生命共同体。

二、项目目标及在地文化挖掘

1.项目目标

特色小镇自2015年在全国快速建设推进，从目前建设较为成熟的浙江模式和西部（陕云贵）模式看，很多特色小镇在政策引导下被当作一个新兴的产业空间来看，对地方多元文化内涵、人与场所空间关系的研究重视不足，缺乏文化与小镇的融合，最后又沦为一批单一模式化房地产项目。如何使特色小镇与当地文化融合创新，使人获得文化认同和文化归属，是特色小镇项目需要重点研究的课题。

文化同样也是乡村振兴中不可忽视的环节，是乡村的灵魂所在。在地文化指当地文化与环境的特定融合关系。在地文化的类型丰富，在地文化地域性部分的挖掘有很多方法和分类[1]，其既包括物质性的城市风貌、乡村聚落、特色名人故居、庄园农场、博物馆、饮食

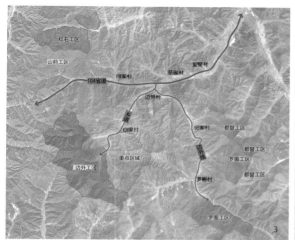

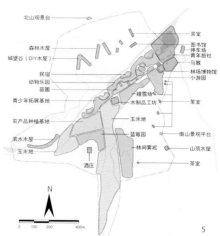

3.用地范围图　　4.项目总体布局图　　5.启动区平面布局图

服饰、各类工艺产品、特产资源等，又包括非物质性的地方社会制度、风俗习惯、人文风情、特色仪式节庆、展会赛事、科技教育与道德风尚等。在地文化是特定区域内源远流长、独具特色的文化传统，是一种凝练的内生动力，也是乡村振兴的重要资源。

本项目依托新宾的森林景观资源和乡村民俗资源，以中国二十四节气文化为内涵，深度挖掘传统节气文化、中医养生文化、林场生态文化、地域民俗文化中关于人地关系的智慧，以二十四节气为时间，整合东北林场与线上虚拟空间，将项目打造成为中国北方民宿的典范、东北林场特色小镇、国有林场改革示范点，一个能唤起林场生活记忆、重温乡愁及缅怀故乡、传递人地交流核心价值的森林特色小镇。

此外，项目也打造出了一种北方的林场空间新形态，探寻了一种适合于林场转型发展的新模式，以特色小镇建设为抓手，寻找一条适合新宾乃至东北林场产业发展的新思路。

2.在地文化挖掘体现

项目以东北地区人与森林生态交融的森林文化为基底，以中国传统二十四节气文化为内涵，强调天人合一、阴阳平衡的生活态度和价值观。

（1）"二十四节气"景观塑造

通过林场典型的节气景观塑造地域景观特色，如霜降枫叶红、大雪雾凇白等。

（2）"二十四节气"林事、农事活动体验

通过林事体验、森林活动、农事活动体验感知"春生夏长、秋收冬藏"的物候现象，体会古人的智慧和自然的更替变换。

（3）"二十四节气"传统特色活动

通过将二十四传统节庆节气活动与新宾当地传统风俗活动相结合，感知新宾本土节气文化和农耕文明。

（4）"二十四节气"养生之道

依据二十四节气作息生活，强调人与自然的和谐共处、阴阳平衡养生之道。

（5）"二十四节气"饮食文化

依节气形成规律的饮食作息习惯，增加当地二十四节气特色食物等。

三、项目愿景及原则

1.项目愿景

现代化与城镇化进程让人们快速奔入小康生活，却阻断了原本健康的人地交流，使得人们的生活，以及社会、生态、文化等都出现了一些偏差与问题。故此，笔者提出"重启人地交流，构建林场生活乌托邦"的愿景。本项目涉及的绝大部分产品蕴含的社会价值都契合这一愿景，包括有机食物、中医药养生、冥想静修、生产民俗、自然崇拜、生活美学等，并基于此愿景进一步搭建出整套价值体系。

2.项目设计原则

（1）总体规划设计原则

规划传承既有的空间存在理念，梳理边外林场现有山林水系等大地景观，将其作为项目的自然大环境基底，使建筑融于自然及景观环境中。

（2）建筑设计原则

自然部分：最重要的是窗户，为窗户打造房子，忘情山野，身临其境。

人文部分：最重要的是记忆，为记忆打造场所，记住乡愁，触景生情。

（3）景观设计原则

景观是设计师与体验者共同的作品，以"体验"为第一景观目标，通过"欲扬先抑"的设计手法，打造"桃花源记"式的林场画卷，体验"看山是山，看水是水；看山不是山，看水不是水；看山还是山，看水还是水"的景观意境。

3.产品策划原则

项目的产品体系分为两个不同板块，即林场在地产品和非在地产品，分别担负不同的职能，两者并不是割裂独立存在的，而是相辅相成，共同进行。客户的体验也是遵循"从线上到线下，最后回到线上"的完整闭环。

林场在地产品：林场乌托邦生活情境的一系列综合性体验地，侧重于传递项目价值主张、营造项目整体的体验情境，以及建立品牌调性。

非在地产品：以线上App电商为代表的，关于人地交流的各类生态产品、创新产品、艺术作品等，以及上述产品的在线销售平台。

四、产品体系设计

项目中每个产品并不是彼此孤立的，它们都是大林场情境的构成要素，项目从自然、林事、生活、文化、创作五个方面，进行系列产品策划（表1）。

1.自然——林场四时

在地体验产品包括林场原始森林、多种动植物、丰富的物产等，让客户在林场真正见到处于自然生命状态下的动物、植物。体验内容包括林场节气游线和"物候笔记"系列亲子活动。

6.启动区平面布局图

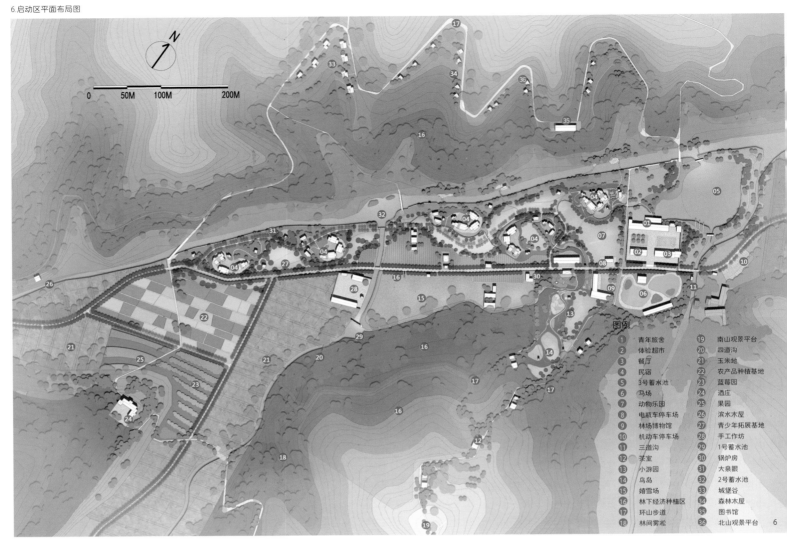

图例

①	青年旅舍	⑲	南山观景平台
②	体验超市	⑳	四道沟
③	餐厅	㉑	玉米地
④	民宿	㉒	农产品种植基地
⑤	5号蓄水池	㉓	蓝莓园
⑥	马场	㉔	酒庄
⑦	动物乐园	㉕	果园
⑧	电瓶车停车场	㉖	滨水木屋
⑨	林场博物馆	㉗	青少年拓展基地
⑩	机动车停车场	㉘	手工作坊
⑪	三道沟	㉙	1号蓄水池
⑫	茶室	㉚	锅炉房
⑬	小游园	㉛	大泉眼
⑭	鸟岛	㉜	2号蓄水池
⑮	嬉雪场	㉝	城堡谷
⑯	林下经济种植区	㉞	森林木屋
⑰	环山步道	㉟	图书馆
⑱	林间雾凇	㊱	北山观景平台

表1

项目产品体系表

产品类型			林场在地空间		林场线上空间	
			在地体验产品	体验地点	内容传播	销售产品
常年产品	自然	林场四时	森林动植物观赏与认识，与林场游线结合	整个林场，尤其是其中的游步道及景观节点	科普知识林场播报	野生物产、种植养殖产品、加工食品
	林事	林事拾趣	根据各个节气下林事生产规律，策划若干当季林事体验活动，包括林下经济种植与采摘、畜牧养殖、森林捕猎、森林环保教育与养护等方面	树林、动物乐园、果园、玉米地、酒庄、蘑菇体验地、菜园	林场播报	野生物产、种植养殖产品、加工食品
	生活/文化	珍味尝新	在节气点推出当下季令特色创意餐饮	餐厅	节气菜谱	新鲜果蔬
		山林闲居	全方位的应季养生服务，包括起居提醒、饮食调养、药膳、中医理疗、芳香美容、户外运动、静修等	餐厅、茶室、游园、民宿、森林氧吧/温泉谷	养生	林场自制特色养生产品（食用、养护等）
		勇者游戏	当季适合的户外运动、传统游戏、娱乐活动，如放风筝、蹴鞠、毽子、滑雪、马术、射箭、植物迷宫、露营等	马厩、驯马场、射箭场、嬉雪/滑草场、露营地、城堡谷、游泳池、露天影院	林场播报	特色活动物品、器具
	创作/文化	神秘森林	根据不同节气和节日的传统文化，策划文化体验产品，如结合萨满文化与元宵节日、惊蛰节气的面具狂欢，结合七夕节、牛郎织女传说举办烟火观赏会	游园、玉米地、公共草坪、城堡谷以及林场其他地区	林场播报	文创产品、游戏道具
		看见林场	利用林场不同季节的景观变化，开展景观设计与摄影、写生等影像创作活动	整个林场	林场播报	明信片、装饰画、模型等文创产品
		林场故事	以林场经营者、工作人员、嘉宾以及客户为原型，创作林场故事，用户可在当地与这些角色会面	整个林场	林场故事	书籍
		手作文创	手工艺及文创体验课	手工作坊、图书馆、老宅	林场播报	手工艺品、文创产品
		驻地计划	邀请名家或客户来林场当地进行在地创作，借用学者、艺术家本身的个人品牌效应，同时探索人地交流价值	图书馆、老宅、手工作坊、民宿、会议中心	林场播报	文创产品
非常年产品（以节气时间推出）		合作活动	与伙伴单位合作，不定期举办活动	全国实践基地	林场播报	文创产品
		其他营销活动	节气节日、重大事件、传统活动等	全国实践基地	林场播报	文创产品

线上内容传播包括当下节气内涵介绍、林场物候介绍、主要动植物相关知识介绍、在地体验产品介绍、活动情况播报等。

2.林事——林事拾趣

线下主要以在地特色文化活动体验为主，根据各个节气下林事生产规律，策划若干当季"林场拾趣"系列林事体验活动。

线上可以配套提供、传播相应的内容，另外，线上开通产品销售渠道，销售东北特色的野生物产、二十四节气种植养殖及加工产品等。

3.生活/文化——珍味尝新、山林闲居、勇者游戏

（1）珍味尝新

在不同的节气吃当季的食物，以各个活动节点的传统节气食品为依据，在此基础上进行当代创新，古法新做，开创具有二十四节气文化特色的创意食品。

（2）山林闲居

推出全方位的应季养生服务，做到与自然共生、依时养生、强身健体；设计以传统二十四节气养生知识为核心的"节气生活手册"。

（3）勇者游戏

在地体验产品以当季适合的户外运动、传统游戏、娱乐活动为主，并设计特色游戏和户外活动类产品。

4.创作/文化——神秘森林、看见林场、林场故事、手作文创、驻地计划

（1）神秘森林

"神秘森林"系列文化体验产品以节气传统文化、东北地域文化、萨满文化等为素材，创新文化体验产品，并开发文创产品，线上同时售卖相关文创和游戏道具等。

（2）看见林场

利用林场不同季节的自然环境变化，进行局部景观设计与建筑内外部装饰创新，同时开展摄影、写生等影像创作活动。

线上可以以图文形式介绍林场当下节气的景观创新，用图文介绍人居环境设计、不同节气人居环境布置要点等。

（3）林场故事

以林场经营者、工作人员、嘉宾以及客户为原型，根据当下节气生活、生产内容创作故事，拉近客户与林场的心理距离，构建亲近关系。

（4）手作文创

林场传承传统手工艺，使用原生态材料，秉持基于人地交流的现代创意设计理念，面向亲子或手工艺爱好者展开手作文创系列活动，一些传统手工艺品、三老仿制品，以及其他林场特色文创产品可以放到线上销售平台对外销售。

（5）驻地计划

林场不定期邀请名家或客户来林场进行在地创作，借用学者、艺术家本身的个人品牌效应，探索与挖掘林场的人地交流价值，这些名家有设计师、作家、学者、艺术家、手工艺人、中医师等。

林场的线上平台也可以销售名家签售图书、名家入驻林场期间创作的作品与文创产品等。

表2 启动区主要设施内容

区域板块	主要设施	功能业态
河谷游憩	青年旅舍	青年旅舍、浴室、餐厅、微型无人超市
	民宿	24个民宿、北方院落、泡池、菜地
	林场博物馆	林场博物馆、DIY木制精品店
	马厩	跑马场、马厩
	动物乐园	鹿苑、玉兔苑、牛圈、羊圈、鸡鸭鹅圈等、草坪、花卉
	小游园	休憩公园
	苗圃	松树苗圃、药材等
	嬉雪场	嬉雪场、配套服务用房
	手工作坊	木制品工坊、体验店
	青少年拓展基地	丛林拓展基地、树屋住宿体验
田园体验	农产品种植基地	蔬菜采摘
	蓝莓园	水果采摘
	果园	水果采摘
	玉米地	玉米采摘
	酒庄	酿酒、酒吧、酒文化体验馆
北山游憩	图书馆	阅读、喝茶、休憩
	木屋	木屋住宿体验
	茶室	休闲娱乐
	城堡谷	DIY住宿体验
	林下经济	林下经济产业、体验
南山游憩	茶室	休闲娱乐
	木屋	木屋住宿体验
	林下经济	林下经济产业、体验
	雾凇	观景体验

9-12.边外林场现状图

5.其他服务

林场区别于普通的酒店或民宿，非常注重服务的个性化与非标准化。

公共空间服务设置安静区与社交区。安静区包括图书馆、阅读区、咖啡厅等，提供幽静与相对独立的环境。社交区包括接待空间、酒吧、餐厅等，旨在促进工作人员与客户，以及客户与客户之间的交流。

客房服务包括叫醒、早餐、洗衣、打扫、紧急医药等，注重服务细节的周到与个性化。

交通和导览服务包括林场价值理念阐述、国营林场历史讲述、林场导览导游带路、林场各类产品与服务介绍，以及停车服务、专车接送等。

五、项目规划布局

1.项目空间结构

项目打造"一核、四轴、六区、多点"的功能空间结构。其中"一核"为综合服务核，是整个规划区的综合服务站；"四轴"分别庙西岔发展轴、大泉眼发展轴、四道沟发展轴和三道沟发展轴；"六区"包括入口印象区、小镇风情区、庙西岔养殖区、大泉眼养生休憩区、四道沟运动露营区、三道沟走马区；"多点"为规划区的多级服务点，为各个功能区域提供公共服务。

2.启动区规划布局

入口印象区、风情小镇及南北侧部分山体作为项目首期启动区。启动区既要注重静态场景的打造，也要注重动态的项目溢出效应，以及对后续项目的示范效应。设计策划启动区重点项目，包括民宿、博物馆、手工作坊等，田园体验区以种植和农业体验为主，游憩和休闲的体验内容主要放在南北两侧山体（表2）。

六、项目技术研究

1.项目供暖方案设计

（1）制订供暖方案的原则

小镇供暖主要遵循以下三点原则。

经济：一次性投资节省+长期运行，就地取材且运维方便。

安全：尽量降低不完全燃烧气体渗透至室内的可能。

舒适：室内温度较为稳定，室温自动控制程度高。

表3　　　　　　　　　供暖单项技术方案对比

序号	供暖方案	优势	劣势
1	燃池	1.燃料就地取材 2.运维人力一次性投入 3.品牌宣传点突出	1.安全性问题的解决投入较高 2.室温波动大，自动控制程度低 3.结构体设计施工复杂度高 4.每季池内添柴清灰至少2次 5.南方设计师心里没底
2	电取暖或热泵供暖（空气能）	1.室温控制稳定 2.设计施工简单 3.产品成熟易用	1.运行费用较高 2.环保性较差
3	燃柴锅炉制取供暖用水	1.燃料就地取材 2.水系统供暖末端，技术成熟度高 3.能兼顾生活热水及泡池热水供应	1.管线、设备、机房等初投入大 2.日常锅炉添柴的运维人力成本高
4	组合方式	可根据建筑层数、机房及烟囱设置位置、燃池新型应用技术的特点，考虑上述三种供暖方案中两到三种方案的组合	

（2）供暖单项技术方案及其特点分析

详见表3。

（3）基于燃池供暖技术的组合供暖方案推荐

通过对近二十年涉及燃池供暖技术的核心期刊文献、燃池相关新技术的专利、传统燃池的官方和民间做法的研究，给出基于燃池供暖技术的组合供暖方案，即燃池直供首层，二层用电取暖；也可以燃池供首层，燃柴锅炉循环水供二层（锅炉可结合供应生活热水），此方案可作为备选方案。

2.项目给排水方案设计

（1）室内供水方案设计

常见的供水方式为深井泵取水后直接送到用水点或者先送到屋顶水箱，再凭重力流到用水点。

深井取水后直接送到用水点的供水方式，缺点在于大量用水时，深井出水量不足，出现水流过小、断水的情况。深井泵取水先到屋顶水箱，再重力流到用水点的供水方式，缺点在于严寒天气下水箱容易冻裂，且楼房需要加压才能满足用水点最小10m的水压。

项目初期建设最注重客房的体验以及社会的好评，最好采用用水稳定的系统，建议采用井水提升到第一个水箱（原水箱）—水质处理—净水箱—恒压变频恒压供水到用水龙头的方式。

（2）室外泡池供水方案设计

室外供水必须有稳定的热源供应，才能确保泡池的恒温使用，项目采用烧柴锅炉换热。

（3）客房太阳能与烧柴锅炉组合换热热水系统

单一的可再生能源不能满足项目的需求，必须有稳定的热源供应，避免淋浴过程中忽冷忽热、不热或者断水的情况发生。项目采用太阳能集热板与烧柴锅炉组合换热热水系统，各房间内配置热水箱。

（4）排水方案

各组团生活污水单独排放，采用室外化粪池处理，池满后人工清掏后用于农田、树林施肥。

七、项目建设意义

1.项目建设与乡村振兴战略的内在联系

特色小镇的发展是建立在乡村生态环境、人文历史以及物产资源基础上的，这是乡村振兴战略实施的重要载体。

项目打造"二十四节气"特色小镇，在产业发展上与乡村振兴的成效紧密相关，项目凭借自身的平台特点聚集各种要素，为当地带来更多的资金、技术和人才，促进三产的融合发展，提升当地的经济发展水平。同时，在新的科技背景之下借助网络的力量探索

全新的产业经营模式，提升农产品的销售份额和附加值。这与乡村振兴产业发展成效目标相一致。

项目打造的产品体系融入"在地文化"，与乡村振兴乡风文明高度契合，通过对在地文化底蕴的探索和融合运用，实现对传统文化的继承和创新，形成"二十四节气"小镇发展的独特文化，发展的文化诉求与乡村振兴所需提振乡风文明可以高度融合。

另外，项目"自然生态、人地交流"的价值观与乡村振兴的生态宜居要求一致，项目治理目标与乡村振兴的治理要求不谋而合；项目建设的初衷与乡村振兴的目的趋同，最终目的是实现农村富裕和乡村发展。

2.项目建设运营对辽宁旅游发展促进作用

项目结合林场特色地域背景，融合当地一产、二产、三产等多产业发展，实现非标住宿与产业发展高度系统化整合和深度开发，打造辽宁全新旅游业态。

通过项目的建设及运营，可以更好地补充辽宁旅游高端旅游产品的空白，满足逐渐丰富的旅游产品消费需求和旅游产业的消费升级需求。基于民宿产业融合平台，可以向公众提供多元化旅游服务及产品，成为辽宁特色产业产品的出口，成为服务辽宁游客、引客入辽的平台。另外，项目能够促进当地旅游产业业态和模式创新，拓展旅游发展空间，形成新的产能，带动旅游投资；形成新的相关的产业服务需求，拉动消费需求，增加创业和就业机会。

3.项目建设促进新宾产业体系发展

产业发展是文化特色小镇可持续发展的保障[3]，与林场紧密联系的林业生产、农业生产、畜牧养殖等一产是小镇的重要产业依托，是开展相关二三产的必要前提。小镇通过产业延伸，可有效提升一产价值，充分整合当地一产资源，带动农林牧业发展。

与林场二产的关联，主要体现在食品加工与文创产品制作两个领域，为旅游者及客户提供重要的非服务性产品，能超越当地固有资源条件，创建全新的旅游吸引物。另外，可向三产延伸，将文化创意融入项目的整体产业发展框架中，提高产业价值。

八、项目运营及收益

1.项目运营情况

目前项目线上推广平台和线上销售平台已搭建并运营，线上推广通过视频号"边外林场"，以及抖音号"边外林场""边外小牧""边外生活"、公众号"边外林场"等平台记录推广边外林场线下活动内容

和价值理念。线上销售已开通"林场微商城"平台，并与合作资源共同搭建多种渠道销售平台，线上产品陆续推出边外林场黑毛猪肉、野生蜂蜜、蒲公英茶、林场干货礼盒、伴手礼、核桃炭、林场野菜礼盒等产品。

线下已研制开发"二十四节气"餐饮菜单、"二十四节气"活动表单等内容，"物候笔记"研学课程、"节气生活手册"等养生体系也正在设计中，边外民宿设计已完成，正在落地建设中。

2.项目收益情况

项目收益主要来自两方面，一是线下客户接待、林场活动、亲子研学等产生的住宿、餐饮、学习等收入；二是林场产品在线上各销售平台的销售收入。目前项目收益已基本覆盖林场日常运营支出，随着项目宣传推广和品牌的建设，项目会逐步收回各投资成本，项目投资收益前景向好。

参考文献

[1]陈鲁. 乡村空间规划地域性营建策略研究——以兴化里下河地区为例[D]. 苏州: 苏州科技大学, 2018.

[2]曾博宇. 乡村振兴背景下在地文化建设研究——以昆山市马援庄村为例[D]. 苏州: 苏州科技大学, 2020.

[3]李伯华, 李雪, 陈新新, 等. 新型城镇化背景下特色旅游小镇建设的双轮驱动机制研究[J].地理科学进展, 2021, 40 (1): 40-49.

作者简介

桑 春, 上海同砚建筑规划设计有限公司董事长;

褚丽珍, 上海同砚建筑规划设计有限公司策划总监;

袁中慧, 上海同砚建筑规划设计有限公司策划师。

运营视角的乡村文化休闲载体营建方法初探
——以苏州市吴江区善湾村原野学社设计和运营为例

Exploring the Construction Method of Rural Cultural Space from the Perspective of Operations
—Taking the Design and Operation of Wild Workshop in Shanwan Village, Wujiang District, Suzhou City as an Example

徐 驰 程 博 黎 威
Xu Chi Cheng Bo Li Wei

[摘 要]　乡村文化空间是乡村人居环境中重要的组成部分，也是乡村振兴战略实施落地的重要载体之一。本文从运营视角出发，以长三角生态绿色发展一体化示范区内的善湾村原野学社项目为例，从地缘环境识别、文化IP塑造、特定社群引导、本地村企融合等方面，介绍了运营视角下乡村文化休闲空间营建的实践经验。从因地制宜、运营前置、场景营造和机制创新四个方面归纳了乡村文化空间营建的一般方法。

[关键词]　乡村文化空间；运营前置；乡村振兴

[Abstract]　Rural cultural space is an important component of the rural living environment and one of the important carriers for the implementation of rural revitalization strategy. From an operational perspective, this article takes the Shanwan Village Yuanye Society project in the Yangtze River Delta Ecological Green Development Integration Demonstration Zone as an example to introduce practical experience in spatial construction, including geoenvironmental identification, cultural IP shaping, specific community guidance, and local village enterprise integration. The general methods for constructing rural cultural spaces are summarized from four aspects: adapting to local conditions, pre-operation, scene creation, and mechanism innovation.

[Keywords]　rural cultural space; pre-operation; rural revitalization

[文章编号]　2024-96-A-014

1.原野学社在长三角地区的区位图
2.原野学社在竞荡区域的区位图
3.原野学社总体功能布局图

一、乡村文化空间营建的背景和面临的问题

1.文化振兴已成为我国乡村振兴的重要组成部分

2017年，"乡村振兴"作为国家战略被提出，要求"按照产业兴旺、生态宜居、乡风文明、治理有效、生活富裕的总要求，建立健全城乡融合发展体制机制和政策体系，加快推进农业农村现代化"[1]。在政策的支撑下，人才、项目、资本、市场等要素快速向广大乡村地区涌入，一些先行先试地区通过乡村人居风貌整治、旅游地产项目引进等，使得试点乡村环境、产业和人群结构都出现了巨大改变，但也带来了新的矛盾和争议。尤其外来资本"泛地产化"强势注入，带来本地人群迁离、农民利益受损、传统乡土文化失落、政府难以管控等问题。至此，文化振兴已成为我国乡村振兴的重要组成部分，而空间营建则是开展文化振兴的有形载体。采取因地制宜的方式去营造乡村公共文化休闲空间，已成为文化产业赋能乡村振兴的首要任务。

2.乡村文化休闲空间营建的现状问题

尽管文化振兴对于乡村建设具有非常重要的作用，但在乡村文化空间的营建方面，笔者认为仍然存在以下三个方面问题：第一，乡土文化空间设计手法"范式化"，忽略了不同地缘环境下乡村文化空间营建的差异。如长三角地区，"粉墙黛瓦"已成为乡村公共建筑设计的常规方法，但实际上，如浙南山区、苏北平原等地区的乡村民居，其建筑形式与之有显著差异，需因地施策。第二，设施功能组合与村民传统生活方式割裂。传统意义的乡村文化休闲空间，包括

4.同济大学乡村振兴博士团吴江实践基地挂牌活动现场照片
5.青年与乡村未来学术论坛合影留念现场照片
6.B栋剧场内部实景照片
7.学社B栋稻田剧场使用场景现场照片

祠堂、庙宇、牌坊、古井古桥、名人故居等空间载体功能具有多样复合性，与居民的生活交往需求也是契合的，具有非常鲜明的乡土特色，但为短期见效，广大乡村更倾向于围绕村委会"运动式"新建一批文化站、文化广场、文化活动室等公服设施，这些空间功能划分过于明确、可承载内容单一，且与村民实际的传统生活方式往往是割裂的，也难以带动地区文化传承和产业发展。第三，空间形态求新求大，忽略文化产业培育和人才导入。政府容易铺设大量财力、物力建设一批乡村新建筑，但缺乏新产业和新业态导入，依然无法解决乡村文化产业发展与空心化问题，也造成了相当数量的形式主义浪费和热潮后的"狼藉"。

3.营建符合乡村时代发展需求的文化休闲空间

文化休闲空间作为乡村人居环境的重要组成部分，是乡村产业特色、人居环境内涵和空间场景展示的核心载体之一。笔者认为，当下政策所提倡的文化产业赋能乡村，并不是大兴土木去搞房地产开发设计，而是要营建符合乡村时代发展背景的文化休闲空间，在文化消费升级和文旅产业快速发展背景下，将新型乡村文化休闲空间作为城乡融合和各类要素流动的新纽带。因此，本文以苏州市吴江区善湾村文化项目——原野学社设计和运营为例，通过提炼总结该项目的相关营建做法和经验，为今后乡村文化空间运营工作开展提供参考。

二、原野学社项目概况

1.项目缘起

原野学社（下简称"学社"）坐落于"莼鲈之乡"苏州市吴江区黎里镇善湾村。该村位于长三角生态绿色一体化发展示范区（下简称"示范区"），地跨上海、江苏和浙江"两省一市"，是体现区域共建共治共享共融理念，打破行政壁垒，实现要素创新流动的国家政策区。2020年，吴江区善湾自然村被列入环鼋荡美丽乡村群建设，承担起整合跨区域文化、生态、产业资源，打造长三角一体化示范区美丽吴江样板区域的重要任务。为进一步以"文"为魂，深入挖掘当地文化资源，探索农文旅融合发展，2021年，地方政府决策引入"原野学社"文化空间，打造立足长三角、服务城乡的跨界文化创新交流综合体，助力环鼋荡高品质水乡田园乡村振兴文旅项目建设。

2.项目定位

学社项目作为一个立足长三角、服务城乡的跨界文化创新交流综合体，自2022年初启动建设至2023年初投入初步运营共历时两年，其方案设计、建设和运营由苏州市吴江汾湖高新区、以长三角高校为代表的"高校师生社群"以及"兴野文化"品牌共同完成。策划团队经历多轮选址、功能内容研究和利益平衡测算，最终明确项目总占地15亩，建筑面积1350m²，由A栋兴野·研（大师工作室）、B栋兴野·学（图书馆与剧场）和C栋兴野·食（餐饮和户外配套）三栋主体建筑和稻田、菜地等户外空间组成。

3.面临机遇及挑战

（1）优势与机遇

一是国家政策牵引，政府强力驱动。为全面落实中央和省委、市委对长三角一体化发展的各项决策部署，吴江地区近年来在产业规划、生态环境、水利、综合交通、文化和旅游发展等方面发展迅速，为原野学社项目落地注入了强大动力。二是基地自然禀赋优越，人文、农旅资源丰富。学社距周庄古镇约3km，主体建筑南侧紧邻众家荡湖泊（为鼋荡湖分水系），白鹭栖息，生态优美，属于典型的江南水乡村落风光。同时村庄农业基础较好，青虾、鲈鱼、大米等农业特产声名在外，具有产业融合与转型升级的良好基础。三是政企研合作共建模式，优势互补。善湾村美丽乡村群建设之初，即引入乡村旅游业界知名企业蓝城集团深度参与，采用"EPC+运营"模式合作开发；为进一步文化赋能，又牵引同济大学等高校资源参与乡村文化创新等工作；以研学为触媒加大文化产业赋能乡村振兴公共服务平台的建设。

（2）问题与挑战

尽管受一体化示范区的政策辐射，发展机遇难能可贵，但学社也面临以下三方面挑战。一是公共性与可持续运营方面的挑战。学社总体定位以公共性的文化展示功能为主，包括图书馆、小剧场、工作室等，主要面向长三角公益性和研学团体，其真正可用于对外商业经营的空间占比比较低，因此，如何在保障公益性空间的前提下，保障项目良性运营发展是首要难题。二是本土居民如何与新文化空间连接的挑战。当下乡村文化新空间往往走向为城市客群服务的"商品化""消费化"特性，忽视了本地村民传统文化的传承与"公共性"特征。因此，学社项目在立项之初即明确，要通过对地方文化产业链的培育，激发和调动村民的文化自觉和主人翁意识，既提供村民公共文化场所，又能吸引更多游客和投资者前来旅游、经营。三是产品创新与空间营建的挑战。项目提供的产品内容复合多元且兼具公益性与市场性特征，在当下的乡村文化空间建设中并没有成熟、可复制的产品设计模板，需要结合当地文化特征，将建筑美学、自然美学和知识研学都融入在项目空间营建方案中。以上这些都对策划和设计团队提出了极高的挑战。

4.功能策划与方案设计

（1）以文化研学作为项目功能主线

项目以文化研学为核心功能，衍生扩展出图书阅览、学术研讨、艺术展览、新农人培训、亲子研学、教学实践等多种创新型文化功能，学社成立之初即得到长三角各大高校（同济大学、东南大学、上海大学、中国美术学院、上海戏剧学院、合肥工业大学和上海工艺美术学院等）的知名学者、青年艺术家和先锋设计师的支持与大力参与，后续以其优越的生态、农业资源和创新文化氛围，继续吸引长三角区域内功能完备的优质企业、学校、社团将其作为特色乡村研学基地。

（2）强调公益性与经营性空间的灵活转换

在项目策划定位前期，运营"算账"务必先行，

8.原野学社全景插画

学社也经历了多轮价值分配博弈价值的过程，最终在建筑设计中充分兼容公益性与经营性空间需求，实现内部功能灵活转换、设施复合利用，在满足公益性空间设计目标的同时，为项目提供了更多经营性空间的可能性。如学社B栋内的"稻田剧场"，作为平时主要举办文化活动的空间，它在设计之初，就被设定为可以功能转化的空间，适用于小型戏剧演出、儿童电影放映、企业团建会场和特色产品发布平台等功能，对外实现长期商业盈利。学社的展厅为研学公益性展览服务，可作为小型画廊、文创产品发布的小型展示空间；二楼会议室功能，前期按照茶室的调性去设计，在非会务时期，可以对外按照茶饮区进行运营，兼顾了"公私两用"。

（3）组群式的现代江南水乡建筑形态

设计团队在策划之初即提出遵循传统江南水乡民居的空间尺度关系，围绕着湖面布置一串组群式建筑，在满足沿水展开面最大化利用的同时，通过A栋、B栋和C栋三个建筑单体错落组合关系，形成入口广场、滨水绿地、院落空间等串联的公共空间体系。其中B栋设计融入水乡民居台基、山墙、构架、屋顶等传统元素，打造一处大尺度的文化空间作为标志性的乡村公共活动场所；C栋和A栋在形体设计上则强调融入周边的村庄环境，营造小尺度的滨水活动环境和错落的滨水立面。

三、原野学社项目营建的核心策略

1.挖掘自然生态与人文资源，定制城乡融合特色场景

结合长时间的客群访谈发现，文艺青年、高校学生和亲子家庭等不同人群来到学社，首要关注点在于学社是否有他们喜爱的特色场景，受青睐的场景往往具备强烈的在地特征。不同于大都市的繁闹喧哗，善湾村有稻田湖畔、水乡老桥和垂柳野花等要素，是吸引城市人群来此活动的重要基础。因此，学社在策划和设计之初，充分将这些在地要素与建筑室内外空间进行有机融合，构建了打开推拉门就可以看到一望无垠的田野的"稻田剧场"场景、拥有10多米宽可以看到众家荡全景的"湖畔图书馆"场景、在大香樟树冠下可以纵情美食的"树下野餐"场景等。这些特色场景也通过互联网平台得到了广泛传播，进一步为学社前期的运营积攒了流量。

2.发挥跨界区位优势，以文化创意活动扩大影响力

学社地处示范区，距离江浙沪地区的中心城市车程均在两小时内，离青浦城区、苏州市区和嘉兴城区的车程均在一小时之内，有利于组织跨地区的各类活动。运营期间，学社利用区位优势，多次举办了跨地

域的活动，邀请上海、南京、杭州、苏州、嘉兴等地的专家、学者和文化人士共同参与各类研讨沙龙、主题论坛和学术交流活动。结合参与者的访谈了解到，因为得天独厚的跨界区位优势，使得大家来参与社群活动的时空距离缩小，有利于提高人群参与活动的积极性。随着未来苏州南站枢纽（汾湖）以及沪苏湖、通苏嘉十字高铁通道的建成，学社所在汾湖高新区（黎里镇）将成为长三角镇级行政单元中交通可达性最好的地区之一，能够在更广泛的区域组织更多文化活动。

除了相关文化活动的开展，学社也定期组织不同项目、不同行业运营主理人的研讨活动，分享各自在运营不同项目或阶段中遇到的困难、问题或成功经验。这类研讨活动一方面可以有效整合更多的运营资源，实现运营信息的对称和促进主理人之间的互助；另一方面，让不同领域主理人开展交流有助于激发新的观点，可以更好地推动原项目的优化和未来项目的落地。

3.提高村民本土认同感，陪伴式孵化在地文创相关产业

乡村文化空间是传统文化的传承载体，因此乡村文化空间的运营不能忽略在地村民的主体地位。学社主理人团队一直坚持乡村新文化场所的运营离不开

9

原野
Wild 学社
Workshop

10

11 原野学社文创产品人物形象设计示意图
12 原野学社文创产品手机壳设计示意图
13 原野学社文创产品水杯设计示意图

在地村民和专业人士的支撑，在项目策划阶段即坚持定期访谈，充分了解在地村民的生活需求，将文化空间的营造和村民学习、交往、休闲等文化生活结合在一起，学社提供每年60日的图书馆开放日活动，利用宽敞的剧场空间，定期给老百姓播放免费电影，提供营地草坪和游船码头供村民举办各类活动。据村民访谈了解到，学社运营的相关业态丰富了善湾村民的日常生活，也成为本村重要的文化地标和符号，增强了其自豪感。

同时，学社项目加强艺术赋能文创品牌打造，培育孵化在地性的文创产业。运用本地独有的土鸡、大米等农产品和手工艺材料，对农产品进行包装设计，促进村民就业。在当地政府的支持下，学社项目正在进一步整合资源，力争开发出更多有特色的文创研学产品。

4. 先锋性文化产品设计，引导乡村文化空间"破圈"

由于学社为新建项目，且规模较小，周边产业生态尚未形成，难以形成以规模带来的前期扩散效应。因此，前期的引流不能简单依托基础的交通区位和空间本底，而需要结合互联网效应，通过打造兼具本地性和先锋性的文旅IP，引导学社在短期内"破圈"，实现有爆点的网红产品定性和前期推广良好口碑。通过对善湾本土特色的挖掘，学社设计了以"中华田园犬"为主IP形象的"阿社"系列文创产品，围绕农民、渔夫、学生、户外达人等创设十多个主题形象，并衍生了包括盲盒、服装、公仔及相关伴手礼产品。文创IP的打造，吸引了周边年轻人慕名而来，并通过互联网社群广泛传播，对前期运营端的人气聚集起到了较大作用。

四、乡村文化休闲载体营建的若干经验

1. 因地制宜，充分认识乡村地缘环境的特殊性，确定文化空间定位

乡村文化空间的类型很多，不同乡村的文化空间需求也存在较大差异，首先应结合在地情况，确定乡村文化空间营建的定位和方向。环境较好的村庄，在文化空间定位上，宜考虑"文化场景消费"作为重要出发点。人们从城市来到乡村游玩体验消费，核心关注是城乡场景的差异化。因此，该类乡村的文化空间营造应强化物质环境的在地特点，利用稻田、河道、湖泊、树林等自然要素，营造极致的消费场景。而文化底蕴较深厚的村庄，则应更多考虑"乡村文化内涵挖掘及相关产品转化"，如有较多非遗遗存、特色物产、名人故事的乡村，应围绕这些文化要素，将相关的文创产品、精神空间、特色食品等植入本地文化空间中。

2. 运营前置，以运营的可持续性与本地带动性导入合适的功能业态

笔者认为，并非所有的乡村地区都适合打造新型文化空间，需精心选址，针对未来具备运营可行性的乡村进行分类施策。无法实现可持续运营的乡村地区，不要盲目跟风建造文化消费的场所。因此，关于运营资源的导入和运营策划的思考需要优先于空间营建，确定能够实现"可持续运营"是基本前提。此外，运营业态的遴选需充分考虑与乡村资源的适配性，同时，相关业态应能带动本地发展。与之相反，以文化空间为外壳，牺牲传统在地村民生活环境的"乡村房地产"类项目应被摒弃。

3. 场景营造，打造具有乡村魅力的特色场景与内容

实现文化空间持续的活力与内在造血机制，重要前提之一是其承载的内容与场景具备持久的吸引力。因此，应借助高水平的设计，结合在地文化要素的挖潜，融合乡土特色空间，打造"城市里体验不到"的独特场景。在场景营造中，也应注重"多点发力，要素组合"，重点围绕运营内容、文化展示、空间体验、社群交互等方面，并进行有机组合来开展相关的营造工作。

4. 机制创新，政企村联动协同合作，推动项目落地

机制创新是乡村文化空间运营成功的关键要素。尤其是由政府主导的文化空间项目，从项目立项、报批、建造、经营各个环节均需要政策"绿灯"，包括集体土地租赁的合法性问题、建造过程中的高度与风貌管控问题以及经营中的消防与环境卫生问题等。如上海等地区，乡村空间的营造和经营

上管控较为严格，往往导致设计的价值无法被最大程度发挥，相关业态无法开展经营，也就无法营造有生命力的特色场景和活力空间。因此，只有在政策和机制上，充分激发政府、企业和乡村等多方资源的积极性，才能真正推动文化空间落地与良性运营。

五、建议与思考

围绕原野学社的营造运营，笔者认为，未来乡村的运营，仍然有三个方面需要强化实践和研究工作：

第一，强化前期研究选址工作，严谨选址，不搞"运动式"建设。特别在大规模的城乡建设接近尾声的阶段，更应"谋定而动"，在前期策划阶段加强决策研究。营建难度较大的乡村地区，可以选择适度留白。

第二，重视设计在文化空间营造中的关键价值。"重建设轻设计"的传统营建思路应摒弃，认识到设计在高水平文化空间营建的长远意义，加强设计管理，扩大乡村相关设计人才资源库。

第三，围绕乡村主理人团队建设，开展相关培育、挖掘和引导工作。乡村文化空间的营建需要大量的主理人，因此，应重视相关运营人才的团队建设和储备，构建主理人联盟，联动不同专业、不同技能和不同领域的人才进行协作，促进运营内容的迭代和要素的流动。

参考文献

[1]习近平. 决胜全面建成小康社会 夺取新时代中国特色社会主义伟大胜利：在中国共产党第十九次全国代表大会上的报告[N]. 人民日报, 2017-10-28 (5).

作者简介

徐 驰，兴野产研（上海）管理咨询有限公司执行董事，"兴野"品牌联合创始人；

程 博，兴野岚图联合创始人，岚建筑设计主持建筑师，瑞士 SIA 注册建筑师；

黎 威，兴野产研（上海）管理咨询有限公司总经理、董事，"兴野"品牌联合创始人，注册城乡规划师。

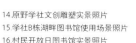

14.原野学社文创雕塑实景照片
15.学社B栋湖畔图书馆使用场景照片
16.村民开放日图书馆实景照片

运营策划导向的农文旅融合型村庄规划和设计
——以宜兴市新街街道潼渚村为例

Project Operation-Oriented Planning and Design for Agriculture, Culture, and Tourism Integrated Villages
—Taking Tongzhu Village, Xinjie Street, Yixing City, as an Example

黎 威 刘漠烟 周豪波
Li Wei Liu Moyan Zhou Haobo

[摘 要] 以宜兴市新街街道潼渚村系列规划设计运营项目为研究对象，探讨了农文旅融合型村庄的村庄规划编制与策划、建筑设计、运营实践相融合的方法和路径。主要结论包括三个方面，一是该类型村庄规划需要改变传统空间规划管控思维，强调管控和发展并重的技术思路，以产业提升为核心导向，完善规划编制；二是农文旅融合型村庄需要强化"策划—规划—设计—招商—运营"一体化、全过程、层层推进的规划实施模式，避免低效建设、无效投资；三是村庄规划设计实践中，需要规划、设计、运营团队长期跟踪指导村庄建设实施，确保"一张蓝图"干到底，强化落地性。

[关键词] 项目运营；农文旅融合；村庄规划策划；建筑设计

[Abstract] Taking the Tongzhu Village series planning, design, and operation project in Xinjie Street, Yixing City as the research object, this paper explores the methods and paths of integrating village planning and market planning, architectural design, and operation practice in rural cultural tourism-integrated villages. The main conclusions include three aspects. Firstly, the planning of this type of village needs to change the traditional regulatory spatial planning management methods, emphasize the technical approach of both management and development, and focus on industrial upgrading as the core direction to improve the planning formulation. Secondly, integrated villages with agriculture, culture, and tourism need to strengthen the integrated planning and implementation model of "market planning, spatial planning, design, investment attraction, and operation", with a full process and layered promotion, to avoid inefficient construction and ineffective investment. Thirdly, in the practice of village planning and design, it is necessary for the planning, design, and operation teams to track and guide the implementation of village construction for a long time, ensuring that the "one blueprint" is completed to the end and strengthening its implementation.

[Keywords] projects operation; agriculture, culture, and tourism integrated; villages planning; architecture design

[文章编号] 2024-96-A-020

1 潼渚村区位图
2 潼渚村实用性村庄规划土地利用现状图

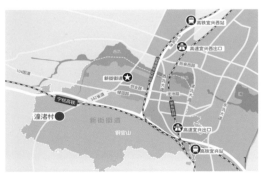

一、前言

根据自然资源部和江苏省自然资源厅相关文件的要求，自2019年起，江苏全省部分县（区）开展了新一轮的村庄规划编制。此轮村庄规划与以往编制的各类规划有所不同，是"国土空间规划体系中乡村地区的详细规划"[①]。江苏省自然资源厅明确提出此轮村庄规划要树立"存量规划"理念，积极推进农村建设用地"减量化"[②]。在全国和全省大的背景下，无锡市结合基本稳定"三区三线"划定成果，于2022年初启动了全市域村庄规划的编制。

从江苏省其他地区先行实践经验来看，本轮村庄规划的基本技术路线是以第三次全国国土调查的数据为底板，反馈优化和落实上位"三区三线"要求，并开展村庄、村民调研以明确村庄发展建设诉求，在一个规划中实现对生态保护、耕地保护、历史传承、基础设施和公共服务设施布局、产业发展、农房布局、安全防灾的统筹，最后明确规划近期实施项目，指引落地建设。

然而，普适性的村庄规划编制技术路线不适用于部分具有较大农文旅产业发展潜力村庄。这类村庄交通区位较好、资源禀赋突出、文旅发展有基

础，农文旅融合发展动力充足。此类村庄规划编制和实施的思维需要从纯管控思维向管控和引导并重转变，同时需要探索"策划—规划—设计—招商—运营"一体化、全过程、层层推进的规划编制和实施模式。兴野产研(上海)管理咨询有限公司团队（以下简称兴野团队）联合灰空间（上海）建筑设计咨询有限公司团队（以下简称灰空间团队），借宜兴市新街街道潼渚村相关项目机会，对运营思维前置的农文旅融合型村庄规划策划和设计思路进行了相应探索。

二、潼渚村的基本情况

环科园（新街街道）潼渚村村域总面积4.2km²，下辖22个村民小组，居住户数超过700户，总户籍人口超过2000人。全村产业以一产种植业为主，工业和服务业发展基础较差。从现状用地情况来看，村域内S342省道以北区域的建设用地基本纳入到城镇开发边界以内，非建设用地以耕地为主；S342省道以南区域建设用地以农村住宅用地为主，非建设用地以耕地、林地和园地为主。

潼渚村交通区位优势明显，一方面紧邻S342省

表1 潼渚村南部区域特色空间资源列表

近期潜力资源名称	用地	建筑面积（m²）	可利用场地面积（m²）
沿湖民居组团2	建设用地	860	1200
沿湖民居组团3	建设用地	500	1000
稻田景观	非建设用地	—	30
沿湖民居组团5	建设用地	620	2200
沿路林地菜地2	非建设用地	—	18400
高标准农田3	非建设用地	—	46900
河滨民居组团1	建设用地	1020	1400
宜兴市昌隆机械制造厂	建设用地	1170	3900
河滨民居组团6	建设用地	200	2200
滨河带状林地	非建设用地	—	20700
溪涧林地	非建设用地	—	12000
沿路民居组团2	建设用地	1550	2600
湖荡景观	非建设用地	—	6700
山林景观	建设用地	200	1300
山地面状林地	非建设用地	—	8000

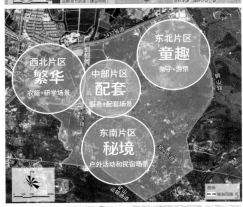

3.潼渚村现状鸟瞰图
4.潼渚村南部区域特色空间资源梳理图
5.潼渚村南部区域资源禀赋分析图
6.潼渚村南部区域山水空间格局分析图
7.潼渚村南部区域功能布局图

道，距离宁杭高铁宜兴站、宁杭高速宜兴下口和锡宜高速宜兴下口均约20分钟车程，区域到发便捷；另一方面，距离宜兴老城中心约15km，车程约25分钟，是典型的城市近郊村落。

潼渚村山水资源丰富，环境优美宜人，南部离墨山和铜官山环抱，中部潼渚河穿村而过，是苏南平原与浙北山区交界边缘的山脚地区村落。

依托良好的区位条件和自然环境，潼渚村已经出现了部分文旅业态萌芽，同时，街道领导和村干部高度重视潼渚农文旅产业融合发展，希望借本次村庄规划编制之机，深入探讨潼渚未来发展思路，谋划新的产业发展项目，并在法定规划中予以保障和落实。同时，加速推进规划实施，部分有条件落地的项目加速推进招商、设计、建设等工作。在此种背景下，兴野和灰空间联合团队制订了"策划前置定项目、村庄规划做支撑、招商手册拓资源、先行项目落设计"的一体化推进思路。

三、策划前置，编制实用性村庄规划

1.开展潼渚村南部区域农文旅功能策划，谋划潜力产业项目

（1）发掘潼渚核心特质，明确愿景和目标定位

潼渚村具有文化、生态和农业三个方面的优势。文化上，潼渚是千年古村，明代文人墨客留下的"潼渚十景"[3]诗篇尤可追忆；生态上潼渚是生态高地，

山环水绕的"山水村田"空间格局独特；农业上，潼渚历来耕读传家，已有板栗、茶、野山笋等特色农产品，近期将建设600亩高标准农田，进一步提升农业特色。

虽然潼渚村在三个维度上具有一定的优势，但潼渚村仍面临周边众多村庄的竞争，一方面，宜兴市域北部为水乡平原地区，湖泊河道纵横，文化气息浓厚，水乡村落内曾涌现众多文学、艺术大家，文化底蕴不输潼渚；另一方面，宜兴市域南部为宜南山区，山体巍峨磅礴，南部山区村落的生态优势和风景条件更胜潼渚。在此种背景下，潼渚村的目标愿景和功能定位需要进一步发掘核心特质。

从潼渚村的地理人文情况来看，潼渚呈现典型的"山口水头、官道驿站"的特点。潼渚拥有独特的山口风景，地处铜官山和离墨山两座山脉之间的山谷地带与苏南平原的交汇之处。同时，潼渚历史上就是水陆转运码头，两山山谷汇聚成潼渚河穿村而过，而山区山货经陆路运输后，在潼渚可转为水运以节约成本，自然而然就集聚了码头和市集酒肆等功能。另外，因为潼渚村地处山脚，地势较高且平坦，从古至今一直是江苏与皖南之间官道途经之处，也是官道上有名的驿站节点。这样的地理人文情况，决定了潼渚村不是以"幽静隐居"和"极致风景"为核心，而是有着极其鲜明的"在自然背景中集会社交"属性的地区。而这种属性在过去和现在都有明显的呈现：明朝时期，以张道心为首的一

8 潼渚村南部区域策划总平面图
9 潼渚茶食项目鸟瞰效果图

招商地块项目汇总表内容				
所属片区	项目名称	建设用地面积(亩)	改造/新建 建流面积(m²)	项目类别
滨湖片区(堂观社区)	四婆圩悠然岛	40.1	29320(改造)	一产三产融合项目
	陆上水乡共创村	82.5	9400(新建)	三产文旅项目
田园片(潼渚行经村)	潼渚雅集	16.2	3050(改造)	三产文旅项目
	少儿研学社	5.3	3500(新建)	三产文旅项目
	潼渚溯溪露营地	3.3	1300(新建)	三产文旅项目
	阡陌书堂	3	3000(改造)	三产文旅项目
	归径一二三综合体	12	8000(新建)	一产三产融合项目
	潼渚高标准农田			一产农业项目
山溪片(铜山村、梅园社区)	铜山青鹿息游项目	152.3	152250(改造)	三产文旅项目
	桃花山矿坑运动中心	4.2	1000(新建)	三产文旅项目
	梅园理想谷	67.7	23000(改造)	二产三产融合项目
	杨梅雅舍	3.9	2000(改造)	三产文旅项目
	横圆山精舍民宿、铜山民宿	14.25	9000(新建)	三产文旅项目

年均支出				
支出大类	近期项目		金额(万元)	备注
基础费用	租金			
	硬件	水费	0.75	参考已有运营项目按建筑面积折算
		电费	3	参考已有运营项目按建筑面积折算
		网络费	1.5	参考已有运营项目
	人员	薪酬福利(含社保)	50	参考见人员薪资表
		住宿费伙食费	3	本地解决
	布草		0.15	本地解决
采购费用	餐饮食品耗品	备品采购	2	
		耗品采购	3	
	茶室食品耗品	备品采购	5	
		耗品采购	3.5	
	营销费用	业务招待费	3	参考已有运营项目
		宣发费用	5	参考已有运营项目
		介绍费佣金	1	参考已有运营项目
		保险费	1	
运营费用	总经办行政费用	交通费	3	参考已有运营项目
		咨询费	1	参考已有运营项目
		快递费	1	参考已有运营项目
		其他	1	参考已有运营项目
		账户管理费手续费	0.5	参考已有运营项目
		工程维护费	1.25	参考已有运营项目
		茶室其他各类活动费	3	春节外每月一次·按现有活动成本折算
		餐厅其他成本	3.4	食材25%+用人20%+物流等其他5%=50%收入
合计			98	

经营性内容	第一年(万元)	第二年(万元)	第三年(万元)	第四年(万元)	第五年(万元)
堂食轻饮食	18	25	33	38	40
茶室包厢	36	40	45	48	50
企事业团建	20	30	35	35	40
定制私宴	30	33	35	38	40
年运营收入	104	128	148	159	170
运营利润	6	30	60	72	72

10 新街街道招商汇总图
11 潼渚茶食支出和收益匡算示意图

批骚人雅士曾以潼渚为核心,遍游山水风光,综合归纳为"潼渚十景",以此十景每人唱和一首,共80首,留下了脍炙人口的美丽诗篇;当前,潼渚已成功举办首届年货大集、元宵花灯喜乐会、春日游园会、"宜见卿心"草坪派对等多次集会活动,形成一定的区域影响力。

结合前述分析,顺应新时期农文旅产品的市场需求趋势,策划方案提出未来潼渚应强化旅游产品的社交属性,将潼渚打造为一群人共享、一群人集会交流的新潼渚。潼渚村未来整体目标愿景为"山水客厅、雅集潼渚",功能定位为"苏南地区户外溯溪集聚地、宜兴市乡野团建目的地和环科园自然研学向往地",聚焦发展户外玩家集会、同事朋友集会、亲子家庭集会等核心产品,实现与北部平原水乡村落、南部山区村落的错位发展。

(2)梳理特色空间资源[4],厘清产业项目引进落地条件

在目标定位基础上,经过与村委沟通和实地踏勘,依据交通区位、资产权属情况、自然景观条件、文化要素依托等因子综合判断,梳理出15处具有开发利用价值和开发利用条件的空间资源板块、可利用空间资源用地面积约12.8hm²,其中建设用地1.4hm²、非建设用地11.4hm²。根据特色空间资源条件,谋划各板块项目招引方向(表1)。

(3)明确总体空间结构,指引产业项目落位

在特色空间资源梳理的基础上,开展了潼渚村南部区域空间基底特色分析。总体而言,潼渚村南部区域可划分为四个资源集聚、特征显著的片区。一是西北片区,这一区域是进入全村的门户地区,已经具备桥西湿地公园、乡村市集、老树下咖啡等文旅资源基础,近期将实施水系整治和高标准基本农田等项目,未来建议打造为"稻田雅集"区域,重点发展乡村集会、儿童研学、餐饮消费等功能;二是东南片区,这一区域是潼渚村山水资源最佳区域,相对安静神秘、拥有纯粹山景和清澈溪水,未来建议打造"溪林宿集"区域,重点发展溯溪露营、民宿度假等功能;三是东北片区,这一片区地是盆地地形,地形坡度较缓、起伏有致,未来建议打造"盆地乐集"区域,重点发展亲子户外乐园、户外攀爬等功能;四是中部片区,这一片区是村庄农房集中建设区域,未来建议打造成"古村服务"区域,重点发展兼顾服务村民和游客的配套功能。

潼渚南部区域整体空间结构概括为"四片十景多点","四片"即稻香雅集、溪林宿集、盆地乐集、古村服务四个片区;"十景"是指以再现潼渚十景为意向,谋划的十个近期重点项目;"多点"是指远期畅想项目点位。

(4)功能性产业项目策划

"稻香雅集"重点谋划3大功能性项目。一是打造门户区集会餐食综合体项目,再现潼渚"官道茶亭"和"市桥酒肆"胜景;二是打造高标准农田农业休闲目的地项目,再现"东注渔火"意境;三是打造少儿研学社项目,再现"灵岩神宇"场景。

"溪林宿集"重点谋划4大功能性项目。一是打造高标准溯溪营地项目,再现"清流竹坞"场景;二是打造曲水流畅和南村民宿项目,再现"南村牧笛"趣味;三是打造稻田观山平台项目,再现"铜峰雪霁"胜景;四是打造微度假综合体项目,复刻"离墨云归"意境。

"盆地乐集"重点谋划2大功能性项目。一是打造登山栈道和驿站项目,再现"天福禅林"美景;二是打造松林花海景观项目,再现"蒙辇松涛"风景。

(5)配套基础设施谋划

支撑"四片十景"的功能性项目布局,规划提出打造一条全村步行环线,并对停车场(林下停车、镇中心停车场)、电瓶车总站、游客中心、公厕等配套设施按照3A级景区标准进行相应布局。

2.编制潼渚村实用性村庄规划,落实策划项目用地需求

在村庄农文旅功能策划的基础上,同步开展实用性村庄规划的编制,以便将策划重点项目落位到空间上。

(1)落实上位"三区三线"管控要求

对接宜兴市划定的"三区三线"边界,严格落实潼渚村村域范围内的"三区"(生态空间、农业空间、城镇空间)和"三线"(永久基本农田保护红线、生态保护红线、城镇开发边界)的指标和范围边界,确保策划项目与上位管控要求不冲突、不矛盾。在满足上位管控要求的基础上,适度增加部分增量建设用地,更新部分存量用地,以适应功能性项目落地的需求。

(2)完善民生设施配套,满足村民生活生产需求

根据村民诉求和现实条件,落实集中农居点建设要求,选址建设三处集中农居点,三处农居点均位于城镇开发边界以外,且与永久基本农田、生态红线、生态空间管控区均无矛盾。

根据村民诉求和现实条件,对村内公共服务设施布局进行优化调整,明确19处保留类设施、3处新增类设施和3处撤销类设施,规划提出部分公共服务设施可采用与旅游服务设施共享模式建设。

根据村民诉求和现实条件,规划提出进一步完善村内道路交通设施,建设潼渚村南北通道疏通项目,拓宽并沥青化3.2km村级道路。

山
- 离墨云归
- 铜峰雪霁
■ 为山之胜者曰
- "离墨云归"
- "铜峰雪霁"

水
- 清流竹坞
- 东庄渔火
■ 为水之胜者曰
- "清流竹坞"
- "东庄渔火"

里
- 蒙嶅松涛
- 南村牧笛
■ 为里之胜者曰
- "蒙嶅松涛"
- "南村牧笛"

- 天福禅林
- 灵岩神宇
■ 为佛之胜者曰
- "天福禅林"
- "灵者神宇"

佛

行道
- 官道茶亭
- 市桥酒肆
■ 为行道之胜者曰
- "官道茶亭"
- "市桥酒肆"

潼渚十景
山之胜、水之胜、佛之胜、行道之胜、里之胜

12.潼渚茶食总平面图
13.以"潼渚十景"为主题的项目策划示意图

（3）实现整体建设用地的减量

明确村内腾退农村宅基地和低效工矿用地区域及其面积，实现村域内建设用地的总体减量，满足上位规划要求。

四、招商跟进，编制招商和推介宣传手册

在村庄规划编制基本完成后，街道和村级层面认为纯靠政府投资难以实现所有近期项目的落地推进，需以政府投资为先导，吸引市场力量进入。因此，本团队结合存量资源情况和增量用地条件，编制了新街街道乡村振兴重点项目招商手册（含潼渚村），配合当地政府开展招商引资工作。

按照招商推介的要求，招商手册重点对新街街道的区位、人口经济概况、生态文化特色进行介绍，并根据相关村庄策划和规划内容，梳理对外招商项目情况。就潼渚村而言，重点推介潼渚雅集、少儿研学社、潼渚溯溪露营区、阡陌书堂、潼渚高标准农田五个项目，对各个项目的交通区位条件、用地现状和规划情况、生态文化资源情况、周边政府投资项目情况和未来意向招商业态等进行整体介绍和推荐。兴野团队参加多场当地政府组织的对外招商活动，成功吸引多位客商参与潼渚村的项目投资、建设或运营。

五、启动项目落地，开展"潼渚茶食"项目详细策划和建筑设计

除开展招商引资外，政府层面也要求谋划一些近期功能性项目先期启动，采用政府投资、第三方策划、设计和委托运营的方式进行项目推进。本团队根据现实发展基础，推荐重点推进西北片区的"潼渚茶食"项目，与现有乡村市集、桥西湿地公园等功能相互支撑，做大做强潼渚文旅品牌。

1.结合团队实际运营经验，开展"潼渚茶食"项目详细功能策划

根据兴野团队的实际产品运营经验和宜兴市当地市场调研，本团队提出"潼渚茶食"项目应当以宜兴市域的青年人群、企事业单位人群和亲子客群作为未来重点人群；谋划下午茶和小聚轻食、高端定制私宴、文创周边、企事业团建和亲子活动等运营产品。

在产品谋划的基础上，对整个项目的预期投入和经营收益进行初步测算。按照单日平均活跃人流300人，全年实现10万人次客流量，可实现净收益72万/年；项目前期固定资产投资600万元，平均年化投资回报率达7%。

根据用地条件、投资预算和产品需求，明确开展建筑设计的详细任务书，包括建筑基底面积、建筑高度和层数、内部细分房间面积和数量、建筑整体风格等，以便为下一步开展建筑设计提供详细指引。

2.结合运营需求，开展详细建筑设计

按照策划要求，"潼渚茶食"项目以茶食及相关活动功能为主，共设置9个茶室包厢、2个私宴包厢、1个花房书店、1个散座大厅和其他配套功能空间，总建筑面积约680m²。具体功能布局如下：一层以大客流的共享空间为主，设置茶室包厢、花房书店、茶室轻餐饮散客区、厨房和其他后勤交通空间；二层空间相对私密，设置共计2个私宴餐厅包厢。

在建筑理念上，重点突出"漫游屋"的空间特色，充分体现"潼渚茶食"项目的公共建筑属性和启动性项目的示范属性，构建多层活动平台空间体系和连廊体系，以有特征的漫游步道引导游客沿路径游赏，同时在屋顶以多重标高平台承载多元活动。

在空间节点上，考虑到商业运营需求，强化网红打卡场景塑造，设置了包括光影森林、山景平台、屋顶舞台、花房书店等网红打卡场景空间。同时，建筑西立面一层底部设置可开合立面，天气允许时向西侧草坪完全打开，实现草坪公共活动和室内活动的交融。

在村落风貌上，考虑到周边农房尺度和氛围，整体建筑外观呼应江南水乡意境，打碎建筑体量并重组，使之融入民宅空间尺度；同时通过屋顶内倾斜的形式及铝镁锰板的材料实现传统建筑风貌的当代个性化表达。

根据建筑设计方案，"潼渚茶食"项目正有序推进实施，预计将于2025年上半年完工交付。

六、结语

本项目全程注重创新引领、实用有效，共有三大亮点：一是改变传统村庄规划纯管控思维，在落实上位管控要求的基础上，着重挖掘村内优质物质空间资源和非物质文化要素，为村庄未来发展提供新

的思路；二是探索文旅型村庄"策划—规划—设计—招商—运营"一体化、全过程、层层推进的实施模式，避免低效建设、无效投资；三是探索规划、设计、运营团队长期跟踪指导村庄建设实施，确保"一张蓝图"干到底，强化策划规划的落地性。项目是对发达地区城郊农文旅融合型村庄规划建设的新探索，对于类似地区的乡村规划建设具有一定的借鉴价值。

［本文图片、数据等内容均来自兴野产研（上海）管理咨询有限公司和联合灰空间（上海）建筑设计咨询有限公司编制的相关规划、咨询和设计项目。］

注释

① 《自然资源部办公厅关于加强村庄规划促进乡村振兴的通知》（自然资办发〔2019〕35号）。

② 《江苏省自然资源厅关于做好"多规合一"实用性村庄规划编制工作的通知》（苏自然资发〔2019〕233号）。

③ "潼渚十景"包括"离墨云归""铜峰雪霁""清流竹坞""东庄渔火""天福禅林""灵岩神宇""官道茶亭""市桥酒肆""蒙壑松涛"和"南村牧笛"。

④ 因特色空间资源均位于潼渚村南部，因此整体策划的空间范围未覆盖潼渚村辖区范围全域，重点聚焦S342省道以南区域。

作者简介

黎　威，兴野产研（上海）管理咨询有限公司总经理、董事，"兴野"品牌联合创始人，注册城乡规划师；

刘漠烟，灰空间建筑事务所合伙人、主持建筑师，国家一级注册建筑师；

周豪波，兴野产研(上海)管理咨询有限公司主创策划规划师。

14 潼渚茶食项目立面效果图
15 潼渚茶食内花房书店效果图
16 潼渚茶食项目内屋顶平台效果图

实践研究
Practical Research
运营视角的乡村策划规划
Rural Planning from an Operational Perspective

运营导向的村庄设计实践与思考
——以上海浦东新区宣桥镇腰路村为例

Practice and Thoughts on Operation-Oriented Village Design
—Taking Yaolu Village of Xuanqiao Township in Shanghai Pudong New Area as an Example

沈 越 陈 琳
Shen Yue Chen Lin

[摘 要] 村庄设计作为上海乡村规划精细化管理的重要举措，在保护乡村风貌、提升乡村环境质量和空间品质等方面作用突出。2018年以来，上海贯彻实施乡村振兴战略，其中产业兴旺是重点，农民致富是关键，将乡村独特的资源要素和城市功能产业进行整合，转化为经济价值，实现资源资产化、资产资本化是核心路径。作为乡村振兴核心目标的"产业兴旺"，其主要着力点在于依托乡村地域，构建充满活力的乡村产业体系。本文在对上海乡村发展现状与存在问题研究分析的基础上，强调以可持续运营为导向，提出村庄设计应打破传统侧重于风貌和空间的思维模式，而应更加聚焦运营需求与产业升级。通过整合市场、投资和空间等要素，激发培养乡村内生发展动力，进而形成系统性的村庄规划设计内容，避免投资浪费与后续维护缺失。同时，以上海市浦东新区宣桥镇腰路村为例，围绕乡村产业赋能、空间价值挖掘和规划利用及可实施的村庄设计方案引导等多方面拓展实证研究，以期实现城乡共惠、政企共建、持续共生，探索构建乡村发展新模式。

[关键词] 乡村振兴；村庄设计；产业兴旺；乡村运营

[Abstract] As an important step in the refined management of rural planning in Shanghai, village design plays an outstanding role in protecting the rural landscape and improving the quality of the rural environment and space. Since 2018, Shanghai has been implementing the strategy of rural revitalization, in which industrial prosperity is the focus and farmers' enrichment is the key to the core path by integrating the unique resource elements of the countryside and urban functional industries, transforming them into economic value, realizing the assetization of resources, and capitalization of assets. "Industrial prosperity" is a key factor in the revitalization of the countryside, and the development of rural industries takes the rural space as a carrier to develop an industrial system with rural vitality. By analyzing the overall situation and existing problems of rural development in Shanghai, from the perspective of sustainable operation, this paper suggests that village design should break out of the traditional pattern of focusing on appearance and space, follow the operating needs and industrial upgrading, integrate markets, investment and space, stimulate and cultivate endogenous motivation for rural development, form systematic planning content, and avoid waste of investment and weak follow-up maintenance. Meanwhile, after taking Yaolu Village, Xuanqiao Town, Pudong New Area, Shanghai as an example, it carries out empirical research on the discovery and planning utilization of rural spatial value, industrial empowerment, and implementation of village design plans, so as to construct a rural development model with government and enterprise co-construction, integration between urban and rural areas, and sustainable symbiosis.

[Keywords] rural revitalization; rural design; industrial prosperity; rural operation

[文章编号] 2024-96-P-026

一、引言

党的二十大报告提出"坚持城乡融合发展，畅通城乡要素流动"，推进乡村振兴发展，升级农村产业，保障资源分配合理是城乡统筹、城乡荣荣的高级形态。《中共上海市委 上海市人民政府关于做好2023年全面推进乡村振兴重点工作的实施意见》指出"充分彰显乡村的经济价值、生态价值、美学价值"，新时代乡村振兴战略是立足在田园生态背景下的山、水、林、田、居的全域乡村地区，不仅是对乡村的环境建设的提升，还包括乡村的产业发展、乡村繁荣、文化复兴、生态保护的全涵盖。村庄设计是对乡村的详细设计，与村庄布局规划、郊野单元村庄规划共同构成上海市行政区域内三大乡村规划设计工

作。以往的村庄设计大都仅局限于聚焦于乡村居民点内的环境整治、服务设施的完善，是一种点状的治理模式，随着乡村振兴内涵丰度度的不断提升，村庄设计不仅是对乡村景观风貌、城乡统筹的集大成，更是对乡村定位和长远发展提出的更高设想和战略要求，是对乡村地区全方位、全领域、全系统的复兴。

二、上海乡村规划与村庄设计概况

为实现全域全要素的国土空间管控，上海市在乡村地区构建了"郊区国土空间总体规划（总体规划层次）—新市镇国土空间总体规划（单元规划层次，含村庄布局规划）—郊野单元村庄规划（详细规划层次，含村庄设计）—村庄设计"的区、镇、村三级四类乡村规

划体系。因此，位于城市开发边界之外的郊野地区编制郊野单元村庄规划是作为开展国土空间开发保护活动、实施国土空间用途管制、核发乡村建设项目规划许可、进行各类建设的法定依据，是作为全域、全要素、全过程管理的乡村空间治理平台。将村庄设计纳入郊野单元村庄规划，并作为重要组成部分及对二维国土空间规划的有益补充，与郊野单元村庄规划共同完成村庄的全域规划和整体设计，指导乡村三维空间的综合整治。

从第三批乡村振兴示范村创建开始，上海逐步加强村庄设计引导，对村庄的产业空间、风貌导引等形成全域统筹布局，全域土地综合整治试点、乡村振兴示范村应编制村庄设计，保留村、农民集中居住点（城市开发边界外）以及村庄重点区域，在满足相应土地政策的前提下可按需开展村庄设计。村庄设计的

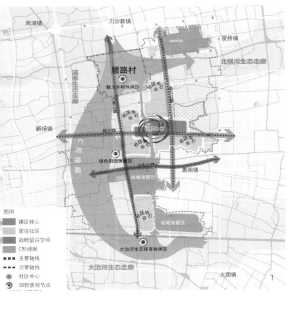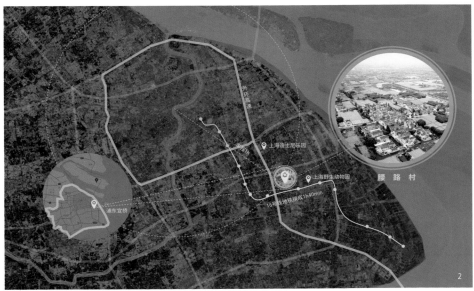

范围原则上为镇域一个或多个乡村单元，也可按特定区域开展编制，如郊野公园、全域土地综合整治区域等。至目前已完成第五批示范村的创建，在此过程中，村庄设计工作的重要性日益凸显。

根据《上海市乡村振兴"十四五"规划》《乡村振兴示范村建设指南》以及《关于上海市推进乡村振兴战略加强规划资源管理的实施意见》等政策文件要求，乡村振兴示范村的创建需开展村庄设计。一方面，提升村庄设计水平，挖掘乡村传统建筑元素，传承江南文化内核，保护乡村自然风貌，提升乡村环境质量和空间品质；另一方面，建立乡村规划体系，促进村庄设计与郊野单元村庄规划有效衔接，协调各类专项规划，统筹安排各类用地布局，为国土空间开发保护活动、实施国土空间用途管制、核发乡村建设项目规划许可和各类乡村建设项目等提供法定依据。

为了加强乡村传统文化传承，塑造具有江南特色、上海特征的乡村风貌，结合乡村规划编制，上海启动了乡村传统建筑元素和文化特色的"地毯式"普查和提炼工作，形成乡村传统建筑的认知框架，提炼出"四个文化圈层"内乡村传统建筑的五个层面十二大风貌特征。在乡村传统建筑元素提炼的基础上，制定并印发《上海市郊野乡村风貌规划设计和建设导则》，聚焦"田水路林村"五类风貌要素，分生态重塑、文脉传承和活力激发三个方面，指导郊野单元村庄规划编制、村庄设计和乡村建设。通过多种途径，募集汇聚规划、建筑、土地管理、景观艺术以及运营策划等各个方面专业人才编制《上海乡村振兴设计师手册（2022）》，同时建立乡村责任规划师制度，为村庄设计提供全流程智力支撑。

三、运营视角下上海乡村建设面临的问题和原因分析

1.面临的问题

（1）乡村形象改善，但产业缺少活力

在乡村振兴过程中，政府投入了大量的资源财力用以提升村域整体风貌及环境卫生整治，农民住房品质与乡村景观风貌均有改善提升，但投入大产出小，乡村整体缺乏可持续的产业带动。在快速城镇化进程中，乡村地区土地利用依然呈现出"一低两多"的特点，即"利用效率低、空心村多、空闲地多"。因乡村产业匮乏且活力不足，村集体拥有优良的风貌景观却难以转变为较多的经济收益。当前乡村振兴示范村还不具有与上海国际化大都市相匹配的"业态灵活、科技先进、城乡融合、促进消费"的乡村产业特征。

（2）村庄配套设施完善，但设施维护困难

在乡村振兴示范村创建之初，上级政府对乡村市政、公共服务设施补足等多方面予以充分投入，确保为乡村地区提供配置完善且中高标准的配套设施。由于示范村的建设聚焦于短期内的创建效果，一旦建设验收完成，乡村建设和改造的外源性资金支持就逐渐削减，而乡村公共服务配套设施的日常运营和维护仍然需要村集体负责，每年相关设施的运营维护费用村集体难以承担。因此，单纯依靠上级政府外源性资金投入进行建设的乡村普遍面临资产闲置、风貌难以维护等问题。

（3）村级集体经济乏力，缺少持续运营的能力

乡村振兴示范村当前乡村集体经济依然薄弱，主要以集体土地和集体厂房出租为主，依靠"瓦片经济"获得收益，有集体股份分红的村庄占比比较低。面对乡村潜在的土地资源和存量建筑资源，镇、村两级普遍缺少运营的理念、思路、平台机制和实施主体。由于缺少新型的经营性项目的植入，村庄产业发展低端化，村集体缺少经营机会，难以获取相关的收益来进行村庄的高水平治理。

2.原因分析

当前，上海乡村规划与建设在关注乡村产业发展需求与提升村民生活条件方面取得了一定成果，然而从根本上审视，此类实践仍可视为自上而下的乡村发展模式。在乡村建设过程中，区（镇）级政府起着关键的主导引领作用，通常采取直接参与或依托政府主导的平台公司的方式推动建设实施与促进产业发展。在规划建设中，政府关注的焦点在于提升乡村风貌景观及优化保障乡村公共服务设施品质，主要通过市（区）级财政预算进行乡村地区的投入，期望实现的目标包括提高村民生活品质等社会效益，而并未过多关注投资回报。因此，尽管上海乡村振兴示范村建设已取得一定成果，但实质性产业导入及可持续运营目标尚未完全实现，产生这些问题的原因可归纳为以下三个方面。

（1）乡村建设和规划设计忽视了消费客群的产品需求

在新的发展阶段，乡村资源的稀缺性日益凸显。乡村以其独特的资源、生态和人文环境为城市和市民提供了不可或缺的支持，其角色逐渐从单一的农产品保障供应向多元化复合功能延伸转变。随着社会交往结构的转变、新兴消费客群不断涌现，消费群体对乡村的交往

【蔬香腰路·清美田园】

产业丰、人才兴、生态美、治理优、村风正 "五丰村"

全国"乡村振兴"示范
聚焦示范村建设，打造在长三角乃至全国知名都市近郊乡村典范

上海市"都市农业"标杆
导入龙头企业资源，多方互动打造农业产业示范项目
推动"强农富农惠农"的近郊保留村

浦东新区"乡村振兴示范带"，主要标杆
乡村社区人居环境提升和治理体系优化，展现乡村振兴示范带头效应

壮大集体经济： 以合作经营、租赁、服务等方式与家庭农场、
农民专业合作社、农业企业等各类经营主体建立产业联合体。

示范基地分配收入 ＋ 清美超市、房屋租赁收入 ＋ 清美公寓管理收入

增加农民收入： 构成以"租金＋薪金＋二次分配"的农民增收渠道。

土地流转收入 ＋ 清美公寓租赁收入 ＋ 清美基地、公寓超市、工厂等就业

3 腰路村村庄设计总平面图   4 腰路村村庄设计主题定位图   5 清美＋腰路产业创新赋能乡村振兴模式图

空间需求日益多元化，传统的乡村消费模式已无法满足各类场景的消费需求，村庄规划设计和建设应更深入挖掘回应专业化、差异化的细分需求。鉴于政府主导的村庄设计所具备的特定属性，无法仅满足特定人群需求构建休闲生产空间，进而难以创造出真正符合目标群体需求的产品。因此，各乡村产业项目策划具有较高的相似性，区域间呈现出明显的同质化竞争现象。

（2）社会资本未能提前参与乡村建设和规划设计

在乡村产业的持续发展的背景下，乡村地区的经济价值日益凸显，众多投资者，无论规模大小，皆纷纷将视线聚焦于乡村地区的投资与开发。然而，基于多种原因，通常会以政府部门作为投资主体对乡村进行整体规划建设。大包大揽的建设方式会导致社会资本难以参与其中。此外，由于政府的高成本投入提升了村庄存量资产的价值潜力，导致社会资本在后期参与时很难取得较高的投资获利（典型如在村庄基础设施、景观风貌和公共服务设施提升后，存量闲置农房的租赁价格将显著上升，后续资本注入将导致投资回报水平显著下降），进而引发社会资本放弃原有投资意愿。

（3）乡村建设和规划设计缺少对开发运营需求的兼顾

乡村振兴并非仅涉及单一建设领域，而是在村庄环境、道路市政及景观形象等公共产品的运维与更新方面实施长期投入。为此，村集体必须维持稳定的收益，以确保持续支撑公共产品的运转与各项新增投入。乡村自身应具备自我"造血"能力，以往由于对乡村产业的可持续性运营重视不足，村庄的规划设计未能充分将乡村特色空间资源转化为具有增值效应的资产，也少有考虑后续产业项目的实际落地运营需求，导致乡村地区的产业项目过于零散，未能形成有机的整体，缺乏必要的谋划和配合。

综上所述，在上海全力推进乡村振兴的背景下，各级政府大力进行一次性投入、开展规划设计建设，虽然不少有资源、有特色的村庄形象面貌、服务配套得到提升改善，但这些村庄仍难以解决后续可持续运营的问题。村庄规划设计、实施建设与可持续运营是指可整体被视为系统性的综合工程，传统的空间规划无法应对前文提及的问题。未来的政策着力点应当致力于以开发运营为前置视角进行乡村规划设计，通过村域环境整治治理提升乡村风貌，统筹安排、聚合发力，提高资源利用效益，使市场在部分特色乡村的资源配置中起决定性作用。

四、运营前置的村庄设计策略转向的若干要点

面对当前村庄建设中暴露出的问题，笔者提出未来乡村建设和村庄设计应当借鉴上海部分城市更新项目的经验[1]，应确立以市场需求为导向的目标，秉持开发与运营的理念来引领村庄发展，力求构建富有效益、可持续且可推广复制的乡村建设模式。由此，笔者主张，村庄设计应突破传统规划中对空间和资源的偏重，转而更加关注投资及市场需求，实现有机整合，从而塑造系统化的规划内容。

1.突出价值发现，寻找具有市场潜力的空间资源和要素

在城镇化率超过百分之九十的超大城市和国际化大都市背景下，上海的城乡发展一体化进程正逐步从乡村保障性基础建设转为乡村内涵提升，乡村振兴策略需更加突显乡村在生态、经济、文化等方面的多元价值，将承载城乡要素双向流动的潜力空间资源沉淀为乡村资产，向新消费空间、文化传承、生态建设等综合载体转变，多元化盘活农村资产，实现乡村生态资源价值的转化、各类资源的高效利用，推动乡村振兴。

2.贯彻策划先行，谋划产业需求合理、具有市场潜力的乡村产品

从产业振兴、激发内生动力的角度入手，强化顶层设计，明确发展目标，释放资源价值。与此同时，应探索在政府引导下社会资本与村集体的合作共赢模式，政府、企业、村集体等多元主体的乡村振兴诉求可以协同

理水

引路

筑田

修林

营村

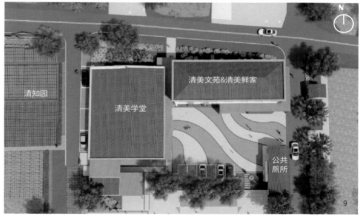

6 腰路村村庄设计各要素叠加分析图
7 腰路村农业示范基地空间结构示意图
8 科技示范核空间功能分区示意图
9 清美学堂、清知园等功能节点平面效果图
10 清美学堂、清知园等功能节点鸟瞰效果图

6

11.18组老仓库改造后实景图　13.清美公寓实景图　15.规划方案公众展示实景图
12.清美鲜家实景图　　　　　14.清美味道实景图　16."清美味道"文化展示墙

对话，立足现有资源禀赋谋划村庄发展定位，针对产业需求合理策划乡村产品，同时统筹考虑人、地、钱等发展要素，带动乡村产业，保障规划实施。

3.引导投产平衡，编制可实施有计划的村庄设计

乡村建设需要吸引各类资本的投入，也要确保项目的经济效益和可持续运营。因而编制村庄设计时需全面权衡各项投入与产出，精确预测评估各个项目成本和预期收益。乡村建设项目库的建立可对乡村建设项目进行系统梳理，划分经营性与公益性项目的同时实现两者的高效结合。此外，须协调政府与市场，明确各自职责范围，匹配确立建设项目责任主体，依据不同项目建设成效、带动作用及投资收益等各类判断，规划建设时序，推动乡村有序稳步发展。基于保障乡村基本公共服务的前提，提高各类设施服务品质，进一步拓展乡村运营模式，形成具有持续自我成长和壮大能力的乡村集体经济。

五、上海市浦东新区宣桥镇腰路村的设计实践与成效

1.背景情况

腰路村位于浦东新区宣桥镇西北部，区位优越、交通便捷，距上海迪士尼乐园6km、上海野生动物园仅3km。宣桥镇是全市率先试点的3个蔬菜保护镇之一，腰路村位于上海市蔬菜生产保护镇、上海市绿色

田园先行片区、浦东新区"十四五"乡村振兴示范带轴心和宣桥镇沿六奉公路农业发展轴上。腰路村村域总面积为3.72km²，其中耕地面积约2700亩，以种植水稻、蔬菜为主，主要经济来源以农业种植收入为主，属于相对典型的农业保留村。近年来，通过引入龙头企业及高端农业项目，积极探索新型运营主体联合发展模式，农业产业不断更新，为发展现代都市农业奠定了良好基础，提供了有利条件。

2.目标定位和产业策划

依托清美、浦商等龙头企业，重点发展蔬菜产业的基础上，如何同步提升和打造"蔬香腰路·清美田园"的新江南田园风貌，打造上海都市农业的标杆，是腰路村村庄设计重点之一。

以"蔬香腰路·清美田园"为主旨，通过"清美＋腰路"模式，实现产业创新，赋能乡村振兴。一方面，通过壮大集体经济，以合作经营、租赁、服务等方式与家庭农场、专业合作社、农业企业等各类经营主体建立产业联合体；另一方面，建立"租金＋薪金＋二次分配"的农民增收渠道，帮助农民创收。腰路村坚持发展优势特色产业作为乡村产业振兴主线，推进以蔬菜为主题的一二三产融合发展的产业体系，实现"清美＋"产业融合示范的村庄全面振兴。

3.村庄设计和建设成效

（1）推进要素整理和设施建设

完成收储土地腾地约359亩、家庭农场腾地约73

亩、农民流转土地约80亩，实现闲散、零星土地整合后，由现代农业示范项目建设统一规范经营管理。完成约3.1万m²田间无序设施大棚整治，实现生产设施管理规范。完成腰路南站农田水利配套覆盖955.6亩，全力保障高标准农田灌溉。制定农药化肥包装废弃物及农膜回收处置机制，保障农业生产和农产品质量安全。

（2）引入优质项目示范带动

深化农业产业结构调整，坚持推进绿色农业、规模农业、科技农业、品牌农业发展。在村庄设计前期，腰路村确认以农业龙头企业为强势带动，重点推进建设清美集团农业产业示范基地（约870亩，含二期规划）和浦商集团高标准蔬菜基地（约220亩）。特别是清美基地，规划"一核两区"，即智能化蔬菜生产科技示范核（约267亩）和5G数字优质水稻生产示范区（约428亩）、数字化菜田生产示范区，采用新模式、新装备、新技术、新品种，蔬菜基地生产全程机械化、智能化，水稻基地融入AI、5G等技术应用，在大数据中心可实现"一屏观全程、一屏管全程"，现代农业生产效能大大提高。两个基地建设规模占全村现代农业规划的60%以上，这也将引领宣桥镇农业产业整体提质增效。

（3）加速一二三产融合与新业态发展

依托腰路农业产业、乡村生态等特色优势和周边文化旅游资源，研究和推动"农业＋""旅游＋""文化＋"等进一步融合，打造清美文苑、清美学堂、清美鲜家、清知园等功能节点和网红打卡空间，积极发

展农业观光、亲子互动、生态养生、田园度假、科普教育等农业旅游项目。同时，盘活闲置农房资源，与清美集团共同打造清美公寓，为清美基地产业工人、研发人员就近提供舒适的居住环境；鼓励有条件的农户将闲置农房发展民宿，"指尖""余年"等民宿产业正悄然兴起，乡村业态不断提档升级。

（4）重塑景观轴线

以村庄现状主要道路五丰路为核心景观轴线，通过道路修复、绿化种植以及沿路建筑风貌提升等手段，系统提升沿线路、水、田、居风貌，重塑蓝绿交织的乡村田园景观轴线。

（5）改造公共空间

①文化服务（18组老仓库）：面向村民日常生活需求和产业发展需要，通过收储和改造闲置集体资产、民居的方式，增加乡村公共服务空间。由原腰路村18组老仓库改造而成，有效激活了乡村闲置集体资产，让破败的仓库建筑重新焕发了生机。设计理念是在尊重原有乡土建筑形式的基础上，丰富建筑功能、延续乡村记忆。老仓库所在位置是腰路村旧时的打谷场，希望在保留这份记忆的同时服务乡民、惠及邻里，将其变成具有订餐服务，社交活动，村民聚集等功能的公共服务节点。建筑前场为休闲广场，可供人群聚集，下沉庭院可供人们休憩停留。同时在建筑内部东侧新增村民活动空间，目前已成功举办文化义演等多场针对老年人和少年儿童的主题服务活动。

②村企宿舍（清美公寓）：面向清美等产业项目住宿配套，腰路村收储并改造了部分闲置民居作为人才公寓使用。通过民居改造，实现互惠互利，农民眼中不太值钱的空房子也成为附近企业眼里"价廉物美"的"成熟社区"。企业以略高于市场的价格长期回租，低成本实现员工就近安置，农民获得房租的同时，还可以承担保洁工作，进一步拓宽了农民的增收渠道。

③商业配套（清美鲜家与清美味道）：清美鲜家成为开在乡村的第一家清美鲜食超市，村里通过腾挪低效村集体资产，每年租金只收12万元，同时清美也能切实给予村民优惠，超市常年打7折。隔壁的"清美味道"也是村企共建的产物，由于价格实惠，除本村居民，还有周边镇里的打工者来这里吃中饭，仅仅三个月便实现营利。通过配套与市区同系列的超市与餐饮服务，让村民切实感受到了便捷完善的乡村社区生活圈理念，实现城乡服务设施的无差异化。

④科普体验（创意农园）：腰路村村域基本农田占比约为42.4%，处处可见农田。以"蔬香腰路"为理念，村庄设计打造了集居家种植、蔬果科普、农业体验等多种功能的农业创意园。在清知园蔬菜展示园，可以进行蔬菜展示及农业体验，让孩子学习到农

家种菜知识。在宅前屋后的"一米农园"，村民不仅可以进行传统耕种，还可以利用结合农园设置的葡萄架、步道、座椅，进行运动、休闲。

六、若干思考

本文在梳理现有村庄规划建设得失的基础上，从运营前置的角度提出村庄设计的优化策略，即以"村庄设计与运营思维并行"为原则，设计项目以产业兴旺实施路径，优化乡村资源配置，明确消费客群，协同政府及市场作用，加强产业融合发展，统筹兼顾开发建设与可持续运营策略，使乡村可以自我造血与持续发展，帮助与带动村集体增收和农民致富，实现乡村振兴目的。以腰路村村庄设计为例，实践了乡村建设发展模式从依赖政府输血到乡村自主造血的转变，为乡村振兴注入了新的理念和目标。一是突出村庄的自然生态禀赋，以保留与修复为手段，较为完整地保留了浦东传统农村的自然风貌和生产生活方式，重塑腰路村江南水乡田、水、林、路、居的田园格局，以现代农业产业发展为目标，保留大面积农田，基本农田占比约42%，不断擦亮美丽乡村"底色"，为乡村振兴提供基础前提和重要支撑。二是在创建模式上，探索引入社会资本参与乡村振兴。清美集团是宣桥镇在地民营企业，也是行业龙头企业，在上海乃至长三角都有较为广泛的影响力。清美集团深度参与腰路乡村振兴，是深入推进村企共建的重要成果。企业充分发挥自身优势，建设现代化产业基地，为腰路村及宣桥镇注入了强劲的发展动力。村企合作模式促进了清美乡村生活理念的推广和实践，不仅为村民及消费客群带来了美好的生活体验，同时政企共同融入参与乡村社会服务与治理，共同培育乡村振兴。三是强化村庄节点与清美、浦商等特色产业的互动，通过产业带动，实现为老为小等公共服务设施的提质升级，利用产业优势，打造集科普、展示、教育、休闲活动于一体的村庄特色体验农园。四是形成"蔬香腰路·清美田园"村庄的"金名片"，传承腰路的农业历史文化，并植入"清美日记"的文创故事，展现腰路清新美好的田园生活。

面向未来，村庄设计在做好乡村环境、公共服务"底板"的过程中，一方面要描摹好乡村肌理的"水墨画"，另一方面也要画好提升功能和品质的"工笔画"，提升外在形象，增强内生动力，实现更高质量、更可持续的乡村振兴目标。

（本文图片均为作者自绘、自摄及上海市城市规划设计研究院乡村分院腰路村村庄设计项目组自制。）

注释

①当前上海部分城市更新项目已经在探索由开发建设思维转为产业运营思维，项目不仅是对城市空间的改造、修补和重塑，同时打通产业协同、金融生态、城市服务、资产运营等多个环节，从城市运营的角度激发区域活力，带动产业升级，促进可持续发展。

参考文献

[1]上海市人民政府.上海市城市总体规划(2017—2035年)[EB/OL].(2018-01-04)[2023-07-19]https://www.shanghai.gov.cn/newshanghai/xxgkfj/2035004.pdf?eqid=80ca6cc80008783a00000004646470cc.

[2]上海市规划和国土资源管理局，上海市住房和城乡建设管理委员会.上海市郊野乡村风貌规划和设计建设导则（一）[R].2020.

[3]自然资源部.自然资源部办公厅关于加强村庄规划促进乡村振兴的通知（自然资办发〔2019〕35号）[EB/OL].https://www.gov.cn/zhengce/zhengceku/2019-10/14/content_5439419.htm.

[4]卢震，赵秀玲，潘春燕，等.可持续运营导向的休闲旅游型村庄设计[J].规划师.2016,32(9):113-117.

[5]顾守柏.超大城市郊区乡村规划编制与实践探索[M]//张立.镇村国土空间规划(No.86镇村国土空间规划).上海：同济大学出版社,2020:60-63.

[6]顾守柏.上海：引领郊野单元空间治理精细化[J].资源导刊.2023(3):57.

[7]陈琳，沈高洁.郊野地区空间规划：面向行动管理的上海创新实践[J].城市规划学刊,2022(2):90-95.

[8]沈高洁.上海农村建设市级财政支出的资源配置效率评价[J].上海城市规划,2021(z1):80-86.

[9]张亚波.我国农村土地资源综合利用现状及对策[J].乡村科技,2019(32):122-123.

[10]上海市规划和自然资源局，同济大学.乡村设计：理论探索与上海实践[M].北京：中国建筑工业出版社.2021.

作者简介

沈　越，上海市城市规划设计研究院乡村规划设计分院（生态绿色发展促进中心）规划师，工程师；

陈　琳，博士，上海市城市规划设计研究院土地资源和乡村规划首席规划师，乡村规划设计分院（生态绿色发展促进中心）院长，高级工程师。

居旅融合视角的都市型乡村地区规划设计
——以上海市大治河南部郊野单元（村庄）规划为例

Planning and Design of Metropolitan Rural Areas Integrating Residential and Tourism Functions
—A Case Study of Southern Region of Dazhihe River Countryside Unit Planning

郝晋伟 苏兆阳 覃明君
Hao Jinwei Su Zhaoyang Qin Mingjun

[摘　要]　以上海为代表的大都市周边乡村地区存在功能复合性特征，而居旅融合是各类功能复合类型中最为基础的一类，且伴随复合过程还有各类冲突发生，亟待对其开展研究。本文分析了都市型乡村地区的功能复合性与居旅融合特征，并借鉴相关实践案例，然后以上海市大治河南部郊野单元（村庄）规划为例，从居旅融合视角出发，分析发展基础与条件，提出规划总体思路与发展定位，制订落实的策略，最后提出规划设计方案。

[关键词]　乡村振兴；乡村规划；郊野单元规划；居旅融合

[Abstract]　Metropolitan rural areas, exemplified by the surroundings of Shanghai, are marked by their multifunctional nature, with the integration of residential and tourism functions standing out as a predominant feature. As these areas undergo increasing functional complexity, they inevitably grapple with types of conflicts, underscoring the pressing need for in-depth study and informed planning strategies. The paper delves into the composability of functions and integration of residential and tourism functions and introduces some practices and case studies. Taking the southern region of Dazhihe River Countryside unit planning in Shanghai for example, we analyze the development foundations and conditions and put forward the overall strategies, development objective, and planning scheme from a perspective of integration of residential and tourism functions.

[Keywords]　rural revitalization; rural planning; countryside unit planning; integration of residential and tourism functions

[文章编号]　2024-96-P-032

本研究获得上海市哲学社会科学规划课题"大都市乡村地区的功能演变与振兴策略研究"（项目编号：2023ZCK003）、上海市哲学社会科学规划青年课题"城乡融合视角下上海郊区乡村绅士化的特征识别及演变机制研究"（项目编号：2020ECK001）资助。

在大力推进乡村振兴的背景下，上海等大都市周边的乡村地区出现各类新现象和新趋势，功能复合性是其中较为典型的特征之一。这种复合性一方面表现为乡村功能本身的多元性和复合化组织：伴随农业转型升级和后工业化引发的服务业兴起，大都市乡村的传统农业生产功能逐步减弱，而休闲度假、娱乐消费、艺术文创等休闲旅游类功能逐步增多，且各类功能间还存在交叉互动；另一方面则表现为各类功能在使用空间时体现出的空间复合性。在各类功能的复合中，以"居住功能与农旅、文旅功能融合"为内涵的"居旅融合"是大都市乡村地区复合性特征在目前发展阶段下最突出也最广泛的表现形式。以上海为例，很大一部分乡村都在适应大都市客群休闲旅游消费习惯和趋势的情景下，以农旅、文旅产业为依托培育乡村内生发展动力，并在农村宅基地归并和安置房建设、乡村人居环境改善和设施建设中充分考虑居住和农旅、文旅功能的融合，以此提升乡村的吸引力和可持续发展能力。然而，在居旅融合现象日渐增多的同时，乡村地区也出现了由于游客进入过多而引发外来游客与本地村民冲突增加的问题。在高质量发展的背景下，亟待对这一现象的特征开展更深入的阐释与分析，并从居旅融合视角提出适应都市型乡村地区的规划设计思路和技术方法。

本文首先对都市型乡村地区的功能复合性及居旅融合特征，以及若干实践案例进行分析；然后以上海市大治河南部郊野单元（村庄）规划为例，提出居旅融合视角下都市型乡村地区规划的总体思路与目标定位、主要策略，以及规划设计方案等，以期为同类乡村地区的规划设计实践提供参考。需要说明的是，上海市乡村规划经历了郊野单元规划（1.0版/2.0版）、郊野单元（村庄）规划（3.0版）、郊野单元村庄规划（4.0版）的发展历程[①]，并进一步更新为乡村单元村庄规划。本文的实践案例起始于2018年，仍遵循当时郊野单元（村庄）规划（3.0版）的要求进行编制。郊野单元（村庄）规划是镇域、村域层面实现"两规融合""多规合一"的规划，是覆盖乡村地区、统筹全地类全要素的综合性、统筹性、实施性和策略性规划，是实施土地用途管制特别是乡村建设规划许可的依据[②]。

一、都市型乡村地区的功能复合性与居旅融合特征

1.都市型乡村地区的功能复合性

随着社会经济的快速转型，我国乡村地区的功能复合性特征日益突出，其内涵包括类型多元、复合组织、空间叠加等。首先，在类型多元方面，由于都市型地区的城镇化发育程度较高，其乡村地区受城市发展的渗透也更显著，因而除传统的农业生产功能以及部分位于城市边缘区的工业生产功能外，近年来也涌现了大量休闲游憩、餐饮娱乐、民宿度假、文创休闲等新功能和新业态。如在上海乡村地区的主要休闲中心中，"民宿+餐饮"和"民宿+餐饮+休闲农业"是最为普遍的组合模式[1]。其次，在复合组织方面，由于乡村地区的新兴功能以服务业为主，并且具有较强的季节性和波动性，因而这些新兴功能大多数也与本地居住生活和生产功能进行了复合组织，且在不同季节和时段会有所侧重。如在上海市一些具有康养度假产业发展潜力的村庄中，在进行农民安置房设计与建设时，会结合康养产业的发展需求，将安置房户型设计为兼容本地村民居住和康养度假两类功能的复合型模式，其空间使用方式可由农户根据自身实际情况选择，或自住，或统一租赁给度假运营公司进行开发经营，这样不仅满足了乡村居民的多样化安置需求，也为村庄的新兴功能发育提供了多种预期情景，提高了发展韧性。最后是空间叠加。乡村功能的多元类型与复合组织往往呈现空间叠加特征，即多种功能对空间的同时利用和分时利用。

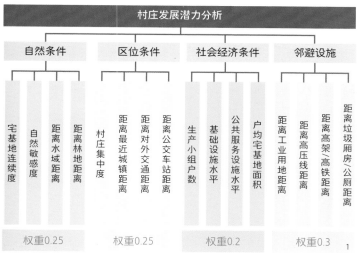

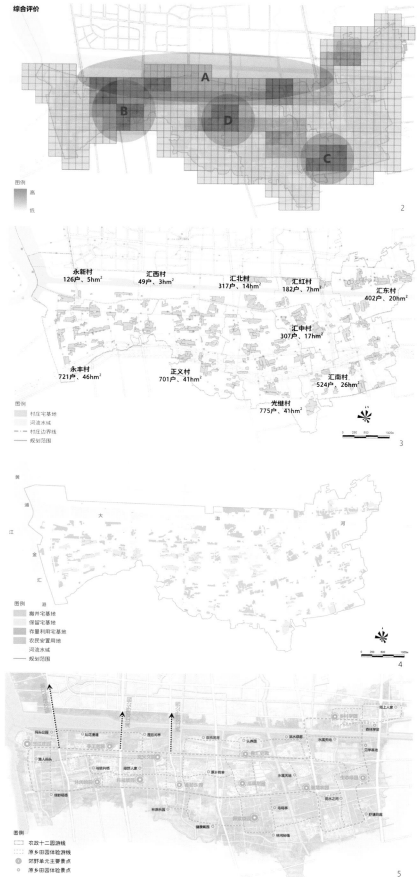

1.村庄发展潜力分析综合评价框架图
2.大治河南部郊野单元居民点平移归并综合评价图
3.大治河南部郊野单元居民点现状分布图
4.大治河南部郊野单元居民点归并规划图
5.大治河南部郊野单元文旅游线规划图

图1内文字：
村庄发展潜力分析

自然条件
宅基地连续度　自然敏感度　距离水域距离　距离林地距离

区位条件
村庄集中度　距离最近城镇距离　距离对外交通距离　距离公交车站距离

社会经济条件
生产小组户数　基础设施水平　公共服务设施水平　户均宅基地面积

邻避设施
距离工业用地距离　距离高压线距离　距离高架/高铁距离　距离垃圾厢房/公厕距离

权重0.25　权重0.25　权重0.2　权重0.3

图2内文字：
综合评价
图例 高 低

图3内文字：
永新村 126户、5hm²
汇西村 49户、3hm²
汇北村 317户、14hm²
汇红村 182户、7hm²
汇东村 402户、20hm²
汇中村 307户、17hm²
永丰村 721户、46hm²
正义村 701户、41hm²
汇南村 524户、26hm²
光继村 775户、41hm²
图例
村庄宅基地
河流水域
村庄边界线
规划范围

图4内文字：
黄浦江　大治河　金汇港
图例
撤并宅基地
保留宅基地
存量利用宅基地
农民安置用地
河流水域
规划范围

图5内文字：
图例
农政十二园游线
原乡田园体验游线
郊野单元主要景点
原乡田园体验景点

2.居旅融合与社区参与旅游

从都市型乡村地区功能复合性的发展阶段和类型来看，包括农业、农旅、文旅、消费、创新创业以及居住等多种功能间的复合组织，而居住与农旅、文旅、消费、创新创业之间的功能复合是最为基础的一类，并可将其统称为"居旅融合"。从概念的内涵来看，居旅融合其实是旅游科学已经开展较多研究的"社区参与旅游"，并逐渐成为旅游活动尤其是乡村旅游活动的一大特征与趋势。

墨菲在《旅游：社区方法》（Tourism: A Community Approach）一书中提出"社区参与旅游"概念，认为将旅游业作为一种社区活动来进行管理能够获得更佳的效果[2]。相关实践也表明，社区应最大限度地参与目的地的旅游发展和管理中，以促进旅游和社区的可持续发展，并解决当地人的生计问题[3]。后续的研究还关注到对社区的信息增权、教育增权、制度增权和个人权利增权等[4]，以此增强社区参与旅游发展的力度。相关研究还包括：在地方社区活动与旅游活动的互动特征方面，廖梓维等以潮州古城为例，从流动、分布、状态三方面研究了当地居民和外来游客的活动秩序[5]；在促进地方社区参与乡村旅游的具体做法方面，李涛等在对浙江白沙村的研究中，发现社区村民会自主利用房屋、劳动力等资源沿景区周边向外扩大乡村旅游服务设施的供给，并根据乡村休闲市场的需求进行业态和产品创新升级，呈现一种由村民自发组织的"由点到面"开放式一体化发展特征[6]；周坤、王进从社区弹性角度提出中国台湾地区淘米村的乡村发展策略，包括建立非营利基金会、吸引乡贤和社会精英共同参与灾后建设、与地方大学和艺术类教育机构长期合作并形成"原住民+大学教授+其他文创人才"的多样化结构等[7]。

此外，"社区参与旅游"虽然可以促进乡村社区的可持续发展，但往往也会引发乡村社区的内部冲突，如张戬等从主客视角识别了景村融合（即"社区参与旅游"）背景下社区冲突的类型、空间分布及形成机制[8]；刘阳、赵振斌则对乡村旅游社区的多元化冲突类型、冲突对象关系与空间分布，及影响因素等做了分析[9]。

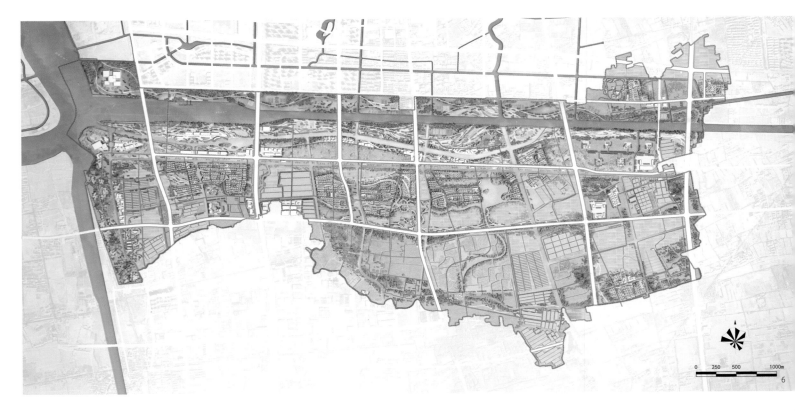

6.大治河南部郊野单元概念总平面图

3.都市型乡村地区居旅融合的实践案例

（1）重庆市九龙坡区铜罐驿镇英雄湾村"住—商—旅融合"案例[3]

英雄湾村位于重庆南部长江之滨，距离重庆主城区20~30km，为第三批全国乡村旅游重点村，分布有多处红色旅游景点，同时也是铜罐驿镇大英雄湾片区美丽乡村建设的重点区域，以红色研学、现代农业、餐饮娱乐、乡宿度假等业态为主。英雄湾村的"住—商—旅融合"以"房宅结合部"为载体，将政府实施的人居环境整治项目、社会投资的民宿改造项目与客户的商业、旅游需求，以及村民的自住需求结合在一起，改造村民的闲置住房。改造后的农房分三层，中间层为农户房主居住，上层为民宿，下层为可对外经营的餐厅。农房室内装饰工程由参与经营的社会投资负责，外部人居环境提升工程由政府负责，而后农民将上层和下层闲置住房入股参与商旅项目经营（包括餐饮、民宿、研学、艺术展览等业态），并获得分红收入。通过这种模式，农户、政府、社会投资几方之间形成了利益共同体，带动社区商业发展和人居环境提升。

（2）成都市蒲江县明月村社区参与旅游案例

明月村位于成都市西南方向，距离成都主城区约80km，其乡村建设起始于2014年启动的"明月国际陶艺村"项目，目前已建成以陶文化为主题的人文生态度假村落，吸引了全国各地的艺术家来此建立工作室，并带动了村庄发展和村民增收。吴其付总结了明月村旅游社区社会韧性的培育路径，社区参与在其中起了关键作用[10]。具体分为三个阶段：第一阶段是培育社区共同体意识并增强村民集体行动能力，主要是通过新村民租住和改造村庄闲置院落、新老村民专业互助、新老村民共同参与社区交流、集体推动村落人居环境整治等措施来拉近新老村民之间的距离；第二阶段是以旅游合作社运营为依托增强社区经济发展动能，主要是通过成立老村民入股的旅游合作社，引导村民发展民宿、蜡染、茶社、农庄等项目，并由新老村民共同研发地方特色商品；第三阶段是以公益机构为依托，协同助力增强社区自组织能力，主要是依托各类公共服务空间，加强与各类非营利组织的合作。

（3）贵阳市花溪区十字街旅居融合示范项目案例[4]

十字街是位于贵阳市花溪区传统核心商业区的居民社区，长期呈现人群密度高、业态粗放发展的态势，经过改造后成为既保留了老街巷空间肌理，又彰显了潮流街区独特时尚气息的潮人聚集地和网红街区。虽然该项目位于城市地区，但其旅居融合和激活地方特色资源的做法有参考价值。开始于2021年6月的十字街新型城镇化暨"三改"示范项目将十字街片区分为北部和南部两大功能分区，北部区域打造"旅居融合示范区"，强调旅游产业化，以"旅"为主，将原有的棚改地块改造为餐饮商业综合体、潮流商业综合体等，并开发商业步行街，主要业态包括传统美食、时尚餐饮、滨水时尚休闲、青年潮流空间、夜间消费、剧本杀、文创等，同时青年公寓、商务宾馆，以及少量居住和公共服务设施也分布其中。南部区域打造"高品质三感居住区"，强调新型城镇化，以"居"为主，建设了社区日间照料中心、综合性文化服务中心、党群服务站等配套设施，同时优化沿街商业态、立面，以及公共空间、景观绿化等，提升居住片区的城市形象。在十字街的改造过程中，还实现了居民参与，通过院坝会、选材会、上门入户、微信群等各种形式吸纳社区居民意见，较好地实现了老旧社区居住功能的质量提升以及地方文旅资源和空间的产业激活，实现了居旅融合以及提升城市吸引力和烟火气的目标。

二、大治河南部郊野单元的居旅融合基础与条件

1.基本特征

大治河南部郊野单元位于上海市闵行区浦江镇最南端，地处闵行区、浦东新区、奉贤区三区交界

图例
园地
林地
坑塘水面
养殖水面
其他农用地
村级公共服务设施用地
商服用地
教育科研设计用地
文物古迹用地
其他公共设施用地
道路用地
社会停车场用地
公交场站用地
工矿仓储用地
水域
村界
镇界

250m禁止建设范围
250m~384m范围内禁止兴建7m及以上建筑的范围
250m~469m范围内禁止兴建11.5m及以上建筑的范围

湿垃圾处理站

0 250 500 1000m

7

7.大治河南部郊野单元用地布局规划图

处，地处主城区外缘。郊野单元规划范围北至闸航路，西至黄浦江，南接奉贤区，东接浦东新区，共19.09km²，包括10个行政村，其中涉及大治河以南保留保护村6个，共14.75km²，现状权证户数共4104户；其余为近郊绿环和大治河生态走廊，共4.34km²。基地的核心特征包括：一是休闲旅游资源好，且作为其发展目标之一。基地北部与浦江郊野公园相邻，是三区乡村休闲产业发展的核心区域，北邻浦江新市镇，并与主城区快速连接，南邻奉贤新城，拥有较大规模的潜在旅游客群；二是生态地位突出。基地紧邻"浦江第一湾"景观区，西与黄浦江生态走廊相接，北部属大治河市级生态走廊和近郊绿环的一部分，面临生态保护和保护型开发的要求；三是保留保护村占比大，人居需求亟待改善。保留村数量较多，且村居用地分布较零散，人居环境品质也偏低，亟待改善。

2.居住功能发展现状与村宅归并诉求

一是，村庄住宅均质分布，居民点分布较为零散，2017年底共有85个自然村宅，30户以下自然村宅共有27个，用地集约化程度较低。根据上海市相关文件要求，需要对30户以下的自然村宅进行集中归并，引导村民集中居住。二是，部分村宅所处环

境不佳，部分宅基地位于高压线、高等级道路、河道及电台等的环境影响区内，且空间分割明显，对居住品质影响较大。三是，村宅质量参差不齐，住宅房龄以20年以上为主，现状村宅建筑翻建比例约38%，且部分农宅房屋老化，有待进一步翻建。四是，老龄化问题严重，老年服务设施缺乏，部分村庄的综合文化站、便民商店、综合服务用房等设施也有待补充和完善。

3.现状文旅资源与发展诉求

一是，有着良好的生态本底。基地地处黄浦江与大治河两河交汇处，内部水网密集，"水、田、林、路"交错分布，形成了具有江南水乡特色的空间格局。而且，最鲜明的特征是黄浦江在此拐弯，形成"浦江第一湾"和"三江汇流"景观，目前已经有开发为上海近郊休闲、观光、生态旅游基地的意向，且该区域也是闵行区重要的景观绿肺。目前，已经有不少周边居民在此进行游憩活动，但其配套设施还远远不足。二是，有着丰富的历史人文底蕴。基地内存在丰富的历史遗存，蕴含运河文化、农耕文化、宗祠文化、桥文化等多元文化要素，有着浓郁的地方特色；同时，基地内村庄的风貌也各具特色，但村庄历史文化资源和景观还有待整合。三是，基地内已经开发了

采摘、垂钓、餐饮、农家乐等项目，但规模均不大，还不能满足周边和市区居民的休闲旅游新需求；同时也有农业展销、电子商务、农业工坊等企业有进驻意向，亟须解决其用地需求。

三、居旅融合视角的大治河南部郊野单元（村庄）规划

1.总体思路

根据大治河南部郊野单元的现状特征与发展诉求，编制《上海市闵行区大治河南部郊野单元（村庄）规划（2017—2035年）》。在规划中以构建"居旅融合的都市型乡村"为发展目标，以"农业＋""生态＋""文化＋"为核心，实现乡村生产生活方式与城市农旅文旅需求的有机融合。在村庄归并、产业布局、农林整治、支撑体系等方面促进村民生活与游客体验融合、农业生产与休闲旅游融合，以此提升郊野单元功能的复合性，构建大都市乡村振兴的新模式。

2.发展定位

全面落实衔接上位规划战略指引和管控要求，从居旅融合视角谋划乡村产业发展、提升人居环境质

8.大治河南部郊野单元服务与产业用地规划图　　10.大治河南部郊野单元农田整治规划图
9.大治河南部郊野单元产业结构规划图　　　　11.大治河南部郊野单元规划结构图

量，实现"大美郊野、绿源浦南"的发展愿景，确定发展定位为："浦江第一湾的生态田园休闲区、上海近郊的原乡生活体验地、闵行浦江的品质乡居生活区"。

3.对居旅融合规划思路的落实

（1）村宅归并，兼顾潜力分析与"居住—公服—产业"用地联动

基于现状村宅的发展潜力评估，同步考虑乡村公共服务设施和产业布局的要求，确定村宅归并方案，以此增强村庄居住功能和休闲旅游功能之间的融合与联动。在村宅发展潜力评估方面。首先对受高压线、规划高等级道路、广播发射台等因素影响的居民点进行动迁上楼，其余风貌良好的村庄进行平移归并或原址保留；然后，从自然条件、区位条件、社会经济条件以及邻避设施四个方面构建乡村发展潜力评价体系，分栅格对规划区进行乡村发展潜力综合评价，以此为村宅归并选址提供参考。根据评价结果，共有四处区域的村庄发展潜力较高，可作为村宅平移归并和安置区，主要位于永丰村、正义村、光继村三村；最后，根据评价结果进行村宅的平移归并与安置。

在村庄发展潜力评价的基础上，考虑"居住—公服—产业"功能的联动布局。具体做法包括：首先，结合15分钟社区生活圈中公共服务设施布局的要求，在村民平移安置区集中布局公共服务设施，包括村委会、幼儿园、文化设施、公共活动设施等；其次，在对现状和有意向集体经营性建设用地布局进行分析的基础上，结合15分钟社区生活圈布局和村民就业需求，在村民平移安置区内或陈近布局产业发展用地，每村约2~3hm^2，同时也与公共服务设施用地联动布置。这些产业发展用地主要为商业用地，在业态上包括特色工坊、休闲度假基地、童趣体验、产品展销等，既能够为本地村民提供就业岗位，又可兼顾游客的休闲旅游需求，而且其中部分用地为集体所有，如此还能增强村集体的经济实力；最后，根据可利用土地的实际分布情况，按照"尽量使公共服务设施和产业用地空间临近，并覆盖尽量多村民居民区"的原则，对公共服务设施和产业用地选址进行调整优化。

（2）产业布局，兼顾组群游线与村民就业需求

以居旅融合为理念，促进休闲旅游产业功能与居住功能在空间上进行融合，主要从"组群结构优化"和"游线优化"两方面进行考虑。首先是"组群结构优化"，在进行结构分区时充分考虑休闲旅游空间与居民就业需求及公共活动空间的融合，由此形成"一环、三带、五彩片区"的产业空间结构。如规划的"五彩片区"，围绕村民平移安置区的公共服务核心布局，并在各片区内结合村庄特征和就业需求，布局了手工艺圃、科技展园、乡村学园、文创体验带等节点和重点项目，以此为村民参与旅游服务业创造了条件。规划还以"郊野浦南乡村活力环"串联这些节点和重点项目，强化了各片区之间的要素流通，进一步促进居旅融合。其次是"游线优化"，通过农政十二园游线、原乡田园体验游线的组织，实现村民生产生活与游客文旅体验的融合。其中，农政十二园游线连接了能够为村民提供就业机会的各节点和项目，包括三江庄园、手工艺园、正义文园等，在吸引本地村民就业的同时让游客进行农旅体

验，它也是浦南郊野游主推游线；原乡田园体验游线则深入村民的生活空间，融入村民生活场景，让游客体验原乡生活，串联节点和重点项目包括码头公园、林语乐园、绿野人家等。

（3）农林整治，兼顾农林生产与农林体验需求

为了整合村庄农林用地资源，同时满足休闲旅游产业对农林生产空间的需求，在保证基本农田和公益林规模稳定，兼顾农林生产与休闲旅游需求的原则下推动农林空间整治。首先，按照经济作物农田、精品农业展示田、景观展示田、园地、林地等类型进行农林生产空间布局。其中，经济作物农田、园地等主要承担农业生产功能，而精品农业展示田、景观展示田则在满足农业生产功能的基础上进一步发展休闲旅游功能，面向外来游客提供农业展示和观光、农业体验等休闲服务；其次，整合大治河及其他水系两侧的林地，形成陆地生态与水生生态相融的"林水田一体"的自然景观带，并面向外来游客提供林地休憩、水上运动、户外探险等休闲服务。

（4）支撑体系，兼顾外部游客与本地村民需求

一方面是道路系统，同步考虑本地村民的便利出行和游客的集散服务。一是，针对目前道路网络不连贯、乡村支路凌乱、断头路较多等问题，完善道路系统，并将其中的部分支路既作为本地村民的生活性道路，也串联部分休闲节点和重点项目，作为游客休闲旅游线路的一部分；二是，在公共交通组织上，北部加强与汇臻路轨交站以及鲁南路BRT站点的衔接，提升村庄的区域可达性，提升本地区对游客的吸引力。另一方面是市政服务设施，在给水、污水、雨水、电力、燃气、环卫等设施的容量测算和空间布局中，统筹考虑本地村民和外来游客的需求。

4.大治河南部郊野单元（村庄）居旅融合规划设计

首先是规划结构。基于上述4个方面对居旅融合的考虑，构建"两带、四轴、四心、七片"空间结构。"两带"为大治河生态走廊发展带和生态绿林发展带；"四轴"为滨江风貌展示轴、郊野风光体验轴、对外交通发展轴（浦星公路、林海公路）；"四心"为江湾旅游展示核心、农旅产业服务核心、休闲娱乐服务核心、农贸综合服务核心；"七片"为现代农业展示区、郊野原乡乐居区、文旅休闲体验区、绿动森林涵养区、自然生态防护区、农林一体复合区、农创科技展示区。其中，"四心"和"七片"是居旅融合的主要承载区。如农旅产业服务核心，既是该片区本地村民的公共服务中心，提供各类基本公共服务

和与农业生产相关的商贸、展销、技术等服务型业态；也是面向外来游客的综合服务中心，包括旅游咨询、乡土产品展示售卖、商务交流等业态。又如郊野原乡乐居区，不仅是本地村民的集中居住地，其中还穿插布局了能吸引外来游客体验原乡生活并能促进本地村民就业的各类业态，如原乡民宿、农旅体验等。

其次是用地布局规划和概念总平面布局。在考虑村庄宅基地归并要求和村民诉求、大治河生态走廊和近郊绿环建设要求，以及各类休闲旅游和商业类用地开发需求的基础上，确定郊野单元用地布局规划。经过本次规划，到规划目标年2035年，建设用地面积大幅缩减，从2017年的475.70hm²减少到262.08hm²，其中农居点面积由212.45hm²减少到99.21hm²，但面向休闲旅游的商服用地从4.57hm²增加到16.79hm²。同时，农林用地有少量增加，农用地（含林地）从1150.05hm²增加至1292.61hm²。

四、结语

本文以上海市大治河南部郊野单元（村庄）规划为例，阐释了都市型乡村地区的功能复合性与居旅融合特征，并在借鉴相关实践经验的基础上，分析了规划基地的居旅融合基础与条件，并从居旅融合视角提出了总体思路及其具体落实策略、功能定位、规划设计方案等，以此为都市型乡村地区的发展与规划设计实践提供思路。从最新的政策要求来看，上海市乡村规划已经在之前郊野单元规划、郊野单元（村庄）规划、郊野单元村庄规划的基础上，进一步转型为乡村单元村庄规划，因而还需要在此要求下进一步探索居旅融合视角的都市型乡村地区的规划设计思路与策略。

［本文图片、数据等内容均来自《上海市闵行区大治河南部郊野单元（村庄）规划（2017—2035年）》，感谢编制单位上海江南建筑设计院（集团）有限公司及项目参与者王超、华进、张强等提供的相关顾问与支持。］

注释

①顾守柏，《郊野单元治理助力乡村振兴》，第二届上海乡村振兴先锋论坛暨首批上海市乡村责任规划师年度评优和分享交流会议报告，2023年。
②上海市规划和国土资源管理局，《上海市郊野单元（村庄）规划编制技术要求和成果规范》，2018年。
③乡村旅游怎么做？重庆带来"住、商、旅融合"方案，https://www.sohu.com/a/498335718_121124416。
馒花溪区十字街：打造旅居融合"三改"示范社区，https://

baijiahao.baidu.com/s?id=1738053247111445132&wfr=spider&for=pc；花溪区"四突出"推动十字街片区改造提质升级，http://gz.people.com.cn/BIG5/n2/2022/0617/c389357-35319384.html。

参考文献

[1]郝晋伟. 大都市周边乡村地域的空间结构特征解析[J]. 城乡规划, 2022(3): 60-69.

[2]MURPHY P E. Tourism: A community approach (RLE Tourism). London: Routledge, 1985.

[3]孙九霞. 守土与乡村社区旅游参与——农民在社区旅游中的参与状态及成因[J]. 思想战线, 2006, 32(5): 59-64.

[4]王金伟, 谢伶, 张赛茵. 自然灾难地黑色旅游发展: 居民感知与社区参与——以北川羌族自治县吉娜羌寨为例[J]. 旅游学刊, 2020, 35(11): 101-114.

[5]廖梓维, 张补宏, 吴志才. 潮州古城旅游社区主客活动秩序研究[J]. 人文地理, 2020, 35(3): 151-160.

[6]李涛, 王磊, 王钊, 等. 乡村旅游: 社区化与景区化发展的路径差异及机制——以浙江和山西的两个典型村落为例[J]. 旅游学刊, 2022, 37(3): 96-107.

[7]周坤, 王进. 社区弹性促进乡村旅游高质量发展——以台湾省桃米村为例[J]. 地域研究与开发, 2023, 42(2): 118-123.

[8]张骁, 赵振斌, 刘阳, 等. 景村融合背景下乡村旅游社区冲突类型结构与形成机制——以肇兴侗寨为例[J]. 经济地理, 2022, 42(11): 216-224.

[9]刘阳, 赵振斌. 居民主体视角下民族旅游社区多群体冲突的空间特征及形成机制——以西江千户苗寨为例[J]. 地理研究, 2021, 40(7): 2086-2101.

[10]吴其付. 社区营造与乡村旅游社区韧性培育研究——以四川省成都市蒲江县明月村为例[J]. 旅游研究, 2022, 14(1): 1-13.

作者简介

郝晋伟，上海大学上海美术学院副教授，硕士生导师；

苏兆阳，上海江南建筑设计院（集团）有限公司高级城市规划师；

覃明君，上海大学上海美术学院硕士研究生在读。

"城郊乡村型"科创载体策划设计与运营思考
——以江苏省宜兴市"梅园理想谷"项目为例

Planning Design and Operational Thoughts of Suburban Innovative Rural Community
—A Case Study of "Meiyuan Innovation Town" Project in Yixing, Wuxi

李金洁 尹仕美 王子怡 刘漠烟
Li Jinjie Yin Shimei Wang Ziyi Liu Moyan

[摘　要]　在推动乡村振兴和建设科技强国的背景下，长三角等城市密集地区的郊区乡野出现了各类新趋势和新现象，而城郊乡村地区的科创载体是其中比较特殊的一类。与普遍发展的乡村农文旅功能载体相比，这类载体在策划设计、运营模式等方面具有自身独特性，亟待对其开展研究。本文分析了"城郊乡村型"科创载体的科创业态类型，并对相关案例实践做了借鉴，然后以宜兴"梅园理想谷"项目为例，从策划设计出发，谋划重点发展的业态类型和建设规模、开展空间设计布局、指引总体空间风貌，最后提出各类科创业态的投资建设和运营建议。

[关键词]　乡村科创载体；乡村策划设计；乡村运营

[Abstract]　In the process of rural revitalization, integrated urban-rural development and urbanization, the continuation and development of the countryside is a topic that cannot be ignored. And innovative villages are an important route to accelerate the development of villages, which is getting more and more attention from all parties. Taking the Meiyuan Innovation Town project in Yixing, Wuxi as an example, this paper analyzes the government-led, enterprise-led and spontaneous formation of three types of science and technology entrepreneurship in the context of innovation villages, and summarizes the investment, construction and operation modes of government self-investment, market participation, and villagers' sharing by integrating and designing three types of science and technology entrepreneurship in the Meiyuan Innovation Town, namely, public platforms, enterprise spaces, and ancillary facilities.

[Keywords]　suburban rural science and technology innovation community; rural planning and design; rural operations

[文章编号]　2024-96-P-038

1 城郊创新型乡村社区的科创业态类型图
2 城郊创新型乡村社区科创空间一般功能类型图

在全国推进乡村振兴和建设科技强国的大背景下，长三角等城市密集地区的乡村出现了各类新趋势和新现象，部分拥有区位、生态、文化等资源优势的乡村开始普遍性地导入农文旅载体，成为周边城市居民的节假日消费地。除了农文旅载体外，在长三角地区部分城市的郊区乡野还出现了一些以科技创新为核心功能的载体，这些载体虽然数量不多，但影响力较大，且与农文旅载体项目呈现差异化的功能和空间特征，同时这类空间载体与常在城市中出现的"城市型"科创载体也存在显著的差异。在高质量发展的背景下，亟待对这一现象的特征开展更深入的阐释与分析，并从引导培育视角提出适应"城郊乡村型"科创载体的规划设计思路和技术方法。

本文首先对"城郊乡村型"科创载体的科创功能业态类型及特征，以及若干实践案例进行分析与总结；然后以宜兴"梅园理想谷"策划设计项目为例，从策划出发，谋划适合宜兴梅园村的科创业态方向和建设规模、开展空间设计布局、指引整体建设风貌，提出各类乡村型科创载体的投建运建议，以期为同类乡村科创载体的策划设计与运营实践提供参考。

一、"城郊乡村型"科创载体的实践案例与科创业态类型

1.建设实践案例

随着长三角地区城镇化发育程度日益提高，城郊乡村受邻近城市发展的渗透和带动也愈发显著，因而除传统的农业生产功能、工业生产功能外，近年来部分城郊乡村开始导入科普研学、餐饮娱乐、民宿度假和农业休闲等农文旅载体项目，涌现了大量具有新功能和新业态的案例。除了农文旅载体外，在长三角地区部分城市的郊区乡野还出现了一些以科技创新为核心功能的载体项目，这类载体项目虽然数量不多，但影响力较大，且与农文旅载体项目呈现不同的发展模式和特点。

（1）案例一：宁波东钱湖院士中心

东钱湖院士中心位于宁波市东钱湖镇建设村，紧邻东钱湖科创新城，距离宁波主城区、东钱湖工业区约4km，项目建设运营主体为市属国企东钱湖文旅集团，总建筑面积约2.2万m²，总投资额约4.58亿元。东钱湖院士中心功能布局以公共科创平台为主，嵌入少量文旅服务功能，其中公共科创平台功能建筑面积1.7万m²，占比达77%，分别为陶公讲堂、设计研发楼和学术综合楼三栋主体建筑；文旅服务功能建筑面积0.5万m²，占比23%，分别为访客中心、景观连廊和观光景观塔。依托丰富的宁波籍两院院士资源，东钱湖院

类型	类型一	类型二	类型三
	政府主导型	企业主导型	自发形成型
成效	见效快	见效快	见效快
使用率	可能使用率不高	使用率较高	可能使用率不高
特点	直接回报率不高 投资无法直接收回	直接回报率较高，投资可收回，但存在变质风险，商型形式，成为商业用地上的私宅而非科创载体	政府难以主动作为，偶发性社会网络导致形成，最具生命力，但是可遇不可求
案例	宁波东钱湖院士之家	杭州临安云安小镇	安吉数字游牧公社

城郊创新型乡村社区科创空间

| 政府主导型 | 企业主导型 | 自发形成型 |

公共平台（自持）：院士乡贤平台 / 会讲平台 / 研学平台

企业空间（租/售）：头部企业会商型总部园 / 企业综合运营总部园 / 青创空间

配套设施（租/售）：基础服务型 / 创旅融合型

士中心建成运营以来，相关主体已经举办了多场以院士及院士团队为核心的学术交流、决策咨询、产业论坛活动，并逐步导入院士团队开展在地研发和创新活动，东钱湖院士中心已经成为了宁波市重要的科创载体之一。除科创功能之外，东钱湖院士中心整体规划设计为半开放式结构，除核心公共科创平台功能建筑不对外开放外，其他的各项设施和景观均向市民、游客开放，与周边村庄的公共空间体系融为一体，已经成为宁波一处科创与文旅融合的示范性项目。

（2）案例二：杭州临安云安小镇

云安小镇位于杭州市临安区青山湖景区北侧，距离临安城区约3km，距离青山湖科技城约5km，项目的建设运营主体为民营企业森林硅谷公司，总建筑面积7.9万m²，总投资额5.26亿元。云安小镇功能业态以独栋科创企业办公为主，嵌入少量配套服务功能，其中科创企业办公建筑面积6.6万m²，占比达84%，分别为小型企业总部（单栋建筑面积约1000m²）16栋、中型企业总部（单栋建筑面积约2000m²）12栋、大型企业总部（单栋建筑面积约4000m²）3栋；配套服务功能建筑面积1.3万m²，占比16%，分别为500人小剧场、壹号餐厅、云河运动俱乐部、柒月图书馆、会议中心等。云安小镇采用产业地产开发模式建设科创企业办公总部，集聚了一批知名企业的功能性总部入驻，为当地产业发展提供了新动力。

（3）案例三：湖州DNA数字游民公社

DNA数字游民公社位于安吉县溪龙乡横山自然村，距离湖州主城区约30km，距离安吉县城约15km，建设运营主体为溪龙乡政府与爱家集团，是利用村级工业改造的青年创新创业空间，总建筑面积约0.5万m²。数字游民公社功能布局以艺术化的青年创新创业空间为主，嵌入少量服务配套功能，其中创新创业空间建筑面积约4000m²，包含共享办公空间与松木巴士工作室；服务配套功能建筑面积约900m²，包含DNA综合楼（含厨房、食堂、咖啡厅、健身房、会议室功能）与集装箱宿舍空间。数字游民公社突出打造职住一体，自2021年12月试运营以来，这个由废弃的竹木加工厂改造而来的"数字游民公社"，已累计入住"数字游民"超过700人次。这些"数字游民"通过互联网，边度假边工作，在体验一种全新的生活方式的同时，为乡村发展增添新的活力。

2.载体内部科创业态类型

根据业态建设运营主体的不同，可将"城郊乡村型"科创载体划分为三种类型，分别为政府主导类、地产主导类和主理人主导类。

（1）政府主导类科创载体

政府主导类以宁波东钱湖院士之家、杭州梦栖小镇邱家坞大师村等为典型案例，科创载体建设运营主体以当地政府下属国有平台公司为主导，重资产自招商，科创载体内部业态以公共科创平台为主，嵌入少量文旅服务和配套设施。由于政府主导，载体整体的建设成型周期较快，开发建筑规模也较大，但在实际调研中发现，政府主导型科创载体建成后空置情况相对严重。因此政府主导型科创载体的特点可以总结为建成投运速度快，但可能入住率和使用率不高，直接回报率不高。

（2）地产主导类科创载体

地产主导类以杭州临安云安小镇、昆山尚明甸"乡野硅谷"等为典型案例，科创载体的建设运营主体为民营地产类企业，科创业态以企业独栋办公为主，嵌入少量服务配套功能。地产主导类科创载体由民营市场主体拿地或者租赁农村房屋后，进行建设或改造，并分割出售或对外长租，整体商业经营逻辑基本自洽且政府投入可控，较易实现投入产出平衡，但在实际建设过程中，由于独栋办公被分割出售或出租给其他小业主，有成为企业会所或居住功能的商墅的可能。实际案例中，虽然有部分企业总部入驻，并在场实地办公开展科创研发活动，但也有部分建筑被用作其他用途。因此企业主导型科创载体的特点可以总结为见效较快，投资回报率较高，但存在科创功能变质为其他功能的风险，需要政府强化引导和管控。

（3）主理人主导型科创载体

主理人主导型科创载体以安吉DNA数字游民公社、余村"数字游民公社"为典型案例，科创载体由属地政府和相关企业投资建设，但建设之前已经由相关主理人明确了未来的运营思路、空间需求和设计需求，实际建成后，主理人及其社会网络不断吸引数字游民入驻，形成相对有活力、自组织的乡村科创载体业态。同时，该类科创载体均强调职住一体，希望数字游民能够在本地居住生活工作一段时间，而非短期停留。由于主理人在载体的建设中发挥重要作用，因此整体项目的启动首先是需要找到合适的主理人，此类科创载体的发展可遇不可求，但也最具生命力和可持续性。

二、"梅园理想谷"打造"城郊乡村型"科创载体的基础条件

1.紧邻全市两大科创主阵地的区位条件

"梅园理想谷"位于宜兴市环科园（新街街道）梅园社区东南侧，范围北至滑雪场南部边界，

3.宜兴"一园两城"科创格局图
4.梅园理想谷周边环科园、陶都科技新城科创核心载体分布图
5.梅园理想谷空间结构图
6.梅园理想谷核心功能区功能布局图

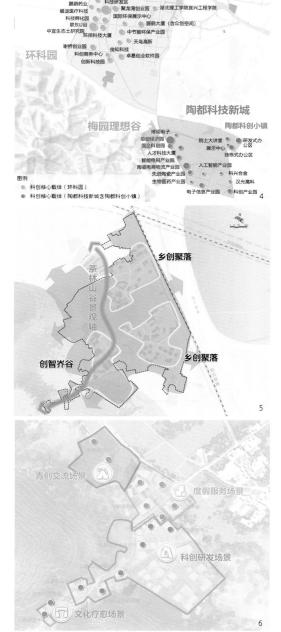

7.梅园理想谷总平面图　　　　9.梅园理想谷核心区整体空间意向图
8.梅园理想谷核心区功能业态布局图　10.梅园理想谷核心区功能业态平面布局图

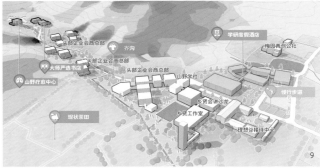

西至铜官山，东至新长铁路，南至茶园和树林，当前呈现出乡村地区风貌。东梅园自然村区域距离宜兴高铁站和高速下口仅5分钟车程，紧邻国道、省道等干线公路，交通条件优越。同时，区域北部紧邻环科园（高新区）、东部紧邻陶都科技新城这两大全市科创主功能区，区位优势独特，有机会打造"城郊乡村型"科创载体。

2.村团茶园山林有机融合的风景资源

东梅园自然村由北、东、西三个呈风车状布局的村庄组团组成，现状有72户村民。村庄当前产业以种茶和制茶为主。现状区域内建设用地面积约8.9hm²，建筑面积约4.6万m²，其中有证农房建筑面积为1.2万m²。村内企业八家，其中有证企业2家，用地面积约0.53万m²。区域整体位于苏南第二高峰——铜官山山脚，区内茶园、山谷、岕溪多种生态要素融合，呈现出一幅"茶园在山谷中、山谷在茶园中"的田园画卷，对于科创企业具有一定吸引力。

三、"梅园理想谷"策划—规划—设计的初步探索

1.策划定方向和业态

（1）开展案例研究，确定"梅园理想谷"的科创业态类型

为明确"梅园理想谷"建设城郊科创型载体内部业态类型，开展区位条件类似的科创载体案例研究。根据各载体建设运营主体的不同，确定了"城郊乡村型"科创载体的三种类型，分别为政府主导类、地产主导类和主理人主导类。

对三类"城郊乡村型"科创载体的科创业态类型和配比进行分析，可以发现，三类科创载体内部科创业态基本可以划分为公共平台、企业空间和配套设施三类。其中，公共平台功能以建设运营主体自持为主，包含院士乡贤平台、会讲平台和研学平台等细分业态；企业空间功能以租赁或出售为主，包含头部企业会商型总部园、企业综合运营总部园和青创空间等细分业态；配套设施功能以租赁或出售为主，包含基础服务型设施和创旅融合型设施。

（2）结合宜兴特点和市场调研，定制"梅园理想谷"科创业态方向

近年来宜兴全市科创功能发展良好，整

体格局逐渐展开，形成了"一园两城"的科创格局，其中"一园"指宜兴市环保科技工业园（以下简称环科园），一期规划建设面积7.8km²、二期20km²，科创业态以孵化器、加速器、高校、院所产学研平台等硬核产业平台为主；"两城"中的陶都科技新城，规划总用地面积6.6km²，科创业态以中小型企业独栋总部、科创转化载体等为主；"两城"中的培源科学城，规划总面积约50平方公里，科创业态以江南大学、清华科技园等高校、产学研平台为核心。

宜兴市环科园、陶都科技新城两大科创核心载体已经聚集了以硬核产业平台、院士引领平台、头部企业厂房、中小企业总部办公和城市服务型配套为主的核心科创业态，科创基础良好，未来发展潜力较大。"梅园理想谷"处于两大科创核心载体之间，未来科创业态方向应与两大科创主功能区错位联动，充分发挥"一园一城"后花园优势，为两大产业科创主功能区提供特色配套。

从科创空间需求市场调研来看，宜兴城市型科创空间供给量较大，而乡野风景型、科旅融合型科创空间较少。因此，"梅园理想谷"应利用自身独特的山溪生态优势，融合茶园、山谷、岕溪等多种生态要素，做全市一流的原野型科创空间。

"梅园理想谷"作为闹中取静的城边原野宝地，未来将以"山野新硅谷，科创后花园"为目标定位，打造公共平台、企业空间和配套设施三类科创业态融合型的科创载体。

具体业态遴选中，应突出自身优势，并与周边科创功能错位联动。

首先，公共平台方面，"梅园理想谷"公共平台科创功能业态与两大科创新城错位联动，重点导入特色型公共平台。环科园、陶都科技新城公共平台以孵化器、加速器、高校、院所产学研平台、大型会议展览中心、院士大讲堂和科创展示中心等硬核产业平台、院士引领平台为主。而"梅园理想谷"以集聚年轻科创人群在此活动、交流为特色，谋划青创公社、会讲沙龙高校研学堂功能业态。

其次，企业空间方面，"梅园理想谷"企业空间科创功能业态与两大科创新城错位联动，重点导入头部企业会商总部。两大科

创新城企业空间以头部企业厂房、中小企业总部办公为主，而"梅园理想谷"依托优美环境和稀缺的用地空间，遴选头部企业入驻，重点打造顶级企业大型会商型总部。

最后，配套设施方面，"梅园理想谷"配套设施科创功能业态与两大科创新城错位联动，重点导入创旅融合型配套。两大科创新城配套设施以城市商业综合体、城市商业街、星级商务酒店、人才公寓、文教体卫、商旅住宿和接待中心等城市服务型配套、基础服务型配套为主。而"梅园理想谷"依托山溪顶级景观环境，导入包括山野疗愈中心、学研度假酒店和严选书店在内的科创、文旅两用型配套，提升服务品质。

（3）结合空间承载能力，确定业态规模

"梅园理想谷"各类科创业态的开发量和业态规模需要结合空间承载力来确定。一方面，"梅园理想谷"内部交通承载力有限，村道拓宽可行性不高，且出入口连接国道，因此总体开发建设量建议维持现状建筑体量和开发强度，避免未来交通拥堵。另一方面，"梅园理想谷"地处茶园、山林等生态敏感地区，且以铜官山作为整体背景，不宜进行建筑高度和建设用地边界的突破，建议维持现状建设用地和建筑高度，开展更新建设。

在总量控制的前提下，根据市场调研和需求摸排，"梅园理想谷"确定了三类核心业态的建设规模。其中，公共平台功能建筑面积约0.1万m²，包括梅园青创公社（400m²建筑面积）、会讲沙龙（300m²建筑面积）、山野学社（300m²建筑面积）；企业空间功能建筑面积约1万m²，重点建设15个单栋面积600~1000m²的企业会商型总部；配套设施建筑面积约0.5万m²，包括山野疗愈中心（500m²建筑面积）、学研度假酒店（3500m²建筑面积）、严选书店（300m²建筑面积）、理想谷接待中心（700m²建筑面积）。"梅园理想谷"公共平台、企业空间和配套设施三类科创功能业态将按照规模小、影响力大、品质高的标准开展建设。

2.设计定形态、空间组织和建筑风貌

（1）"梅园理想谷"创新型乡村社区策划设计

首先是空间结构和总平面布局。以经济上资金可平衡、操作上分期可落地、运维上运营要前置为原则，规划形成"一轴三组团"的总体空间结构。其中"一轴"指一条茶林山谷景观路，由动到静的流线串联乡创聚落、茶田、高校研学堂、会讲沙龙、头部企业会商总部、山野疗愈中心以及严选书店等业态。"三组团"指的是呈风车状布局的三大片区组团，分

别为西面核心区创智芥谷组团、东北东南协调区两个乡创聚落组团。

其次是"梅园理想谷"核心区的功能场景布局。核心区为西面创智芥谷组团，处于铜官山余脉芥谷之间，山溪环境顶级，山谷、芥溪、茶园等生态要素融合，且动迁开发难度较低，现状5户违章民宅，用地面积0.38hm²，3处集体工业，用地面积1.95hm²。因此确定创智芥谷组团为理想谷核心区，优先深化设计与运营招商。规划布局四大功能场景，将最好的风景留给服务配套作为核心区内功能业态布局的基本原则，策划设计创智芥谷四大功能场景，分别为科创研发场景、文化疗愈场景、度假服务场景和青创交流场景。其中科创研发场景包含山野学社、会讲沙龙和头部企业会商总部业态；文化疗愈场景包含理想谷严选书店、山野疗愈中心业态；度假服务场景包含学研度假酒店、停车场和接待中心业态；青创交流场景包含梅园青创公社业态。

最后是核心区功能业态布局和整体高度控制。功能业态布局方面，落实策划的公共平台、企业空间和配套设施三类功能业态，结合四大场景合理布局理想谷核心区功能业态，结合交通条件进一步完善公共空间组织。谷地内环境卓越，适宜布局头部企业会商总部和优质配套，且东部集散条件较好，适宜布局酒

12.意向主立面方案一效果图
13.意向主立面方案二效果图
14.意向主立面方案三效果图

店、接待中心等配套功能。整体高度控制方面，核心区处于铜官山余脉岕谷之间，周边为山脚地区的缓坡林地与茶田，为不破坏观山视线通廊，整体建筑高度建议控制在3层及以下。

（2）空间风貌指引

建筑风貌的提升是塑造理想谷空间风貌重要抓手，设计提炼"梅园理想谷"总体特征，设计了三个不同的立面材质和风格、色彩、整体搭配的意向主立面方案，并开展比选，最终确定了方案一江南新中式风格为主立面建筑风貌意向方案。

方案一整体风貌以传统宜兴山地民居为原型，提取屋顶与立面元素并以当代的方式演绎，形成布局错落有致，外观有宜兴特征的江南新中式风格。

方案二整体风貌立意于场地附近连绵不绝的山峦，屋顶层叠起伏的形式让建筑融于环境之中，同时与周边村庄建筑群起翘的屋面和谐共生。

方案三整体风貌以水平舒展的主体体量呼应缓坡上的茶园，曲线柔和的高耸部分的金属网则暗合了山间云雾的意象。此方案希望以突破传统的方式创造与村庄、山地自然合一的建筑理念。

3.策划和设计内容向法定村庄规划反馈

（1）为编制社区型村庄规划提供反馈，使得建设有法可依

"梅园理想谷"区域既非地处城镇开发边界之内，也未纳入村庄规划编制范围，为切实有效指导"梅园理想谷"区域的建设，宜兴市新街街道特组织编制了《宜兴市新街街道梅园社区村庄规划（2023—2035年）》（以下简称梅园村庄规划），为区域未来建设提供法定上位依据。

（2）法定规划采纳策划设计研究内容，落实用地和指标

一方面梅园村庄规划采纳了本次策划设计提出的"梅园理想谷"的目标愿景、功能定位、科创业态、功能布局等研究内容。梅园村庄规划在空间结构布局中将"梅园理想谷"区域划定为理想谷科创片区，并提出以"科创山野，世外梅园"为梅园社区的总体功能定位，聚焦融合型科创聚落和城郊休闲运动拓展等主题，将蕴含生态人文的科创公共平台、科创企业、独栋办公、体育运动和配套服务融入到铜官山背景和茶园树林中，打造充满绿色和诗意的"生态原野科创谷，城乡融合示范区"。

另一方面，梅园社区法定村庄规划与策划设计空间方案严格对接，落实本策划设计方案提出的用地指标，具体包括增量建设用地布局、其他用地性质的调整、地块容积率以及建筑高度核心控制指标等。

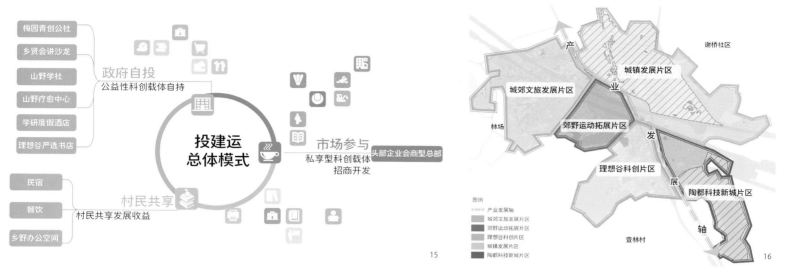

15

16

15.梅园理想谷投建运总体模式图
16.宜兴市新街街道梅园社区村庄规划空间结构规划图

四、政府引导与市场参与的融合型投建运模式

1.总体模式：政府引导、市场参与、村民共享的模式

为确保远期资金可平衡、可落地启动以及建成后高效使用，建议"梅园理想谷"项目投建运采用政府引导、市场参与和村民共享的总体模式。其中政府引导主要指科创公共平台和配套设施由政府和国有平台公司进行投资建设；市场参与主要指科创企业使用的公司空间由地产市场主体拿地开发建设；村民共享主要指"梅园理想谷"内部东北和东南两个组团，由本地村民参与渐进更新，逐步融入"梅园理想谷"的建设之中。

2.政府建设并持有科创公共平台和配套设施

"梅园理想谷"核心区策划的科创公共平台功能、配套设施功能等业态建议应由政府积极推动，主导投资、建设、运营环节，筑巢引凤，体现公益性，形成良好的社会效益和理想谷优质的市场投资环境。

公共平台方面，主要由国有平台公司建设并自持青创公社、会讲沙龙、高校研学堂三处科创公共平台。利用山野风、科技感、公共性的梅园青创公社吸引年轻的数字游牧民创新创业。通过乡贤会讲沙龙，营造交流的轻松氛围，吸引企业交流、团建等活动开展。打造山野学社，链接苏浙皖高校，推动产学研联动发展。

配套设施方面，主要由国有平台公司建设并自持山野疗愈中心、学研度假酒店、理想谷严选书店三处配套设施。依托齐谷静谧环境，打造山野疗愈中心，让科创人群可以在创新交流里获得放松。建设叠合艺术文化和高端私宴的全市优质学研度假酒店，为科创人群提供休憩空间。调动乡贤大师资源，建设具备一定粉丝效应的理想谷大师严选书店。

3.市场主体拿地开发科创企业私享空间

"梅园理想谷"核心区策划的企业空间功能等私享型科创载体建议可以招引市场地产开发主体进行开发。充分利用市场动力，避免政府低效投资，形成切实经济产出，形成回报。

科创企业私享空间主要为头部企业会商型总部，与"一园一城"的头部企业厂房、中小企业总部办公载体错位互补，依托优美环境、有限空间，遴选头部企业入驻，重点打造顶级企业会商型总部。

科创企业私享空间在建成后的销售和出租过程中，政府层面应当强化准入管控，与购买房屋的企业进行税收对赌和约定，以防避免相关物业变质成为私宅会所而非科创载体，确保切实导入科创企业入驻。

4.村民共享发展收益

"梅园理想谷"中东北和东南协调区两个乡创聚落组团采用村民共享的建设运营模式。近期由政府出资开展公共空间整治，未来核心区形成科创氛围后，村民可以主动融入理想谷的建设之中来，谋划民宿、餐饮、乡野办公空间等创旅融合型设施，共享理想谷建设和发展的收益。

五、结语

"梅园理想谷"的策划设计和运营建议重点对"城郊乡村型"科创载体的业态方向、规模和投资建设运营模式展开研究，多元主体、多样要素、多种业态、多域空间都在规划设计与投资建设运营思考过程中得到了充分考虑，探索具有"梅园理想谷"特色的政府引导与市场参与的投建运模式。道阻且长，"城郊乡村型"科创载体如何建设和运营仍处于初步发展和探索阶段，未来仍需要持续研究和实践。

[本文图片、数据等内容均来自兴野产研（上海）管理咨询有限公司编制的相关规划、咨询和设计项目。]

作者简介

李金洁，上海同济城市规划设计研究院有限公司助理规划师；

尹仕美，博士，上海工艺美术职业学院风景园林设计专业主任；

王子怡，兴野产研（上海）管理咨询有限公司城市规划师；

刘漠烟，灰空间建筑事务所合伙人、主持建筑师，国家一级注册建筑师。

超大城市乡村资源评估与引导策略
——以上海市浦东新区曹路镇为例

Evaluation and Guidance Strategy of Rural Resources in Megacities from the Perspective of Operation
—Taking Caolu Town, Pudong New Area, Shanghai as an Example

郝辰杰
Hao Chenjie

[摘 要]　在全面推进乡村振兴的背景下，乡村运营是促进内生资源与外部要素连接的重要环节。本文建构由乡村资源评估、综合运营方案、多元主体实践和动态监测机制四个环节构成的乡村资源运营活化实践框架。在此基础上，以上海市曹路镇为例，建立适地的乡村资源因子评估体系；按照运营导向引入四维特色矩阵；根据综合评估结论提出分片区的运营引导策略；最终以片区运营导则指引各类主体具体实践。

[关键词]　乡村运营；资源评估；运营引导；曹路镇

[Abstract]　Under the background of promoting rural revitalization in an all-round way, rural operation is an important link to promote the connection between endogenous resources and external factors. This article constructs a practical framework for rural resource operation and activation consisting of four links: rural resource assessment, comprehensive operation plan, multi-subject practice and dynamic monitoring mechanism. On this basis, taking Caolu Town in Shanghai as an example, the article establishes an evaluation system for rural resource factors suitable for the site, introduces a four-dimensional characteristic matrix according to the operation orientation, proposes a district-based operation guidance strategy based on the comprehensive evaluation conclusion, and finally uses the district operation guidelines to guide the specific actions of various subjects.

[Keywords]　rural operation; resource assessment; operation guidance; Caolu Town

[文章编号]　2024-96-P-044

党的二十大报告提出全面推进乡村振兴，其中关键举措是坚持城乡融合发展、畅通城乡要素流动。在强调工业、城镇优先发展的阶段，乡村的资金、土地、劳动力等各类发展要素单向外流，是造成乡村发展边缘化的根源性问题。

上海的乡村既典型地体现了当前乡村发展存在的问题，同时背靠大都市又有其特殊性，具备"农业农村优先发展"的示范条件。第一是发展要素充足，体现在市场支撑强、科技含量高。顺应鲜食消费、绿色农产品等新趋势，孵化出"叮咚买菜""清美"等一批科技型农产品供给、销售企业。第二是建设基础较好，体现在土地价值高、基础设施优，通过在全国率先实现规划全覆盖、土地全确权、设施优先建等行动后，硬件发展基础较好。第三是人力资源丰富，体现在客群多元化、人才素质高，当下市民对农业产品、农村空间有着多样化需求，愿意去乡村实践理想的青年人才不断涌现，客观上具备了人群基础。

乡村是具有文化、生态、农业、环境等各类静态资源的"富矿"，然而运营的缺乏使资源长期静态保留或低效消耗。如何认清各乡村发展的内外资源环境特征，合理判断乡村发展潜力，制定一条合理的乡村振兴发展道路，是目前乡村振兴需要解决的重要问题[1]。

乡村运营是让资源"活"起来的关键，无论对于地方政府、社会资本，还是有志于参与乡村运营的人才来说，最重要的前提是客观地认识不同乡村的资源条件，有的放矢地进行分类引导，促进最佳模式与最适宜的乡村资源匹配，实现资源开发利用的效率最优。

一、运营对乡村资源活化的价值意义

1.现阶段乡村资源利用的典型困境

上海的乡村资源利用存在资源、人才、动力等方面的典型困境。

（1）资源静态保留，缺乏活化利用

目前上海市乡村资源的保留和确权工作成效显著，明确了保护、保留、撤并三大类村庄类型。然而在保留基础上的利用仍处于起步阶段，外部社会资本在乡村地区投入的盈利支撑性不明确。

（2）都市就近虹吸，人群结构空心

紧邻都市的区位是"双刃剑"，通过对浦东新区祝桥、曹路、航头等郊区镇的乡村地区调研发现，户籍人口老龄化普遍超过30%，中青年以下人口人户分离显著，靠近镇区的乡村房屋外租率近50%，在村居住户籍人口的教育水平普遍在初中以下。在本土村民中高素质人口进城就业的背景下，如何吸纳外来人才是重要问题。

（3）依赖外部输血，内生动力不足

目前实践中乡村地区的建设和运营多存在"造血"能力不足的问题，这也是乡村资源利用各类问题的根本性体现。内生动力的培养是一个系统性的问题，需要客观认识资源、科学确定模式、符合市场规律，更需要懂乡村的专门人才参与乡村运营。

2.乡村运营是促进内生资源与外部要素衔接的关键环节

（1）城乡融合发展和城乡要素流动是实现乡村振兴的根本途径

新时代乡村振兴，是以破解特定时期乡村发展的主要社会矛盾和突出问题为重点，以激活乡村人口、土地、产业等要素活力和内生动力为抓手[2]。目前，乡村运营已经从上位倡导进入社会多元实践阶段。例如上海本地瓜果蔬菜已经从饭桌上可有可无的点缀成为一些市民必不可少的"地理标志"需求；浦东新区连民村的水上项目成为爱好者群体心目中具有"唯一性"的活动场所。顺应这种趋势，打通断点，实现畅通流动，核心靠运营。

（2）以乡村运营实现资源本底与外部要素的正向循环

大都市区乡村发展的核心要素来源于外部和内部两个方面，这两类要素在大都市区的城乡区域内流动，并共同作用于该地区的乡村发展[3]。从资源利用的问题出发，乡村资源活化利用存在内生乡村资源与外部发展要素联系不畅的问题。

解析国内外成功的乡村发展案例，不难发现乡村运营是实现内外资源要素联动的关键环节，建构内生资源、外部要素与乡村运营三者的资源活化模型。其中，乡村的内生资源是根本，决定了乡村建设运营的导向；外部要素是资源活化与利用的重要推力，包括外部的资金、科技、智力等方面；乡村运营是实现资源利用正向循环的关键环节，通过专业能力协调土地和要素、村集体和投资者、产权和业态等关系，形成资源活化利用的正向循环。

二、乡村资源运营活化的实践框架

乡村资源运营活化是围绕运营实现对乡村资源有序利用为导向的研究、安排与实践，其工作框架大致包括四个环节，分别包括资源评估、系统引导、运营实践、监测反馈等。

1.建构运营导向的资源评估模型

建立综合评估体系。主要包括分类因子选取、构建要素模型、要素分类评估、进行要素分级和形成叠合分析结论等主要环节。

评估体系要关注三个方面，第一是要以客观价值为根本，第二是以市场选择为导向，第三要以多元复合为特征，重点是形成资源运营的合力。

构建适地的评估指标体系。评估要素和方法具有空间、时间和事件的相对性，很多时候是在比较中建立的。结合上海地理和文化等特征，建立三级的评估要素体系（表1）。

2.基于综合运营方案明确导控方向

运营方案应包含四个主要内容。一是结合评估结论对特定范围的乡村提出运营目标原则，作为统筹各类要素投入的总体方向。二是制订系统运营方案，重点明确乡村资源利用方式、时间安排、人群关系等重点内容。三是通过规划设计方案配合运营方案，在既有法定规划基础上，针对运营目标细化空间设计和业态策划等内容。四是政策法规机制的保障，主要是将上位法规政策在具体空间范畴内进行落实细化。

3.进行多元主体协同的运营实践

在实践角度，应当考虑作为管理者的规划主管部门，作为制定者的镇、村委，作为使用者的村民以及作为参与者的社会各方力量[4]。多元协同的运营需要重点处理三组关系。一是参与主体协调，乡村运营设计的主体较城市更为复杂，参与者可包括原住民（及人户分离人群）、政府管理方、社会资本方、运营主理方、乡居参与方等多类人群，其中运营主理方和原住民的代表方是最重要的参与者，起到协调各类群体诉求的作用。二是资金要素保障的协调，在不同的阶段资金获取与利用的方式差别很大，种子孵化期需要政府扶持和战略性投资，成长期可突出多元金融资本的支撑，在成熟期以实现资金平衡为目标。

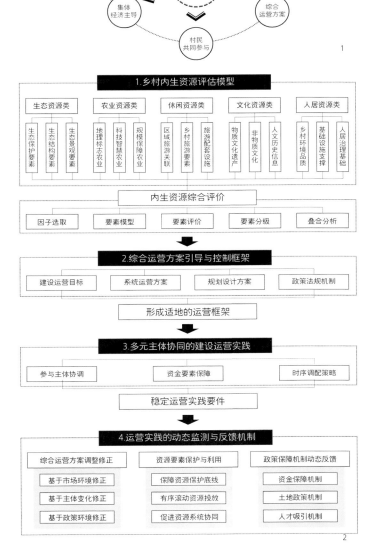

1.乡村资源活化框架图
2.乡村资源运营活化的实践框架图

表1   **运营导向的上海乡村资源评估要素表**

目标	要素分类	评估指标
以运营为导向的乡村资源评估	生态资源类	生态保护空间、生态保留空间、生态要素空间、生态景观空间
	农业资源类	科技农业要素、品牌农业要素、粮食主产区要素
	休闲资源类	景区景点、城镇商业中心、旅游服务要素、乡村旅游资源点
	文化资源类	紫线、历史建筑、非物质文化遗产载体、其他历史信息要素
	人居资源类	基础设施要素、公共服务要素、居住环境要素、乡村治理要素

表2 　　　　　曹路镇乡村资源评估因子表

要素类	评估项	具体指标	基础分值	评分标准释义
生态资源要素	生态保护线	生态红线、地下水资源保护区	5	生态资源要素总分根据各评估项加权计算，一般情况下，各具体指标权重相等
	生态空间	规划一、二类生态空间	5	
		规划三类生态空间	3	
		规划四类生态空间	1	
	生态林地	公益林	3	
	生态水域	骨干河道两侧0.2km以内范围	2	
		骨干河道两侧0.2~0.5km范围	1	
	其他生态景观	其他具备景观价值要素	1	
农业资源要素	地理标志产品产区	地理标志产品主产区	5	农业资源要素总分根据各评估项加权计算，一般情况下，各具体指标权重相等
		地理标志产品关联区	3	
	科技农业区	国家农业科技园	5	
		其他科技农业区	2	
	高标准农业空间	高标准粮田	3	
		高标准蔬菜田	3	
	品牌农业	省部级以上农产品产区	3	
		其他品牌农产品产区	1	
	其他高附加值产品	其他高附加值品牌农产品载体	1	
休闲资源要素	旅游景点（3A级及以上）	距离旅游景点 < 0.5km	4	休闲资源要素总分根据各评估项加权计算，一般情况下，各具体指标权重相等
		距离旅游景点0.5~1km	2	
		距离旅游景点1~3km	1	
	商业服务配套	距离城镇社区级以上商业中心 < 0.5km	3	
		距离城镇社区级以上商业中心0.5~1km	2	
		距离城镇社区级以上商业中心1~3km	1	
	郊野公园、城市级公园	距离公园 < 0.5km	3	
		距离公园0.5~1.5km	1	
	酒店集聚区（半径500m范围内具有酒店或民宿4个以上）	距离酒店集聚区中心点 < 0.5km	3	
		距离酒店集聚区中心点0.5~1km	2	
		距离酒店集聚区中心点1~3km	1	
	乡村农旅资源	距离一级农旅资源 < 1km	2	
		距离一级农旅资源1~2km	1	
		距离二级农旅资源 < 1km	3	
		距离二级农旅资源1~2km	2	
		距离三级农旅资源 < 1km	4	
		距离三级农旅资源1~2km	3	
文化资源要素	紫线	距离紫线 < 0.3km	4	文化资源要素总分根据各评估项加权计算，一般情况下，各具体指标权重相等
		距离紫线0.3~0.5km	2	
		距离紫线0.5~1km	1	
	历史建筑	距离历史建筑 < 0.1km	3	
		距离历史建筑0.1~0.3km	1	
	50年以上建筑	距离建筑 < 0.1km	2	
		距离建筑0.1~0.3km	1	
	非物质文化遗产载体	距离载体乡村中心点 < 0.3km	2	
		距离载体乡村中心点0.3~1km	1	
	名人乡贤	距名人乡贤和地方传说点位 < 0.3km	2	
人居资源要素	轨道交通站点	距离轨道交通站点 < 1.5km	3	人居资源要素总分根据各评估项加权计算，一般情况下，各具体指标权重相等
		距离轨道交通站点1.5~2km	1	
	高快速路出入口	距离高快速路出入口 < 2km	3	
		距离高快速路出入口2~3km	2	
		距离高快速路出入口3~5km	1	
	城乡二级以上公路	距离道路 < 0.1km	3	
		距离道路0.1~0.2km	1	
	乡村社区生活圈设施配置	必配设施达标率 > 80%	3	
		必配设施达标率50%~80%	1	
	河湖水面率	河湖水面率 > 10%	4	
		河湖水面率6%~10%	2	
		河湖水面率 < 6%	1	

表3 　　　　运营导向的四维特性因子释义表

目标	释义	在乡村资源利用中的反映
独特性	用以表征稀有性的要素维度，表达资源要素在一定空间范畴中的不可替代性	如较高级别的物质文化遗存、自然景观现象，具有显著区域比较优势的交通区位条件等
根植性	在时间维度上，资源要素与本地乡村发展的历史紧密关联，不可剥离性强，认同度高	如本地传说、名人故事等要素，一般意义上对某乡村的共同特点认知等
传播度	乡村的资源被公众所认知、关注和了解的深度和广度	如周庄古镇在江南历史村镇中的认知度，西江千户苗寨在贵州乡村中的认知度等
成长性	乡村要素在可见的将来用以支撑乡村振兴的带动作用，包括资金、文化、社会等多方面	如某乡村具有的某项特色资源受到本土村民、城市游客、市场主体的普遍青睐，具备旅游开发的潜力

表4 　　　　　　曹路镇保留村片区运营引导策略

对象	运营定位	项目策划引导方向	四维特色发展策略
东海	生态度假主题打卡健康运动	环岛骑行线、雪龙号主题游、疗养度假、精品民宿、滨水湿地公园、无人机爱好者基地、极限运动	传播度角度：靠近南极科考船雪龙号母港、紧邻浦东新区骨干河道赵家沟，东连大海口，近期河道改造工程完成，由于开敞的空间感，在无人机、极限运动爱好者群体中有一定名度；成长性视角：本村四面环水，与浦东骨干绿道相邻但又在空间上相对独立，利于创造独特的度假体验
群乐—迅建—启明	文化体验艺术乡创	科考船主题观光、锦鲤与多肉植物等主题消费、国学教育、故事大王主题乡居	独特性与根植性角度：周边2km有地铁站、高速公路出入口和多条公路支撑，人居资源优势有共识，因此已有锦鲤、多肉植物等特色养殖户自发聚；成长性角度：人居、文化、休闲等方面基础均衡，市场主体和创业人群对该区域认可度高，具备成长性
黎明—前锋	亲子体验近郊乡居	亲子家庭农场、认领菜园、精品民宿、度假庄园	成长性角度：该区域距离轨道交通站点较近，生态环境基础较好，各类人群对其居住和休闲基础认可度较高
永和—永利	科技农业林下休闲	科技农业服务、种源农业、互联网农业、都市认领农业、农业电子商务、物联网农业、林下休闲、林下农业	独特性与传播度角度：曹路镇是国家级农业示范镇，核心载体现代农业科技园位于该区域。已孵化出知名"朝露"蔬菜品牌，蔬菜专供停泊于曹路镇的"雪龙号"南极科考船使用；成长性角度：近期农业科技园内孵化出多个种源龙头企业，培育出"龙珠"番茄等新品种
永丰	科技农业郊野休闲	科技农业服务、互联网农业、物联网农业、郊野公园配套服务、近郊田园展会、会奖旅游	独特性与传播度角度：曹路镇是国家级农业示范镇，核心载体现代农业科技园位于该区域；成长性角度：南侧紧邻市级合庆郊野公园，其中公园主入口部分区域位于曹路镇，有多个可供打造旅游服务设施的存量建筑和户外空间
新星—星火	田园乡居农旅休闲	生态农业观光、乡村轻休闲、农家餐饮、田园骑行、高校学研基地	根植性角度：该片区有田园、林地、骨干河道等多元要素，自然风光在区域中有一定影响，具备打造田园风光农旅和乡居民宿的基础

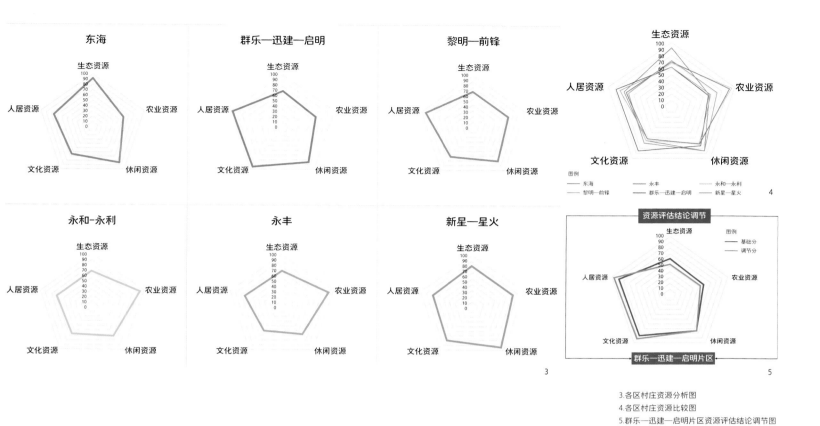

3.各区村庄资源分析图
4.各区村庄资源比较图
5.群乐—迅建—启明片区资源评估结论调节图

4.引入运营的动态监测与反馈机制

乡村运营较之城市要求更高精细度，需要在时间维度上制定策略，并在实践过程中根据实施效果和外部变化及时调整不同时间节点的运营内容和投入方式。重点建立三个方面的动态监测和反馈机制方面，核心是对综合运营方案的动态修正，顺应市场环境的变化、建设主体的变化和政策环境的变化。同时优化保障机制，包括建立资金保障机制、土地政策机制和人才吸引机制。

三、运营视角下的浦东新区曹路镇乡村资源评估

1.曹路镇乡村概况

曹路镇位于浦东新区的东北部，西临主城区，东临长江入海口，与崇明隔江相望。上位规划明确曹路镇打造"上海东部沿海的城乡功能融合发展区"。邻近主城内多个高能级的产业园区、商务区，周边发展要素多元，各乡村特色差异较大，在整体层面需要乡村资源利用和运营方向的系统性引导。

根据已批的郊野单元村庄规划，曹路镇域开发边界外共23.01km²，包含7个乡村单元，其中6个单元

（片区）涉及规划保留村，是本文的主要研究对象。

2.曹路镇乡村资源评估指标体系构建

评估指标体系的构建是着重在运营导向下定量比较各乡村（单元）片区资源潜力。评估指标体系的构建重点是因子的确定和量化体系的建立。

从要素特征上看，村镇的特色要素包括建成环境、自然环境以及生产生活方式等形成的有机整体。[5]评估因子在要素类、评估项、具体指标等各个层级均剔除了在镇域尺度上较为均衡的类别、可人为操作的类别以及对乡村资源运营干扰较小的类别，强调相对性。根据前文所述的5个要素类别，分别建立评估项，并形成基础分不同的具体评估指标项。最终形成曹路镇保留村片区资源评估的5个要素类、25个评估项及对应的具体评分指标。总体上对5大要素类视为同等重要性，不再另设权重。

在量化体系方面，采用熵技术支撑的AHP评估模型，结合专家民主评估打分等定量化方法，对各类要素类采取评估数值，并按照百分制分要素类对被评估对象的得分进行折算。一般情况下，各具体指标权重相等。其中，对于相关要素类具有特定要求的乡村，可通过专家打分法调节评估项权重。所有被评估对象按总得分从高到低排序（表2）。

3.曹路镇乡村资源评估结论

（1）乡村资源的基础评估模型

通过五个要素的评估打分折算，建立以保留村片区为单位的乡村资源基础评估模型，从原点出发划分5个扇区，对应5个评估要素维度，百分制折算值得分作为资源评估的基础评估要素。按照要素分型方法，形成类似雷达图的模型图示。

根据基础评估模型，六个乡村片区总体上呈现出四种评估结论方向。

第一类是生态休闲价值类，以东海片区最为典型。生态资源特色突出，紧邻浦东骨干河道赵家沟，西连黄浦江、东入长江口，两岸视野开阔，同时乡村核心片区为四面环水的岛状区域，其生态价值及衍生的休闲价值具有一定的不可替代性。

第二类是文化人居价值类，以群乐—迅建—启明和黎明—前锋两个片区较为典型，由于紧邻城市开发边界，生态和农业空间受限，历史上农村居民点建设发育较好，多有名人乡贤文化加持，同时又距离轨道交通站点近、交通支撑度高，此类片区可重点引导发展集聚人气的功能业态，包括民宿、办公、文化体验等业态。

第三类是农业产业价值类，以永和—永利及永丰片区最为典型，作为曹路科技农业园的核心载体空

6.东海村主要节点空间分布图
7.东海村雪龙号主题游策划路线图
8.东海村雪龙号主题游策划项目图

间，有为南极科考船专供蔬菜的"朝露"等蔬菜品牌，近期孵化培育多个种源农业企业。

第四类是均衡休闲价值类，以新星—星火片区为代表，片区内水、林、田等要素风貌较为原生态，同时紧邻市级合庆郊野公园，片区内已经集聚了包括农业采摘类、郊野公园类、度假民宿类等在内的多类休闲项目，其他各要素类禀赋也较为均衡。

将六个保留村片区的基础模型进行叠合分析，有助于在镇域层面识别不同乡村的价值长板，结合各村现状情况和特色项目集聚情况。

（2）以运营导向的四维特性因子矩阵调节评估结论

在运营视角下，市场、市民对乡村项目的取舍还受到特性因子的影响。在上海视角下提炼独特性、根植性、传播度和成长性四个特性因子，可对客观评估结论进行校核，使评估结论更符合运营需求（表3）。

从运营视角调节各单项要素的综合估值水平。从四个特性因子维度对五个要素类进行分类打分，满分取5分。通过将专家打分与典型人群打分相结合，根据运营目标和特定场景需求确定两者的权重取值。

此处以群乐—迅建—启明片区为例，专家打分与典型人群打分权重值相等，其中典型人群包括各村村民代表、村民中的各年龄人群代表、村民中的各学历人群代表、乡贤代表人群、临近居委的居民代表、意向投资企业代表等人群组成。最终形成四个特性因子的评估分，从具体特性因子还可解读人群对特定资源的看法。

基于运营量化调整资源评估模型结论。按照四个特性因子的得分对乡村资源基础评估模型进行调整，其中平均3分的要素类分数不做调整，高于、低于3分的要素类按照同样的比例进行分值调整。此处群乐—迅建—启明片区按照最大调整幅度20%的方式进行调整。

在生态、农业资源方面，各类人群普遍认为该片区不具备独特性；在休闲资源方面，各类人群给出较为均衡的分数；在人居、文化两个优势资源方向，各类人群均表现出较强的认可度和信心，一定程度上说明市场对这两个方向的认可。进一步分析可以提炼对运营具有参考价值的详细信息。

四、曹路镇乡村运营引导策略与实践应用

1.乡村运营引导策略

按照运营对象、运营定位、策划引导方向和四维特色发展策略四个方面形成策略框架体系，该框架一方面帮助政策制定者形成乡村运营的全局思维，作为各参与方围绕乡村资源运营的统筹协作平台（表4）。

2.曹路镇乡村运营行动导引

为了强化乡村运营策略的有效传导和细化实施，按照保留村片区制定乡村资源运营导则。以群乐—迅建—启明片区为例，导则包括资源评估、运营引导策略、运营引导空间结构和核心项目业态策划等主要内容。

在具体实施中，该片区作为曹路镇第一组参与上海市乡村振兴示范村的申报片区，对乡村资源导则进行了落地性的应用。经过一年的策划、申报、创建和初步建设，三类项目实现成功导入。一是政府公共投入，主要包括道路、商业街、景观节点、滨水空间、

高标准农田等方面，起到基础支撑作用，强化了市场和市民对乡村整体运营的信心。二是本地主体对项目的提级，其中以锦鲤园规划调整和场景拓展、多肉植物主题游园改造提级为典型代表。三是外部资源导入，依托人居优势，曹路镇成功地与专业成熟的市场主体形成了关于高端乡村养老项目、文化主题商业、共生稻田示范区、中央食堂、乡村创业办公空间等项目的协议，其中养老、稻田创意示范区等项目已经实现较快的资金等要素落地。

五、结语

乡村运营对于促进乡村资源活化、提升城乡要素流动的重要性正逐步成为共识，如何科学认知资源条件、有序引导运营是当下乡村振兴中需要研究的重要问题之一。本文提出乡村资源运营活化的实践框架，并结合浦东新区曹路镇的实践，探索了建构适地的乡村运营资源评估模型，重点从生态、农业、休闲、文化、人居等方面进行多层次评估，并通过运营导向下的独特性、根植性、传播度、成长性四维度特性因子矩阵校核评估模型，为运营导向下定量评估乡村资源提供了一定的方法参考。依托评估结论为曹路镇提出系统性的乡村运营引导策略和行动导则，并在乡村振兴示范村建设过程中加以验证应用。通过客观评估资源，有序建构运营方案，实现了乡村内生资源与外部发展要素的链接。面向未来，如何将系统性地评估、引导与乡村运营参与者的市场选择、个人取向进行有效对接，还需要进一步的深入研究。

参考文献

[1]杨秀, 余龄敏, 赵秀峰, 等. 乡村振兴背景下的乡村发展潜力评估、分类与规划引导[J]. 规划师, 2019, 35(19): 62-67.

[2]刘彦随. 中国新时代城乡融合与乡村振兴[J]. 地理学报, 2018, 78(4): 637-650.

[3]彭震伟. 上海大都市区乡村振兴发展模式与路径[J]. 上海农村经济, 2020(4): 31-33.

[4]袁源, 赵小风, 赵雲泰, 等. 国土空间规划体系下村庄规划编制的分级谋划与纵向传导研究[J]. 城市规划学刊, 2020(6): 43-48.

[5]段进, 殷铭, 陶岸君, 等. "在地性"保护: 特色村镇保护与改造的认知转向、实施路径和制度建议[J]. 城市规划学刊, 2021(2): 25-32.

作者简介

郝辰杰, 上海市浦东新区规划建筑设计有限公司规划二所所长助理。

9.群乐—迅建—启明片区乡村资源运营导则
10.艺术工坊节点效果图
11.景观展示墙节点效果图
12.游憩交流空间节点效果图

乡村振兴背景下新一代田园综合体规划设计
——以崇州市梁景村田园综合体为例

Planning and Design of a New Generation of Rural Complex under the Background of Rural Revitalization
—Taking Liangjing Village Garden Complex in Chongzhou as an Example

张 敏 伍 敏
Zhang Min Wu Min

[摘 要] 本文以四川省崇州市梁景村实施型概念规划为例，探讨了在新时代乡村振兴背景下，对于具备一定发展基础的田园综合体，如何进一步挖掘潜力提升价值，打造第二代乡村振兴田园综合体样板的技术方法与要点。本文在总结成都第一代田园综合体特色、成效以及问题的基础上，强调新一代田园综合体的建设应当强化以地域文化为引领、以客群需求为基础、以价值识别为导向、以全域统筹为手段，相关规划编制应当坚持从定位、功能、业态筛选、场地价值分析、功能结构到空间形态塑造的一体化的技术思路。希望本文能够为成都地区新一代田园综合体的规划建设提供一个具备参考意义的范例。

[关键词] 田园综合体；可实施设计；文化传承

[Abstract] Taking Liangjing Village of Chongzhou City, Sichuan Province as an example, this paper discusses the technical methods and key points of how to further tap the potential and enhance the value of the rural complex with certain development basis and build the model of the second generation of rural revitalization of rural complex under the background of rural revitalization in the new era. On the basis of summarizing the characteristics, effects and problems of the first generation of Chengdu's garden complex, this paper emphasizes that the construction of the new generation of the garden complex should be guided by regional culture, based on customer needs, oriented by value recognition, and taken as a means of overall planning. The relevant planning should adhere to the integration of technical ideas from positioning, function, format screening, site value analysis, and function structure to spatial shape shaping. It is hoped that this paper can provide a reference example for the planning and construction of a new generation of rural complex in Chengdu.

[Keywords] pastoral complex; implementation-oriented design; cultural inheritance

[文章编号] 2024-96-P-050

一、前言

乡村振兴战略自从2017年提出以后，第一个五年计划与任务已经顺利完成。在这一过程中，成都一直走在全国的前列，融合自然环境与村落栖居的田园综合体建设，是成都落实乡村振兴战略，走出自身特色的最为重要的工作抓手。在乡村振兴第二个五年开局之时，如何在上一阶段工作的基础上，进一步提升乡村振兴的质量，以上一代的田园综合体为基础，形成迭代化的新思路与新产品，成为这一阶段成都周边地区同类项目关注的焦点。

本文所举例的项目正是在这一背景下展开，受当地政府和实施主体的委托，在满足规划设计既定任务要求的基础上，本着前瞻性与可实施并重的原则，本项目在探索成都周边地区、依托田园综合体落实乡村振兴新模式上做出了一定的探索，特别聚焦在"以乡村聚落为对象、以文化活化为手段、以经济平衡为基础"这三个方面。项目成果获得当地政府的高度认可，已经作为样本进行全域推广。

二、乡村振兴背景下的成都模式综述

在乡村振兴提出的第一个五年中，经过反复的摸索和若干案例的实践，成都走出了一条具有自身特色的乡村振兴模式，在国内具备较高的影响力。但是随着工作的持续推进，也逐渐遇到一些问题，也为下一阶段乡村振兴工作的展开提出了新的要求。

1.五位一体的田园综合体：第一代乡村振兴成都模式核心特色

五个振兴即推动乡村产业振兴、乡村人才振兴、乡村文化振兴、乡村生态振兴和乡村组织振兴，"五个振兴"科学论断不仅揭示了乡村振兴发展的基本规律，而且为我们实施乡村振兴战略找到了着力点和主攻方向。成都在推进乡村振兴时，以田园综合体建设为依托，紧密围绕五个振兴，形成了自身的特色。

第一，在产业振兴方面，着力做好"农业+"，推动田园综合体建设中农商文旅体的融合发展。通过完善农业创新、供应、产业、价值四大链条，优化产业、生产、经营三大体系，培育了现代农业生态链与生态圈。

第二，在文化振兴方面，以天府文化为核心，为田园综合体注入精神内核。在全面梳理"天府文化"的基础上，成都市塑造"特色熊猫文化""火锅走进乡村""中国川西林盘聚落"等旅游特色品牌。

第三，在生态振兴方面，紧抓林盘风情，以田园综合体的生态提升夯实绿水青山。对于林盘景观的保护和生态修复，是建设田园综合体的基本准则。以天府绿道为轴，将散落的田园综合体串联成一条条翡翠般的项链。

第四，在人才振兴方面，建好"智库"，打造西部农业人才高地。组建"成都农业智库"；根据人才的能级差异，提供创业补贴、人才绿卡、住房保障等激励政策；建立农业职业经理人学院，培育新型的"农业CEO"；建设"乡村振兴学院"，强化职业农民培育行动。

第五，在组织振兴方面，以党建为引领，为乡村振兴夯实组织保障。成都市大力引进储备优秀"三

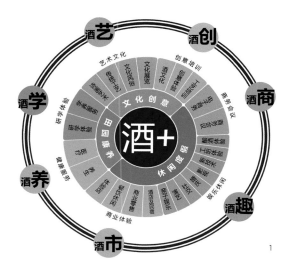

1.项目功能谱系图
2.项目区位图
3.规划范围示意图
4.川西地区林盘风貌形成的基本逻辑图
5.农业空间三类西区划分图
6.项目非建设用地价值分级评定图
7.项目建设用地价值分级评定图
8.项目全域规划结构图

农"干部，狠抓农村基层党组织建设。逐步构建"两级政府、三级管理"、扁平高效的城乡管理组织架构。

2.第一代乡村振兴成都模式的成效

经过第一个五年的发展，成都的乡村振兴取得了较大的成效。首先，在产业方面，现代农业体系基本建构完成，三产交叉融合模式不断涌现，产业链顺势延伸，价值链明显提升。其次，培育了众多的多元化经营主体，重点归类为四个层级，龙头企业发挥引领作用，专业合作社发挥带动作用，家庭农场发挥基础作用，供销社发挥纽带作用。同时，广大百姓普遍享受到了乡村振兴带来的红利，形成了利益联结的紧密结构。

3.乡村振兴成都模式所面临的问题

成都依托多样化的田园综合体建设，在乡村振兴领域取得较大成效的同时，也面临着很多的问题。主要表现在以下四个方面。

（1）对传统产业重视不足

一方面对于在地农业过分强调旅游化和景观化，缺乏对传统农业的深入思考，另一方面，建筑新建与更新时过分强调新奇感，缺乏对传统地方特色要素的尊重与传承。

（2）同质化问题较为严重

为了加快推进速度，普遍喜欢抄袭成功案例，缺乏在地化的深入研究与思考，往往导致市场同质化竞争的情况不断涌现。

（3）建设品质参差不齐

环境与建筑在空间及功能层面互动性较差。受制于建设主体的资金实力和投入意愿，很多田园综合体的建设品质难言理想。

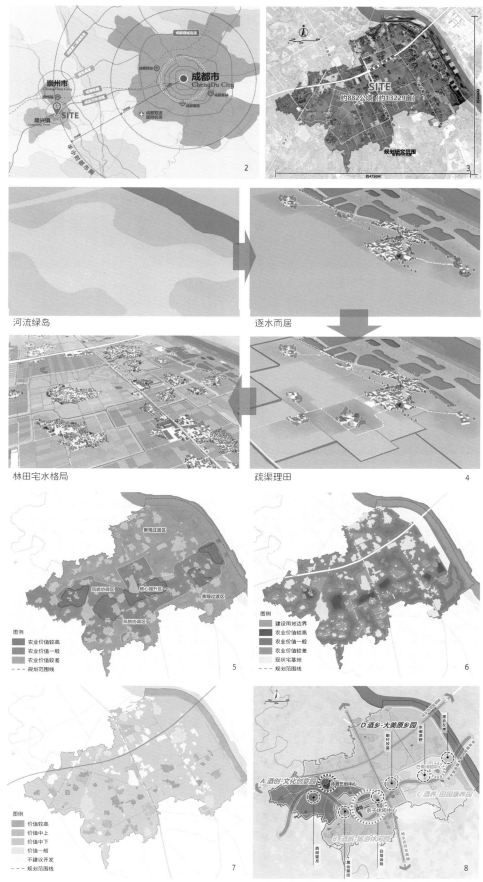

9.项目典型空间肌理总图节选图
10.启动区总体鸟瞰图

（4）缺乏合理的商业模型，低品低效开发屡见不鲜

大多数地区由于资金投入产出难以平衡，一旦政府关注兴趣降低，支持力度下降，往往导致后续建设难以为继，再加上同质化竞争，从而使得田园综合的品质快速下降。

基于这些问题，成都在新时期乡村振兴中、尤其是在新一代田园综合体建设中，开始寻求新的思路，依托上一代建设所形成的良好基础，进一步强调特色化和差异化，并通过多个实践案例齐头并进的方式来加快推进速度，实现快速迭代的目标。

三、成都新一代田园综合体打造的核心要点

依托上一代田园综合体建设打下良好基础，新一代的田园综合体建设目标是进一步提升乡村地区的土地价值，实现从打基础向提品质的转换。具体来看，本轮田园综合体展现了以下核心特点。

1.强化以地域文化为引领

在新一代田园综合体在建设过程中，更加强调文化性的引领作用。本质上是通过文化要素的挖掘和植入，强化田园综合体的独特性。文化对于田园综合体建设的引领作用可以表现在业态、建筑风貌、活动组织等方面，也可以表现独特的种植习惯、种植作物以及延伸出的特色产品方面。

2.强化以客群需求为基础

基于项目所在区位条件和资源禀赋，综合确定项目的客源分布，并根据客源需求合理确定项目的主导功能与核心业态是保证项目后续具备经济合理性的前提。在新一代田园综合体建设过程中，严谨认真的市场分析调研，脚踏实地的客源预测以及结合自身资源与市场趋势的业态研判是保证项目能够成功的基础。

3.强化以价值识别为导向

这一阶段资源识别的重点是对于资源价值的判断，而非简单了解资源的基础属性。有区域独特性、有规模优势、有历史积淀、有开发基础的资源显然比一般资源更容易在后续的开发中获得成功。另外，从价值角度切入识别资源，也可以较好地避免后续的投入浪费，也为设计与营建思路的确立提供必要的灵感。

4.强化以全域统筹为手段

全资源全要素的统筹是以全域整体性思维为基础，打破自然空间与实体建设空间的物理及心理界限，在充分挖掘和发挥各自优势的前提下，进一步强化资源的组合优势。同时，通过特色线路的设计，将原有已经具备较好发展基础的节点与拟建设的新节点进行整合与串联，实现由点及面的转变。最终的目标是在前一个阶段发展基础上实现进一步提升与提质。

四、案例实践：以梁景村乡村振兴田园综合体为例

1.总体技术思路

本项目的编制目的是在乡村振兴进入新时期后，打造成都第二代田园综合体的样本。整体技术思路紧扣前文提到的四个强化，项目组确立了"借力主城、立足农业、根植林盘、文化引领"作为项目规划设计的总体技术思路，希望围绕在地文化复兴，通过新兴业态导入，来实现片区乡村振兴的进一步提质提效。

从项目编制的技术特点来看，实现了从宏观研究到微观设计的垂直贯穿，将背景研究、资源识别、市场分析与案例研究的成果统筹到具体的空间设计之中，并通过高品质的形态设计与准确的业态功能落位形成直观、易懂的成果语言。

2.基地概况与核心特色

本次规划研究范围的总面积约为13000亩，为梁景村村域范围。梁景村位于成都市西部门户板块，紧邻崇州城市核心片区，为进入川西地区最为重要的枢纽门户之一。基地位于成都半小时交通圈覆盖范围以内，区位优势明显。借助上一个五年的乡村振兴推动，该区域已经达到了较高的基础发展水平，基地周边已经形成了若干具有区域影响力的特色农文旅项目。总的来说，基地已经具备了以下三方面良好的特色。

首先，形成了发展良好的农业基础。崇州是天府之国的腹心，素有"蜀中之蜀""蜀门重镇"的美誉。本次基地位于山地和城区的衔接地带——原生态乡野田园板块之间。大面积的高标准农田已经基本建设完成，也形成了以粮食、高品质蔬菜以及特色果园为核心的农业种植体系。

其次，展现出纯净的林盘风光。崇州是成都地区内川西林盘数量最多、类型最全、保存最好的区域。基地内干净纯粹的川西林盘风貌构成了空间感受的基本骨架。

再者，浓厚的文化底蕴正在逐步释放魅力。从文化资源的多元性角度，基地是古巴蜀文化的核心区，从诗韵文化、老子养生文化、蜀学文化到市井文化、田园休闲文化均在这里有物质的遗存。从文化资源的唯一性角度，古崇州八景，特别是以崇州白酒为代表的蜀酒文化，是基地区别于其他地区的核心特色。

3.发展目标与总体定位

基于梁景村的核心特色，回应新一代田园综合体建设的要求。项目组确立了"最蜀州——成都西部田园乡野蜀地文化体验集聚区"的发展定位，强调"诗酒田野&蜀脉崇州"的形象定位，并从三个空间层次确定其功能定位，分别为成都西部诗酒田园农旅目的地、崇州城乡融合与乡村振兴引领区、隆兴镇乡村产业提质发展示范点。

4.客群研判与业态体系

（1）合理划分客群层次，明确核心客群、目标客群及机会客群

通过研究成都当地农文旅项目客群构成，本项目确定以成都及本地客群为核心客群，以成渝城市群其他城市为目标客群，以长三角、珠三角、京津冀及关中城市群为机会客群的整体客群分析基础。经过系统研究，结合项目场地特质及周边差异化发展需求，将本项目客群细化为两大区域、四大类型。即成都及周边县市追求品质生活的亲子家庭客群，追求极致体验的当代青年客群，以及成都市区、成渝城市群及国内城市中追求田园健康的休闲颐养客群与追求文化休闲体验的文艺创意客群，为后续功能及业态的确定打下了良好的基础。

（2）分析客群需求，合理确定项目功能构成

结合项目自身资源条件，通过对于区域范围内同类竞品项目发展现状的研究，并综合研判各类客群消费习惯及需求分析，得出本项目的核心功能构成为文化创意、休闲度假以及田园康养三大门类。并且依托在地传承千年的独特川酒文化，塑造未来"酒+"功能体系，打造"酒+文化创意产业、酒+休闲度假产业、酒+田园康养产业"的三大新兴产业。在注重新兴产业导入的同时，强化传统农业的提升，打造现代绿色农业产业链条，通过种植层面的针对性调整，形成与"酒+"产业体系的互动，共同构筑双轮驱动的全域一体化功能体系。

（3）以企业资源为基础，以补充市场空白为目标，确立项目产品体系

在明确项目核心功能之后，结合开发主体掌握的运营资源，同时基于对周边市场中目前尚缺乏或者品质欠佳的业态的补充，细化最终的业态构成。在新兴业态层面，形成七大核心业态包，即"酒艺、酒创、酒商、酒市、酒趣、酒养、酒学"。在传统农业层面形成"大美原乡+地道家风"两大细化业态包。并针对性地转化为若干个独立的产品。

最终，形成以打造"最蜀州·最地道的蜀州田园休闲地"为核心IP，统合四大核心功能、九大核心业态、二十个重点项目以及现代农业种植与服务体系的一体化项目功能业态体系，从而指导后续片区的系统化开发。

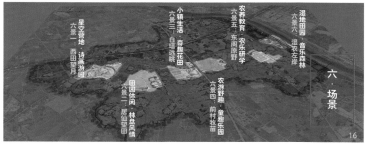

17.启动区典型组团效果图
18.启动区典型公共建筑与外围环境界面效果图

5.资源价值识别与空间结构确立

（1）立足整体思维，确定建设及非建设用地价值

本项目在现状梳理的基础上，分别筛选了对于建设用地及非建设用地开发价值影响较大的若干要素，借助GIS软件和权重分析，对于全域土地开发价值进行了排序，既明确了开发重点，同时也为各个重点业态和功能的落位打下了良好的基础。

针对建设用地，有利要素主要包括与重要景观廊道的距离远近（景观资源）、交通可达性的便捷与否（时间成本）、与区域内建设规模较大设施配套较好片区的距离关系（市场依托）、单个组团的用地规模（功能业态落位的适应性与规模效益）。限制性要素主要包括各类控制与保护红线（道路退界线、生态保护红线、文化保护线等）、大型区域交通廊道的噪音影响、现状厂房密集区的关系（拆迁难易程度及环境影响）等。最终，从高到低形成四级开发价值分区，并以此为依据形成四类用地使用建议，分别是拆迁后开发建设、拆迁后还耕、风貌提升以及现状保留。

针对非建设用地，首先以现状种植情况以及地形分析为基础，选择集中连片度、与开发地块距离以及交通可达性三个要素作为分析因子，综合选择度高、距离开发地块近以及交通可达性好的区域作为高价值使用的非建设用地。并从高到低划分为三级，优先对于农业价值高的区域进行利用。

经过价值性分析，为后续功能业态的落位打下了坚实的基础，避免了过于感性的思考对于后续规划合理性的影响。

（2）统筹全域资源，明确总体开发结构与组织模式

明确了功能业态，确定了土地开发价值的高低，接下来就是将对应的功能与土地价值进行相应的匹配。匹配时采用板块主导、旗舰项目引领、全域统筹串联的核心思路。最终形成"一带两轴、三心四区、六景多节点的总体结构"。

（3）坚持文脉延续，构筑开发单元的空间组织模式

结构明确之后，就是针对单个开发地块的空间塑造与形态指引。首先，针对基地中现状林盘的空间特色进行归纳总结，特别强调将建设区域与自然环境进行整体塑造的空间理念。其次，依托林盘模式的基础空间模式进行空间分异，对于不同的功能业态形成差异化的空间组合方式。再次，针对不同地块对应的功能，在新的空间范式的引导下，形成差异化的空间形态方案。最终保证开发后的整体空间感受可以很好地传承川西地区林盘的整体风貌与空间肌理，同时也能够适应新的功能业态的需求。

6.景观与农业体系一体化整合

以前期非建设用地评价形成的不同区域农业价值高低差异的评定结论为基础，确立核心提升区、风貌协调区以及景观过渡区三类分区，分别对应前期评价中的农业价值高、农业价值一般、农业价值较差的分级。并针对性地提出后续优化提升建议。

针对核心提升区，此类区域面积最小，且与文旅开发的关系非常密切，在后续的提升中，强调其作为田园休闲农旅功能承载的主要载体，实现平台

搭建与引流的效果。通过部分林相及种植的改造，集中打造围绕"蜀"文化展开的六大自然农旅景观核心区。

针对风貌协调区，该区域的土地与未来将要更新的建设用地关系较为密切，未来将成为农业产业提振的主要载体，通过做品牌的思路，在前期引流的基础上，形成若干个特色的在地精品农业品牌，从而引领片区农业产品附加值的进一步提升。

针对面积最大的景观过渡区，该类区域是未来绿色高效农业普及的主要载体。依托上一阶段风貌协调区发展过程中形成的特色品牌农业产品的基础，在该区域进行推广与普及，同时培育若干个新型经营主体，从而实现区域农业经济再上一个新台阶。在空间上，根据不同区域发展基础的差异，确定不同的发展方式。

需要注意的是，农业种植区发展的前提是充分尊重国土空间规划所确定各类土地用途，严格保证永久基本农田不改变。

7.启动区详细规划设计

在启动区设计过程中，除了延续全域在编的实施型总体规划中的要求以外，还强化落实了以下五方面内容。

（1）空间肌理充分尊重原有林盘格局与布局模式

总体布局充分考虑现状林盘的空间肌理，部分地块由于面积过小，退界之后难以布局建筑，因此局部通过指标置换的方式予以修正。最终呈现的总体效果依然保持了基地中原有的空间感受，总体灵动有机。

19.启动区主要景观路径改造效果图
20.酒镇区域现状酒厂改造效果图

（2）强化建筑空间与外部环境的互动

在处理建设地块与外部环境关系时，立足于单个地块尺度相对较小的现状，充分强调内外空间的穿插与渗透，采用交通核心内置，公共界面朝外的布局模式。建筑主界面均朝向公共环境展开，从而使得环境价值最大化。

（3）保留场地内部工业记忆，提升建筑文化品位

对场地中原有的酒厂、酒窖等生产设施予以保留改造，采用现代化的方式提升建筑的品位，同时植入新兴的体验、观赏、研学等功能。将传统的工艺进行活化，让游客可以直观地感受传统工艺的魅力，也更好地保留了场地的记忆，实现了在地文化的活化与传承。

（4）重点细化路径感知空间的纯净体验

除了实体建筑空间以外，主要的参观路径两侧的景观设计也非常重要。由于非建设区域基本上以基本农田和保留的林地为主，景观可调整性较低，因此强化路径两侧的景观塑造是提升片区感受，彰显场地特色的重要抓手。在启动区路侧景观设计时，充分强调景观的纯净与视线的通透性，打造大美田园的景观氛围。

（5）将文化艺术空间与传统居住需求有机融合

各个林盘组团内部，未来呈现的一定是兼容居住、办公、服务功能的混合单元，同时规模较大的林盘中还有大量保留的建筑及原住民。在保证风格的总体协调的前提下，还应当体现新与旧的演化与变迁，植入更有现代感的设计风格，增强空间的趣味性。

五、结语

梁景村作为成都地区乡村振兴第二个五年开局阶段率先推进的田园综合体提升样板，具备较强的引领及示范作用。如果说第一阶段乡村振兴是转变大家对于乡村地区落后破败的老旧认识，带动欠发达的乡村地区快提升的重要手段。而第二阶段的乡村振兴则是真正意义上发挥乡村地区土地与环境价值的助推器。我国广大的乡村地区与发达国家相比还有非常大的差距，各自的发展情况也千差万别，很难通过统一的技术或市场手段使其脱胎换骨，本文以梁景村为研究载体，在管理与实施主体基本明确的前提下，强化以地域文化为引领、以客群需求为基础、以价值识别为导向、以全域统筹为手段，采用从定位、功能、场地价值分析、功能结构到空间形态一体化的技术思路，希望能够为成都地区新一代乡村振兴的全面推进提供一个具备参考意义的样板。

作者简介

张　敏，上海虹桥临空经济园区发展有限公司城市规划师；

伍　敏，绿城人居（上海）建筑规划设计有限公司总经理，高级城市规划师。

上海市全域土地综合整治规划与实施探索
——以松江区泖港镇全域土地综合整治试点为例

Exploration on the Planning and Implementation of Comprehensive Land Remediation in Shanghai
—Taking the Pilot Project of Comprehensive Land Remediation in Maogang Town, Songjiang District as an Example

何 京
He Jing

[摘 要]　2023年中央一号文件明确提出：扎实推进宜居宜业和美乡村建设，推进以乡镇为单元的全域土地综合整治。面对生态文明新时代国土空间规划、空间治理改革及乡村振兴战略实施等多重背景，2019年12月，自然资源部发布《关于开展全域土地综合整治试点工作的通知》（自然资发〔2019〕194号），在全国范围内开展全域土地综合整治试点。试点对永久基本农田占用类型以及审批权限进行了下放，提供了地方全面实施乡村振兴战略的新路径。上海市较早地实施了全域性、综合性的土地整治工作，积累形成了一定的成效及工作经验，本文总结上海实施土地综合整治的主要经验及问题，以上海市松江区泖港镇全域土地综合整治试点实施的探索为基础，总结全域整治试点经验，为后续实用性村庄规划编制及全域土地综合整治实施提供借鉴。

[关键词]　乡村振兴战略；国土空间规划；郊野单元村庄规划；全域土地综合整治；规划实施

[Abstract]　China's No.1 central document for 2023 clearly proposes: to solidly promote the construction of beautiful villages suitable for living and working in, and to promote the comprehensive land consolidation of the whole region with villages and towns as the unit. In the face of multiple backgrounds such as territorial spatial planning, spatial governance reform, and rural revitalization strategy implementation in the new era of ecological civilization, in December 2019, the Ministry of Natural Resources issued the "Notice on Carrying out Pilot Work of Comprehensive Land Remediation in the Whole Region", which launched pilot work of comprehensive land remediation in the whole country. The pilot has decentralized the types of permanent basic farmland occupation and approval authority, providing a new path for local governments to comprehensively implement the rural revitalization strategy. Shanghai has implemented comprehensive and comprehensive land remediation work for some time, accumulating certain results and work experience. The article summarizes the main experience and problems of Shanghai's implementation of comprehensive land remediation. Based on the exploration of the pilot implementation of comprehensive land remediation in Maogang Town, Songjiang District, Shanghai, the experience of the pilot project is summarized, which can be used as a reference for the subsequent practical village planning and implementation of comprehensive land remediation.

[Keywords]　rural revitalization strategy; land spatial planning; suburban unit village planning; comprehensive land improvement; planning implementation

[文章编号]　2024-96-P-056

　　2020年5月，《中共上海市委、上海市人民政府关于建立上海市国土空间规划体系并监督实施的意见》（沪委发〔2020〕13号）确立了上海市国土空间规划体系的总体框架，建立了由空间、时间、政策三个维度构成的规划实施框架体系。土地综合整治的实施是以国土空间规划为引领，以郊区镇（乡）域内城市开发边界外的郊野地区为规划管理单元，指导郊野地区近期土地整治和建设活动的实施性、政策性的工作，具有城乡规划和土地利用规划的双重职能。浙江、上海等地较早地探索了全域土地综合整治，本文以目前正在推进实施的上海市松江区泖港镇全域土地综合整治试点为基础，总结上海实施土地综合整治的主要经验，为后续全域土地综合整治的规划编制及实施提供参考。

一、上海实施土地综合整治的历程

　　自2000年以来，上海市土地综合整治的发展主要经历了三个阶段，2008年以前以增加耕地、建设用地集中发展为主要目的"三个集中"整治阶段[1]。2008—2018年为"丰富内涵"阶段，探索了以"规土及财政政策+郊野单元规划+土地整治"的土地治理体系，形成了上海超大城市乡村地区的土地综合整治治理模式以及一批土地综合整治的成果。2019年至今为"全面实施乡村振兴战略阶段"，以国家及上海市全域土地综合整治政策为抓手[1]，统筹空间及资金，以更灵活的土地空间、更聚焦的资金投入全面推进乡村振兴战略的实施。

二、上海市土地综合整治的主要成效

1.坚持依规划整治，探索了规划编制的路径

　　经过近12年的乡村地区规划编制及管理的探索，目前上海市形成了面向实施、符合上海精细化管理要求，精准治理的国土空间规划编制和实施路径。从1.0版本到最新的郊野单元村庄规划4.0版[2]，紧密衔接国土空间用途管制，提出村庄设计等相关编制要求，同步提出了乡村风貌、历史文化、村民共治、方面的指导[2]。在对上海市乡村地区的各类建设及土地综合整治行为指导上更为深化、细化。

2.坚持综合性土地整治，形成了一批示范项目

　　相对于单一性实施的低效建设用地减量化、农村居民点整治、农用地整治、河道整治、林地建设等条线部门主导的涉农项目，综合型土地整治区域面积更大、整治类型丰富、资金使用效率更高、规划整体实施效果更好。仅"十三五"期间，上海市累计完成低效建设用地减量化面积73.80km²，引导农民相对集中居住逾2万户。全市规划了21座郊野公园[3]，总用地面积约400km²。具有相对较大规模、自然条件好、公共交通便利的郊野公园，进一步优化郊区农村生活、生产、生态格局，逐步形成与城市发展相适应的大都市游憩空间环境，成为大上海的后花园。

1 郊野单元村庄规划在国土空间规划体系中的定位图
2 上海市实施土地综合整治的三个主要阶段图
3 泖港镇全域土地综合整治前期主要工作内容图

三、土地综合整治实施面临的主要问题

1.建设用地减量化后继乏力

减量化工作启动后，确实减量了一批相对低效的工业用地。但是现阶段保留的企业主体利益较复杂，自身有改扩建需求或引入有实力合作对象和产业类型增加固定资产投资，产生税收对地方政府贡献较大，街镇积极支持保留不予减量；同时随着集体经营性建设用地入市探索，相较于取得减量化补偿，村集体更趋向于保留集体建设用地空间，因此在多方利益博弈下，减量化动力不足。

其次减量化项目资金来源较为单一，主要为市区财政资金；全市剩余待减量的对象多为集体有证企业或国有用地，减量成本和阻力较大；"十四五"期间全市要完成60~75km²减量化任务。以松江区为例：松江区存量工业用地收购价格约200万元/亩，实际工矿仓储地减量化产生的指标补贴，浦南160万元/亩，浦北150万元/亩。资金不能平衡或无额外收益，导致街镇挖掘潜力实施减量的动力不足。过高的减量化成本势必压缩土地出让金中本应统筹作为其他公共财政支出的部分，间接地增加了政府公共服务成本。

2.涉农项目管理部门多、协调难度大

乡村地区涉及耕地保护、林地建设、河道整治、道路整治、示范村建设等任务，各类涉农项目和资金按事权划分在不同部门，市财政根据相关政策对各类建设项目拨付补贴和奖补资金，但各条线建设项目政策支持的建设内容存在交叉、重叠现象。资金多头管理造成各条线各管一段，信息不对称直接导致了政策和资金在空间上的不集聚和各类项目对空间资源的争夺。

区镇政府是上海乡村地区建设项目的实施主体，各类涉农项目需通过区级部门向市级垂直管理部门争取申请各类专项资金。建设项目申报、批复、立项、验收流程复杂繁琐，专项资金审核、拨付及后续使用有严格的规章制度，也有诸多使用限制。区镇政府作为项目执行者，需对接众多管理主体，沟通协调时间长，话语权较弱。镇政府作为基层管理主体对现状情况熟悉、村民意愿清楚，往往有意愿利用财政资金做综合性治理。但实际操作中受制于各涉农部门众多管理主体以及相关资金使用要求，只能分而治之，流程长，整治效果往往达不到预期。

3.农林水空间资源紧张，政策突破难

在当前全面实施"上海2035"总规的背景下，土地资源作为各类建设项目的载体，目前越来越紧张。森林覆盖率、水面率、耕地保有量等刚性指标越来越受重视，各个委办局也都严守自己的"指标底线"，客观上形成了争夺有限的土地空间资源的现象。"十四五"期间多个重大项目重大工程建设中涉及到占用农、林、水、绿等自然资源都需要占补平衡，甚至占少补多。尽管上海市已明确了土地用途管制细则[③]，但是土地刚性制约与土地供给有限性矛盾依然突出，基础设施建设、生态建设、耕地保护在落地实施阶段依旧较为困难。现阶段能符合国家占用永久基本农田的六类重大项目还可以有审批通道可以审批[④]，但是因历史原因形成的不合理的空间布局，如果没有符合国家要求的重大项目，想要优化布局难度很大，只能维持原状，一些乡村振兴产业项目选址上也的确存在困难。

4.乡村风貌与建设设计品质有待提高

以往的乡村建设项目中，资金往往聚焦在保障基础、提升功能的要求上，对于乡村风貌和景观和建筑设计关注度尚不够。部分整治项目缺乏前期综合性策划和顶层设计引导，形成三个"过度关注"的情况：如过度关注节地率而建成"兵营式"的农民集中安置点、过度关注水面率全部硬质化护岸和笔直的河道，过度关注森林覆盖率形成大面积的难进入的公益林等情况。各条线的市级财政资金支持的建设项目有较为严格的定额标准，财政资金主要用于乡村"基底性""硬装修"的基础性建设。提

4.上海市郊野单元村庄规划编制导则示意图
5.上海已开园的7个郊野公园

升类、景观风貌类、品质提升类的建设的财政资金往往难以使用乡村项目中。现阶段后续市场资金或镇村资金的叠加投入有限，一定程度影响了风貌及建设设计的品质。

5.市级综合性整治项目整合力度依然不够

以往上海推进郊野公园建设过程中，是以市财政直接奖励+土地规划空间和指标奖励为主的激励模式[4]。但是资金整合力度不够，部分项目的各项建设依然是条线切割。市级土地综合整治专项资金，必须以耕地保护为出发点进行支用，因此市级主导的郊野公园建设中目前各条线建设项目的立项范围仅涉及农林水路项目。各项涉农整治及建设工程以条线部门独立实施为主，单独编制实施方案和工程设计方案，难以聚焦整治区域进行综合规划设计，难成叠加效应。

6.财政资金投入后，后续管理和维护水平有待提高

尽管上海推进了一批以郊野公园为特色的市级综合性整治项目，但是在推进过程中依然存一些问题，使得郊野公园建设效果依然存在不足，距离真正成为"市民好去处"的差距甚大，休闲旅游功能开发尚未形成明显优势，品牌美誉度不高，整体吸引力不强，"引不来、留不住、做不大、办不下去"现象突出⑤。部分乡村振兴的涉农项目在财政资金聚焦投

入后，后续运营管理和维护难以跟上，导致建设投资大，但是收效未达到预期。

四、全域土地综合整治实施的新要求

1.落实乡村振兴战略的要求

新时期的空间规划实施应是全域全要素的综合治理。通过全域土地综合整治落实乡村振兴战略，是乡村振兴建设中实施新理念、新技术的试验田和发祥地，需要站在全域的角度考虑城乡关系、城市建设与生态保护关系等问题，通过搭建规划实施平台整合各类资源向乡村集聚，调动各类主体协同创新，发掘乡村多元价值，建立面向城市及乡村需求的输出机制，积极获取城市资本、人才的要素补给，最终实现城乡良性互动和协调发展。

2.国家自然资源统一管理、系统治理的要求

《中共中央 国务院关于建立国土空间规划体系并监督实施的若干意见》（中发〔2019〕18号）中提出到2025年，形成以国土空间规划为基础，以统一用途管制为手段的国土空间开发保护制度。乡村国土空间由各类城乡建设空间、农业空间以及生态空间共同组成，按照自然资源统一管理要求，乡村全域土地综合整治既要全面认识各个要素规律，又要以系统观和生命观为指导，将规划对象扩展到国土空间全要素，按照"整体保护、系统修复、区域统筹、全域综合"

总体要求，促进全要素的协同协作，避免厚此薄彼的不利影响。新时期的全域土地综合整治，既要落实国土空间规划约束性底线的要求，又要符合全域全要素管理的要求，同时兼顾实用性、接地气，能解决实际问题。

3.人民城市理念下的城市空间品质要求

为深入践行人民城市重要理念，让人民享受更优质的资源，持续增强市民获得感、幸福感、安全感，新时期的全域土地综合整治乡村空间治理应紧密结合乡村实际，有效释放乡村资源价值，更好顺应广大农民对美好生活的向往，更好满足广大市民对于郊野地区多样化、品质化和个性化需求，创造更高品质的郊野开放空间。

4.国土空间治理水平现代化的要求

现有管理体制下，条线之间对于土地空间资源的争夺长期持续存在。国土空间规划是生态文明时代国家对既往碎片化空间管理导致偏离政策目标的干预行动，也是对条线之间土地空间资源的重新调配[5]。全域土地综合整治作为落实国土空间规划的重要手段，在国土空间治理水平现代化的大背景下，其制度设计应注重实施主体的参与路径与方法，强调相关条线部门的整合和聚力，关注相关主体的利益分配、可持续的资金平衡方案，提升规划的可实施性。

上海市松江区泖港镇全域土地综合整治试点市属国企参与乡村振兴

- 镇政府土地拆迁成本约1.2亿
- 集体（镇资产公司+11个村级合作社）1.2亿+漕河泾1.3亿成立资产公司
- 支付土地入市出让金1.2亿后进行建设（85%返还集体）

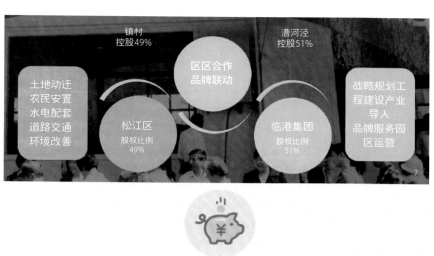

泖港镇资产公司及各村参股情况统计

（单位：万元）

村/公司	金额
茹塘村合作社	300
曹家浜村合作社	300
曙光村合作社	300
徐厍村合作社	300
范家村合作社	300
胡光村合作社	300
腰泾村合作社	300
新龚村合作社	400
焦家村合作社	400
新建村合作社	500
黄桥村合作社	2000
镇资产公司	6550

工资收益　　　租赁收益　　　分红收益

6-9 上海市松江区泖港镇全域土地综合整治试点中市属国企参与乡村振兴模式示意图

五、上海市全域土地综合整治的主要实践——以松江区泖港镇全域整治试点为例

1.试点先行，聚焦重点区域实施全域综合整治

上海市首批全域整治试点包括两个报部试点（松江区泖港镇、金山区廊下镇）以及8个市级试点，新时期上海推进全域土地综合整治的目标，聚焦"十四五"期间重点区域和重点项目，整合聚焦规划设计、土地保障、资金保障，形成一批具有示范效应的试点。在全域土地综合整治项目选择上也应符合上海地区发展的重要战略方向，一方面可以通过全域整治，减少低效建设用地，提升区域生态环境。另一方面通过城乡建设用地增减挂钩保障重点地区的发展建设用地指标，通过指标平衡所得的财政资金，反哺整治区各项整治工程。在整治区选择上，该整的整，不用整的不整，避免出现运动式全域整治，避免一味地挖掘指标，或因为占用基本农田而实施全域土地综合整治。以泖港镇为例，泖港镇镇域范围作为试点区域统筹考虑全镇整体策划、村庄规划及全镇各类项目设计。其中近期整治区选择泖港镇中部的5个村，明确资金、项目及各项要素保障确保项目实施，同时符合国家试点政策的耕地保护要求。

2.建立策划—设计—规划—实施—监管的整治路径

泖港镇试点探索了"策划先行、注重设计、规划精准落地、项目整合实施"的全域整治规划实施路径。通过统筹策划，明确街镇未来乡村振兴的主要发力点及发展方向，明确发展目标定位、主导产业。通过编制乡村规划，细化并明确各类基础建设、自然生态保护修复、人文历史景观保护等相关发展空间并以此来引导用地布局，进行主要规模指标的划定，以及空间要素的落地。由于策划在先，规划编制的过程中不是单纯为了挖掘建设用地指标进行指标交易，而是综合考虑了街镇的发展以及资金的平衡。在项目实施期间，聚焦全域整治区域，农、林、水、村共同实施，在符合耕地保护要求前提下允许项目动态优化调整。实施方案对农、林、水等自然资源要素的平衡保障予以充分论证，符合规划和行业管理部门要求，并由市级联席会议对实施方案进行联合审批，确保空间调整方案各个条线部门同意，各项建设项目资金条线部门"认领"。最终由区镇政府承担主体实施责任，落实各项项目的统筹实施。

3.充分利用全域整治政策，协调空间资源

全域土地综合整治试点两大支持政策，一是允许合理调整永久基本农田：涉及永久基本农田调整的，必须确保双5%的要求⑥，调整方案由省级自然资源和农业农村主管部门审核，整治完成验收后更新永久基本农田数据库。该政策是国家层面在允许占用审批的六类占用永久基本农田类型之外，对基本农田优化权的试点。二是允许结余的建设用地指标按照城乡建设用地增减挂政策使用，流转范围从县域扩大为省域，为乡村振兴提供资金支持。两条政策一条在土地空间上，一条在资金造血上，抓住了乡村振兴的主要瓶颈。

在当前减量化动力不足的背景下，建设用地和非建设用地需要通过全域土地综合整治统筹考虑，考虑郊野地区历史形成的低效国有企业减量化与中心城区国有企业城市更新区域联动，以容积率奖励等多种形式提高减量化的可实施性；整治减量化的建设用地在保障项目区内农民安置、农村基础设施建设及各项公益事业等用地的前提下，重点用于乡村的一二三产融合发展，促进产业振兴和农村自我"造血"功能。

以泖港镇全域土地综合整治为例，将规划区内各类国土空间要素通过"规划—项目—资金—时序"四个层面进行有机整合，利用永农优化的政策，针对工

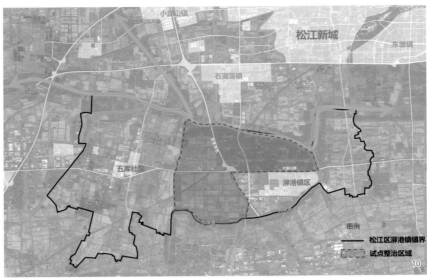

10.试点整治区区域范围图
11."黄桥科技园"实景照片

业用地低效、农村宅基地布局分散、耕地地块分散、各条线工程项目统筹性、系统性不强等问题,通过郊野单元村庄规划协调各业各类用地。规划期末耕地较基期增加约260hm²,耕地质量有提升,永久基本农田布局更集中,全镇规划土地整备引导区内永久基本农田面积占比较基期增加5%;建设用地布局形态更集约高效,规划农村宅基地较基期减少约160hm²,低效建设用地减少约430hm²,建设用地总规模实现净减量约200hm²;生态空间予以保障和布局优化,合理确定规划期末林地、河湖水域面积和空间布局。

4.多渠道落实资金保障,财政资金归口使用

乡村振兴中涉及的各项基础设施投资目前主要是政府财政投资,单一政府财政资金难以持续投入,应建立多元化投入机制,充分利用开发性金融机构、政策性银行、国有企业和社会资本等,解决资金来源问题。通过全域土地综合整治试点,整合空间资源,提升集体经营性建设用地价值,引导市场资金入市,提高区镇政府积极性,同时在资本下乡入市的过程中充分考虑资本与乡村利益联动,保障乡村"造血"。泖港试点项目以全域土地综合整治为平台,集中土地整治、农民集中居住、乡村产业、道路整治、河道整治等各类项目,试点范围整合各类资金34.6亿元,涉及中央、市、区、镇、村五级政府财政资金以社会资金。

由于全域土地综合整治囊括了乡村振兴涉农建设

的方方面面,各项工作已经在各个条线部门按条线推进,现阶段不具备全面改变上海市乡村地区财政投资模式的条件,因此目前上海全域整治依然按照渠道不乱、各负其责、集中投入、形成合力的整体投资建设方式进行。根据国家涉农投资整合的要求,未来探索在资金投入方面,探索建立多渠道的资金保障机制,适当提高土地出让金中乡村振兴涉农资金计提比例[8],在原有条线部门的资金预算基础上预留全域土地综合整治专项资金保障财政资金,依据审批后全域整治方案,整治资金统一由区政府归口使用,不再按具体项目条线申请条线下达。

5.深化规划内涵,注重规划设计品质

落实五级书记抓乡村振兴的要求,在策划及规划的过程中不仅仅依靠设计单位,而是镇村政府及书记亲自参与、主动提出想法谋划发展方向。市区全域整治联席会议单位及在各自的行业内对试点镇涉农土地及资金政策上予以指导。高品质的规划设计不是规划师、设计师做出来的,而是由人民共同谋划出来的最优选择。

以泖港试点为例,市、区政府高度重视规划及设计品质,在全域整治过程中前期的产业策划、村庄规划,以及各项单体项目的设计均邀请了国内外有丰富经验的专业团队会同镇政府共同规划设计。在产业策划中,征求了镇内所有乡村产业经营企业意见建议,听取企业诉求,并将其落实在村庄规划中。在规划编

制阶段征求各村村民意见,对村民最关心的农民集中安置点进行了优化布局。在具体项目设计实施阶段由知名建筑师领衔设计团队开展驻村入户调研,建筑一楼设置老人房、预留电梯井、尽可能增多房间数量、半掩式停车位设计等,使新建农宅内部功能设计符合村民使用习惯,建筑立面风貌与当地自然环境相协调。最终形成镇村布局符合村民需要,产业发展为企业"量身定制",乡村风貌由大师把关的较高品质的规划设计。

六、上海市全域土地综合整治的总体要求及展望

一是准确把握上海超大城市乡村发展的全局性问题,通过郊野单元村庄规划编制,落实全域土地综合整治项目,提出系统性解决方案。改变就乡村谈乡村,农用地、建设用地分头整治的现状。在整治过程中突出工作部署的全局性、规划范围的全域性、整治内容的全面性、目标手段的综合性、资金政策的协同性,在全镇乃至全区范围内配置资源要素,整体实现综合整治目标。

二是通过全域规划、整体设计、综合整治实现精准规划和精细管理,提升乡村空间治理水平。全域土地综合整治充分衔接三调地类和用途管制要求,创新郊野地区全域、全地类、全过程的开放式规划方法,随着项目设计方案、实施方案不断深化,动态更新规

划图则，以精准的规划依据和高科技监管手段支撑乡村规划资源精细化管理。

三是发挥全域土地综合整治的行动平台作用，以项目聚合促进资源要素全面整合。在规划编制过程中多规衔接、统筹项目，充分平衡空间、资金和时序，协调各类建设主体，实现设施农田建设、林地建设、河道整治、农民集中居住、美丽乡村建设、乡村社区生活圈、低效建设用地减量化、乡村振兴产业项目等各类项目的聚合，变"九龙治水"为合作共建，发挥全域土地综合整治的叠加效应。同时应落实以乡村责任规划师制度，乡村责任规划师不仅仅编制规划，还应全程参与乡村振兴的规划实施。

四是将乡村全面更新作为全域土地综合整治行动导向，构建国土空间新格局。统筹推进乡村国土空间结构和布局优化、耕地和永久基本农田保护、低效建设用地整治、农民集中居住和生态环境保护等关键任务，形成行动导向、协同共治、综合施策、精准整治的乡村更新模式，积极拓展、合理配置城乡融合发展和农村一二三产融合发展用地空间，打造农田集中连片、环境整洁优美、村庄宜居集聚、产业融合发展、资源配置提升、生态和谐美丽的国土空间新格局。

五是提升规划实施质量，注重乡村设计。在乡村振兴的各项建设中应聚焦人民城市为人民的要求，注重高品质的乡村设计，在农用地整治、生态修复、农民安置、基础设施建设等方方面面应提升审美水平，留下符合乡村风貌的高水平设计作品。

新时期的乡村地区全域土地综合整治的实施，最终目的是促进乡村全面振兴。我们应坚持"人民城市人民建、人民城市为人民"的工作理念，以人为本，坚持人与自然和谐共生的中国特色发展观治理观。在乡村振兴及治理的工作中，紧紧围绕高质量发展的要求作出积极贡献。

注释

①2019年12月，自然资源部发布《自然资源部关于开展全域土地综合整治试点工作的通知》（自然资发〔2019〕194号），在全国范围内开展全域土地综合整治试点。试点对永久基本农田占用类型以及审批权限进行了下放，提供了地方全面实施乡村振兴战略的新路径。

②2018年11月，市规划资源局下发了《上海市乡村规划导则（试行）》（沪规土资乡〔2018〕681号），同步编制了《上海市郊野单元村庄规划管理操作规程》和《上海市郊野单元村庄规划编制技术要求和成果规范》（征求意见稿），导则在不断优化更新中，目前的4.0版提出了包括村庄设计、

村民自治、乡村社区生活圈等要求。

③上海市规划和国土资源管理局，《关于本市实施国土空间用途管制加强耕地保护的若干意见》（沪府办规〔2020〕19号）。

④中共中央、国务院，《中共中央 国务院关于加强耕地保护和改进占补平衡的意见》；自然资源部，《自然资源部关于做好占用永久基本农田重大建设项目用地预审的通知》（自然资规划〔2018〕3号）。

⑤2020年7月市政府专项审计报告《本市郊野公园建设模式不明确、资金压力较大影响后续建设运营》，报告提出郊野公园建设深受市民喜爱，但同时也指出了郊野公园建设存在的问题。

⑥为指导各地落实《自然资源部关于开展全域土地综合整治试点工作的通知》（自然资发〔2019〕194号）要求，准确把握相关政策，有序推进试点工作，自然资源部生态修复司2020年6月30日制定了《全域土地综合整治试点实施要点（试行）》，其中提出必须要编制村庄规划，突出耕地保护，确保整治区域内耕地质量有提升，新增耕地面积原则上不少整治前耕地面积的5%，涉及永久基本农田调整的，必须确保整治区域内新增永久基本农田面积原则上不少于调整面积的5%。

⑦表1中资金是实施方案阶段估算资金。最终投资资金以分项项目工程阶段投资为准。

⑧《国务院关于探索建立涉农资金统筹整合长效机制的意见》国发〔2017〕54号。

参考文献

[1]顾守柏, 谷晓坤, 刘静, 等. 上海大都市土地整治[M]. 上海: 上海交通大学出版社 2019：22-24.

[2]杨秋惠. 镇村域国土空间规划的单元式编制与管理——上海市郊野单元规划的发展与探索[J]. 国土空间规划, 2019 (4): 24-31.

[3]上海市规划和国土资源管理局, 上海市城市规划设计研究院. 上海郊野公园规划探索和实践[M]. 上海: 同济大学出版社, 2015.

[4]上海市发展和改革委员会, 上海市规划和国土资源管理局, 上海市绿化和市容管理局, 等. 关于本市郊野公园建设管理的指导意见[R]. 2014.

[5]史普原, 李晨行. 从碎片到统合: 项目制治理中的条块关系[J]. 社会科学, 2021(7): 85-95.

作者简介

何 京，上海市上规院城市规划设计有限公司工程师。

农创、乡旅和文化，多元视角的乡村运营策划
——以上海、江西、重庆三个乡村振兴策划为例

Agricultural Innovation, Rural Tourism and Building Restoration, Multidimensional Perspectives on Rural Operation Planning
—Case Studies on Three Rural Revitalization in Shanghai, Jiangxi and Chongqing

程 愚 郦 恒 柳 潇
Cheng Yu Li Heng Liu Xiao

[摘 要] 城市化的快速发展并不意味着乡村失去机会，事实上，城乡统筹互补综合发展是一个更大的机遇。本文通过三个区域不同、规模不等的乡村运营策划案例，分别从农业科创、乡村旅游、乡土文化传承的角度，说明了这一发展机遇的特点和解决方案。三个项目分别通过农业产业结构的创新、运营效率提升、文化凝聚力强化，达到了促进了农村产业发展，促成城乡间良性互动，解决了乡村发展的技术、劳力和文化资源的不足，从而促进了乡村经济格局的改善和社会的进步。

[关键词] 城乡统筹；多元视角；乡村运营

[Abstract] The rapid development of urbanization does not mean that rural areas lose opportunities. In fact, the coordinated and complementary development of urban and rural areas is a greater opportunity. This paper illustrates the characteristics and solutions of this development opportunity from the perspectives of agricultural technology innovation, rural tourism, ancient building protection and local culture inheritance through three rural operation planning cases with different regions and scales. These three projects, through the innovation of agricultural industrial structure, the improvement of operation efficiency and the strengthening of cultural cohesion, have promoted the development of rural industry, promoted the benign interaction between urban and rural areas, and solved the technical, labor and cultural deficiencies of rural development, thus promoting the improvement of rural economic pattern and social progress.

[Keywords] coordinated development of urban and rural areas; multiple perspectives; rural operations

[文章编号] 2024-96-P-062

2017年中国实施"乡村振兴"战略，城镇化进入高速发展阶段，到2022年常住人口城镇化率为65%，同期城市产业国民生产总值（GDP）占比重约84%，与此相应，农村人口占比35%，农业及相关产业增加值占GDP比重约为16%[1]，城乡间收入比为2.83，这种不平衡显示乡村发展处于劣势。

一、乡村运营的理论基础

1.农业经济学理论启示

发展经济学理论对城乡差异问题有广泛而深刻的认识，经常被引文献的包括：阿瑟·刘易斯"二元经济体系"理论，即"现代工商业部门的劳动生产率和职工收入大大高于传统农业部门"[2]；吴敬琏的观点"借鉴东亚新兴工业化经济体（NIEs）经验……在工业化和城市化过程中努力开拓就业门路，加速实现农村剩余劳动力的转移"[3]；林毅夫观点"比较优势战略"即"依靠科技进步增加农业产量……培育现代农产品营销方式，参照国际标准制定和执行广泛的农产品质量、卫生标准，为农民和农产品经营者提供明确的努力方向，提高农产品附加价值和市场竞争能力"[4]；蔡昉观点"农业生产方式实现现代化从而提

高农业劳动生产率，不仅是推进资源重新配置过程的必需（进而提高整体劳动生产率），而且是国家现代化的题中应有之义"[5]；陆学艺长期研究"三农"问题，20世纪90年代就提出"农民要致富，只靠0.1hm²（1.5亩）土地是富不了的"；他进一步指出"中国的'三农'问题不完全源于农村内部，主要源于外部，与城市社会直接相关"，他提出农村"改革实现的目的是城乡一体化"的思路[6]。这些理论研究伴随着我国改革开放40多年的政策不断进步，为解决城乡不平衡发展提供了依据。

2.经济管理理论启示

乡村"运营"概念在广义维度，即把乡村有关各产业活动都视作"企业经营管理"，都是"运营"，这些活动包括：市场和产品定位、投融资管理、供应链管理、质量控制、成本管理、绩效管理等方面的内容；在狭义特指企业内部运营，即生产组织高效率保障生产和交付产品或服务。

目前在乡村振兴的规划和策划中"运营"要求越来越明确，利益相关方拥有共同语境：①乡村振兴发展必须走一产、二产和三产联动发展路径已经成为共识；②若仅有表面上美观的乡村建设，缺乏市场化的

管理运营，就无法可持续发展，无法实现乡村振兴的目标；③现代企业管理理念付诸乡村产业实践，是对现代管理的新解读和完善。

二、乡村运营特色案例

1.崇明港沿农业科创园区案例

上海市崇明区是中国第三大岛，以上海1/5的陆域面积，承载着上海约1/4的森林、1/3的基本农田，以及两大核心水源地，成为上海最为珍贵的、面向未来的生态战略空间。在"国际生态岛"战略指示和上海市、崇明区各级领导部署下，"十三五"和"十四五"规划交接时期，我们有幸参与了"上海崇明生态农业科技创新集聚区"的工作，提交了"港沿片区发展规划及概念性规划方案"。

充分调研访谈后，在崇明港沿镇17km²区域内展开建设，规划"五彩片区"即物种特色产品区；结构采用"一廊一带一环"，即以合五公路为"农创廊"，以草港公路为"乡愁风情旅游带"，新建环通生态步道成为"融合发展生活环"。

该区域优势资源以国家设施农业工程技术研究中心、上海崇明生态农业科创中心"双中心"为创新

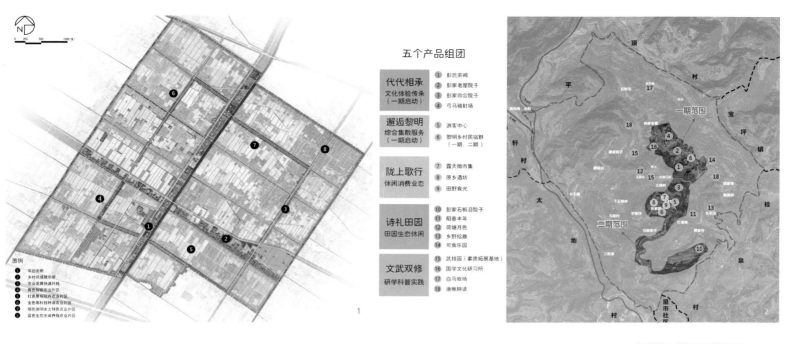

1.崇明港沿农业科创园区总平面图
2.云阳县凤鸣镇黎明村乡村振兴策划示意图

核、通过智能农业科技创新，培育农业新技术，吸引科创农业集聚，引领生态农业发展；以港沿镇区域和崇明现代农业园区两个优质农业企业项目集聚区、港西镇北双村三湾公路和竖新镇仙桥村两个农业合作社集聚带，形成农创集聚区，筑巢引凤，实现技术共享和模式推广；崇明生态农业科创中心，应聚焦生态农业科创，涵盖循环农业、种养结合、复合经济、农业废弃物利用等方面生态农业科技创新。

项目运营并不简单，农业科创需要资金、人才和市场。经过梳理整理出三大体系。

首先讨论市场：上海约2400万人口，日均消费农产品约7万吨，80%成来自外地，崇明农产品销售主要依赖上海市场；传统特色有崇明芋芳、黑山羊、金瓜等地方产品，离开崇明特定风土就不能产出或退化，很受上海市场欢迎但难以买到；同时，过江隧道开通后，崇明又是上海市民青睐的休闲乡村旅游目的地，在规模销售渠道建立的同时，也存在作为特色"旅游纪念品"让市民"私家车后备箱带走"的渠道，结合乡村合作社，建立品牌和销售点；另外还有菌菇、花卉、园艺、特色蔬菜水果等，还有更多农技培育的特色新品种都能加强在市场的影响力。

其次，利用"双中心"进行农业科技人才引进和培养，设立产业、生态、种源三个分中心，拟引进30位专家、60多个孵化器单元的种源中心，保障现有特色种源不退化，引进培育新品种，培育高端花卉种源；生态中心方向是研究设施农业技术、鱼菜共生等

技术提高产量并聚焦产业创新。

最后，讨论科创和产业资本对接，我们把崇明农业科创按规模和发展潜力分成三级。

①第一级，以本地特色农产品为主，目标为保持品种不退化，品质可控，满足特定市场以优价销售（例如金瓜、山羊）。

②第二级，某些新品或特色品种，也许可以和特色文旅结合，设置品牌资产（IP），满足一定条件后可进行股份、产权交易（例如橘园、特色果园）。

③第三级，利用某些产品或商业模式，或者采用国际合作产品模式，产量高、复制性好且适宜内陆扩大生产，到一定规模，可以辅导上市，获得资本市场资源。由此，引进一批国内外先进农业经营主体，提升一批领先的生态农业科技龙头企业，培育一批新技术新农民；商业模式上将一产实现"接二（产）连三（产）"联动发展，实现崇明乡村旅游、农产品销售和上海市场客户群的闭环，科创也有了目标和动力。

在某次汇报会上，区有关领导提问："你们不是农业科研单位，怎么能懂农业规划？"对这样的问题，我们试着诚恳地回答："本项目课题不仅仅是农业，而是崇明农业创新发展，用我们产业服务和规划的专业能力，结合农业专家的智慧，帮助区域找到答案。"

2.赣州宁都县新街村乡村振兴项目

江西省赣州市宁都县竹笮乡距离县城10km，区

内国道四通八达，兴国—泉州铁路穿境而过，红色旅游资源丰富，加之省级森林公园、梯田瀑布等，文旅产业发展势头较好；新街村四面被梅江河环绕，约9.6km²内分布23个村小组，独特的地形和保留较好的村落资源成为乡村旅游热点[7]。

策划案的首要问题：如何体现乡村赋予生活的幸福感？调研发现：竹笮乡是著名赣菜"宁都大块鱼"的发祥地，新街村本地美食有大块鱼、鳅鱼芋子、擂钵空心菜、薯包鱼、肉丸、三杯鸡等，特色餐饮产业已成当地品牌，拥有悠久历史和广泛口碑。

"民以食为天"抓住了美食的主题，解决乡村旅游诸多难题，构建"美食乐土—生态绿岛"，打通生产端到消费端的渠道，也是走进乡村、感受乡村的最佳途径，从新鲜食材产地直接到餐桌，品尝美食品味生活，创造乡村生活多维特色体验。

然而，主打餐饮特色，存在本村"厨师"资源的不足、菜品质量难控制的问题。从长期运营角度看，食品安全管理必须放在首位。解决方案是由县、村管理建立食品质量、服务体系，建立食品初加工厂，集体管理餐厅和村民家庭餐厅，既保障了餐饮基本品质，也解决了乡村餐饮类劳动力不足问题。

3.云阳县凤鸣镇黎明村乡村振兴项目

重庆主城区东南300km的云阳县，是三峡生态经济区沿江经济走廊重要枢纽，2018年退出国家扶贫开发重点县。云阳县历史悠久，文物保护建筑众多，凤鸣镇

3.规划案例总平面图
4-7.崇明农业科创中心数字模型图

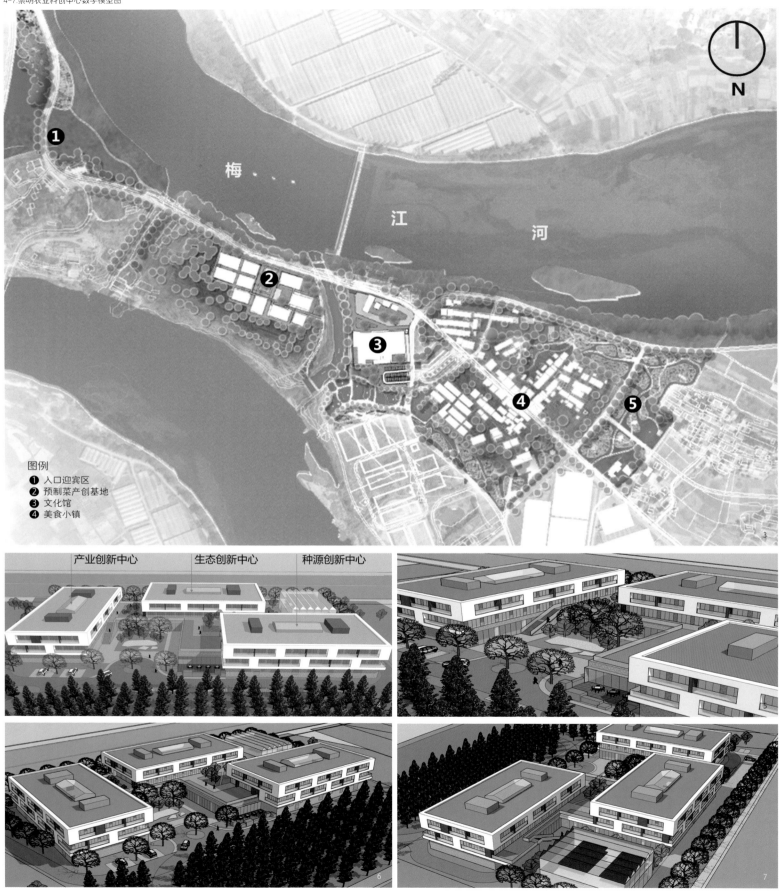

梅

江

河

N

图例
❶ 入口迎宾区
❷ 预制菜产创基地
❸ 文化馆
❹ 美食小镇

产业创新中心　　　生态创新中心　　　种源创新中心

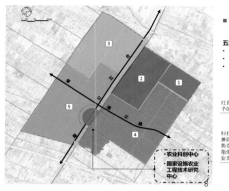

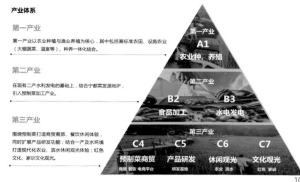

8.崇明港沿农业科创园区结构图　　9.崇明港沿农业科创园区策划示意图　　10.赣州宁都县新街村乡村振兴策划示意图

黎明村以彭氏宗祠为中心依山而建，彭氏宗祠为国家级文物保护单位、彭氏民居群为市级文物保护单位。彭氏宗祠始建于清中期，集祭祀、防护、住宿为一体，依山就势，错落有致，设计巧妙，结合彭家老屋清代建筑群，成为渝东地区保存最完整、建筑最奇特的晚清庄园，堪称研究川东民居文化的"活标本"。

本案关键考虑是把"彭氏宗祠"的文化资源盘活。当前建筑破坏严重，分布较为零散，交通可达性弱，无法联动其他资源，对于普通游客的吸引力不足，旅游知名度不响；如仅单纯地保护院落，只能解决目前的形象问题，无法根源上解决长期保护，还必须深入挖掘文化内涵。

具体策划思路：深入挖掘彭氏家族文化，提炼核心内涵，形成文化顶层IP设计；素材提炼：彭氏家族文化内核体现为"质朴家风、厚重学风、爱国情怀"；策划手段：通过沉浸式场所设计，跨越时空，探究清代世家的"过往故事"；策划功能：一条主线，即彭氏家族发展史作为功能主线；五大组团：邂逅黎明、诗礼田园、陇上歌行、文武双修、代代相承，串联了综合集散服务、田园生态休闲、休闲消费业态、研学科普实践、文化体验传承的功能。方案还谋划了彭氏文化博物馆、弓马骑射场、复古书店、非遗演艺馆等项目。以彭氏宗祠为核心，周边围绕着山水、良田，还原成另一个"山、水、田、林"的传统村落格局。

项目运营考虑的是以文化资产为核心。历史和文化上的歧视链，把农民束缚在狭小的土地上，限制封闭在农村里，阻碍了农业生产的发展。从策划角度看，宗祠文化其背后是"乡贤"的贡献，将其重新挖掘整理，可以成为使当地人产生认可和自豪感的文化符号，成为乡村运营独特性的知识资产（IP）。

经济发展离不开人才因素，乡村运营也离不开人才贡献。传统文化中，乡贤是乡村社区中那些有德行、有才能、有声望的贤者，泛指能影响农村社会并愿为乡邻做贡献的贤能人士。在新时代背景下，挖掘保护"乡贤文化"并积极倡导"新乡贤文化"，能够吸引具有企业家精神、乡土情结浓厚、有强烈社会责任感、有意愿为家乡发展出力的人才，激励乡贤参与农村生态环境治理，为新时代乡村运营和高质量发展作出贡献。

三、结语

由于篇幅有限，不便作更多展开，但可看出围绕乡村运营使用市场经济发展思维的重要性。第一个案例表明乡村运营要考虑市场，而城市就是乡村的市场，城市人群的需求就是乡村运营的需求，同时乡村发展需要科技创新，要有企业产权交易机制，为科创资金流、人才流打通路径。第二个案例表明当餐饮类运营IP需要控制食品安全保证服务体验质量，面对人才缺乏则需要建立运营机制。第三个案例重点落在"乡贤"文化挖掘，引出对具有企业家精神的"新乡贤"人才的呼唤。

长期"二元结构"是乡村缺乏人才、技术、资本的重要原因。城市化的快速发展并不意味着乡村失去机会。虽然城市化压缩了农村土地，但是核心城市的扩大，以及众多小城镇构成的城市网络，加上发达的道路网、完善的能源网、便捷的互联网，使城乡协同发展具备条件。

诚然，乡村振兴需要农村产业从"数量型"过渡到"质量型"并非易事，乡村振兴项目的策划需关注运营，转变生产方式，提高劳动生产率，在现代企业管理思想指导下实现生产效率的提高，才能跟上现代社会发展步伐。

参考文献

[1]联合国环境规划署. 2022年可持续发展报告[R/OL]. [2023-09-01]. http://www.stats.gov.cn/sj/ndsj/2022/indexch.htm.

[2]威廉·阿瑟·刘易斯. 二元经济论[M]. 北京: 北京经济学院出版社, 1989.

[3]吴敬琏. 农村剩余劳动力转移与"三农"问题[J]. 宏观经济研究, 2002(6):6-9.

[4]林毅夫. "三农"问题与我国农村的未来发展[J]. 农业经济问题, 2003(1): 19-24+79.

[5]蔡昉, 刘易斯. 转折点: 中国经济发展新阶段[M]. 北京: 社会科学文献出版社, 2008.

[6]陆学艺. 农村改革、农业发展的新思路——反弹琵琶和加快城市化进程[J]. 农业经济问题, 1993, (7): 2-10.

[7]宁都县人民政府. 竹笮乡乡情简介[EB/OL]. [2023-09-01]. http://www.ningdu.gov.cn/ndxrmzfyyh/c105319/201808/6dd5be4f27f141b787428185042b40da.shtml.

[8]重庆市文化和旅游发展委员会.彭氏宗祠[EB/OL][2024-05-01]https://whlw.cq.gov.cn/wlzx_221/wlzy/zqwwzy/202405/t20240507_13182486.html.

作者简介

程　愚, 上海同济工程咨询有限公司副总工程师, 高级工程师;

郦　恒, 同济大学建筑设计研究院（集团）有限公司咨询工程师;

柳　潇, 上海谷植工程设计工作室, 高级工程师。

可持续运营视角下的城郊工业强村功能提升策划与规划设计
——以杭州市萧山区新塘头村为例

Function Planning and Detailed Design of Outskirts Relatively Developed Industrial Village from the Perspective of Sustainable Operation
—A Case Study of Xintangtou Village in Xinjie Subdistrict, Xiaoshan District, Hangzhou

秦 芬 黎 威 魏京城 刘紫宸
Qin Fen Li Wei Wei Jingcheng Liu Zichen

[摘 要] 本文以杭州市萧山区新街街道新塘头村为研究对象，探讨了城市近郊、人口规模大、产业动力足的村庄未来功能提升总体思路。这类村庄常住和就业人口对于各类服务的品质提升的要求日益高涨，既有规划设计缺少针对此类村庄如何开展更新、如何提供高品质且可持续运营的各类商业和公共服务设施的研究。本文从可持续运营的视角，提出适应此类村庄功能提升的策划设计思路和技术方法，对于类似城郊工业强村的村庄功能提升具有借鉴意义。

[关键词] 乡村振兴；工业村；功能提升策划；可持续运营

[Abstract] This article takes the village renewal project of Xintangtou Village in Xinjie Street, Xiaoshan District, Hangzhou as the research object, and explores the overall idea of improving the future functions of these villages with a good population foundation, sufficient industrial power, and gradually transforming into urban communities in the suburbs of the city. The demand for improving the quality of various services for employment and permanent residents in such villages is increasing, and there is a lack of corresponding research on how to update and provide high-quality and sustainable commercial and public service facilities in existing planning and design studies. This article proposes planning and design ideas and technical methods from the perspective of sustainable operation to adapt to the functional improvement of such villages, which has universal significance for the functional improvement of industrial villages in the suburbs and also provides a reference for similar projects.

[Keywords] rural revitalization; industrial village; functional improvement planning; sustainable operation

[文章编号] 2024-96-P-066

1 先进村庄业态配置标准图
2 美好生活中心功能配置体系图

一、项目背景

对于当前城郊工业村而言，既有研究重点关注的村庄公共空间的景观风貌提升和政教文体卫类公益性设施的配置完善等方面内容，已有较好的建设基础。村庄未来的提升方向应当结合自身特点和产业发展需求，谋划更多新型功能性设施和经营性设施，进一步提升村庄的服务配套水平，为本村居民和外来务工人员提供一个更好的发展平台，也为村集体增收提供更多载体空间。不同于公益性设施，这些功能性和经营性设施的投资建设，要考虑市场的切实需求、投资回报平衡和未来长续

经营。谋划哪些功能、如何实现落地、投资回报平衡都是亟待研究的问题，需要从可持续运营的视角提出适应此类村庄设施提升的策划设计思路和技术方法。

二、新塘头村概况和村庄更新目标

1.新塘头村是典型的浙北城郊村、工业强村和人口大村

新塘头村位于杭州市萧山区新街街道，距萧山区政府11km，距离绕城高速和地铁站均在3km内，常住人口超过7000人。村庄紧邻新街街道工业园、衙前镇

工业园，2022年全村产业总值约10亿元，其中工业产值占比92%，是经济实力强劲的城郊工业村。区位条件好，产业基础强，常住人口多，具备较好的发展前景。萧山区国土空间规划将其划定为集聚建设类村庄，作为市域乡村振兴战略的重点村落打造。

2.新塘头村当前面临问题

（1）环境风貌不佳，公共空间不足，交通问题较大

现状村庄呈现外围田园包裹，内部"北居南产"，中心区产居混合的格局。村内整体绿化率低，仅有新塘

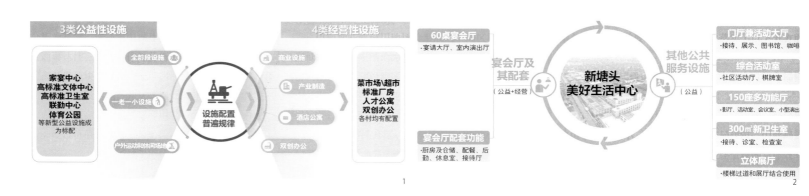

新塘头村村庄更新工作框架

	问卷调查，需求分析		
需求调研			
工作层次	村域总体策划 11块可建设地块，总面积5.9ha	中心区规划设计 村庄中心区域4个更新地块，总面积2ha	启动区建筑设计 近期启动的地块区块三，面积4926m²
工作范围			
工作内容	策划解决做什么业态、做多少体量	空间形态组织、建筑风貌协调 公共空间组织、交通组织问题	建筑形态、功能业态 投资造价、营收方式
解决问题	形成后续规划、建筑设计的"任务书" 指引后续设计、业态刚性配置考虑	建筑空间形态体量落实策划要求，建筑风貌、公共空间和交通组织对启动区建筑设计提出指引	业态落实策划要求、形态和空间布局落实规划设计要求

近期地块：需求迫切，可行性强
区块：中心区地块（一、二、三、四、八、十、十二、十三）

中期地块：需求较迫切，可行性较强
区块：十一

远期地块：仍有不确定性地块
区块：五、九；六和七远视市场情况，建设相关功能

设施类型	现状公益性设施	建设时序	未来升级方向
全龄段设施	村委会 卫生室 文化礼堂 警务室 ……	近期建设提升	保留 医疗卫生服务中心（120急救站+智慧医疗服务中心） 文化活动中心升级（集展示、影院、会议、接待于一体的综合活动中心） 联勤管理中心升级—腾讯菜场 红馆（家宴中心）新建（村民家宴中心，可承做宴会馆）
户外运动和休闲场地	跳舞广场 篮球场（文化礼堂广场） 小公园（滨河公园、街角小公园）		1个体育公园+1个儿童乐园+多处休闲公园广场（保留舞蹈广场，文化礼堂广场新建儿童乐园，运动篮球场、步道和适老化活动广场，结合村内闲置空间新建多个休闲公园广场）
一老一小设施	颐乐园 新蕾学校、幼儿园	中远期建设	新建颐养中心（居家养老服务中心+老年活动中心+全托床位） 综合学校，增设托儿所、青少年儿童活动室

设施类型	现状经营性设施	建设时序	未来升级方向
商业设施	菜市场 沿街商铺（市场北路） 沿街商铺（吟新路） 小型超市	近期建设	农贸市场改造升级（风貌、功能、监管"三升级"） 市场北路商业街（区块四沿街商业更新，重整饮业态集聚） 吟新路商业街（增加商业形式，重新布局行局，升级人驻业态） 引进中型品牌超市（打造以品牌超市为消费中心的升级商业广场）
制造厂房	传统制造厂房		增加新型标准厂房（更新低效工业厂房，吸引优质企业入驻助推村产业发展）
停车场	无集中停车场 沿街停车和已拆迁地块临时停车		近期建设临时停车场
蓝领公寓	蓝领公寓（尚客优连锁酒店、谷硕酒店公寓、杭纺公寓）		结合沿街商铺2—3层建设（沿街建筑底层放置沿街商铺，二三层商业价值低，建人才公寓）
人才公寓	人才公寓（尚客优连锁酒店、谷硕酒店公寓、杭纺公寓）	中远期建设	人才公寓（大幅度增加品质人才公寓建设，缓解现状居住压力，集聚青创人才）
办公设施	无		预留双创办公、门户商业、门户公寓等（双创办公、厂房和办公共用型的研发场所；总部办公、新塘头地标塔楼）

河滨河公园等公共活动空间，空间环境品质差。村民休闲、购物等活动集中三条干路沿线，工业运输和村民自有车辆多，交通秩序混乱，停车难问题突出。

（2）公共服务设施服务水平不高，不能满足工作、生活人口需求

经过多轮乡村建设，村庄现有公共服务设施配置基本满足规范和上级政府要求。但是从设施实际使用情况来看，显然不能适应现阶段常住人口需求。如文化礼堂仅有户外文化舞台还有演出，活动室、图书室均已关闭；老年活动中心只有棋牌室和书报阅览室还在使用。医务室设置在菜场的沿街商铺内，空间狭小环境嘈杂，服务和设施配置均不足；警务站、智治工作站办公点为两间沿街平房，内部空间混用，难以承担全方位安全监管工作。

（3）产业空间和商业空间有待更新升级

改革开放以来，新塘头村工业发展迅猛，最早建设的一批厂房，多数位于中心区，建筑破旧且产出效益低下。厂房沿街部分大多已转变为商铺使用，业态包括小卖部、水果、快餐、理发等。店铺数量多、单店规模小，商业空间品质和服务水平都比较低。

3.村庄更新目标：从可持续运营角度出发，进行经营性设施和经营性兼容公益性设施的策划、设计

已编制并计划实施的美丽乡村规划，解决了村庄环境风貌、公共空间和交通停车等问题。此外，新塘头村仍有多处增量建设用地和已拆迁的存量建设用地。这部分空间村集体计划出资建设，未来以承载经营性或经营性兼顾公益性的功能为主。虽然对部分空间有了功能意向，但具体要做什么业态、做多大体量、建筑风格如何把控、投资收益如何平衡等问题均未谋划清楚，想尽快启动实施，但顾虑重重，不敢落实。

当前新塘头村需要的是一个具有可持续运营思维的策划、规划和设计来指导后续建设，而非一个传统的法定村庄规划或者风貌整治规划。

三、从策划、规划到建筑设计的全过程村庄功能提升谋划

1.制定从策划、规划到建筑设计的工作框架

本项目构建村域—中心区—启动区三个层面的工作框架，各层面工作之间逐层推进、相互衔接。

村域策划：重点解决做什么业态、做多少体量的问题，是指引后续规划设计和建筑设计的"任务书"。对全村13个可建设地块开展总体功能业态策划和布局。

中心区规划设计：功能布局要落实前述策划要求，在建筑风貌、公共空间和交通组织等方面为启动区建筑设计提出指引。研究内容为中心区5个更新地块城市设计深度的方案。

启动区建筑设计：提供近期建设的村民活动中心可落地的建筑设计方案。重点解决建筑形态、功能组织、工程造价等问题，功能业态落实策划要求，形态和空间布局落实中心区规划设计要求。

2.近远兼顾、刚弹并重，开展村域可建设地块功能业态策划和布局

（1）借鉴先进案例，结合需求调研，明确未来业态提升方向

项目组遴选区位、人口、产业条件与新塘头村接近的先进村庄开展村庄设施功能业态配置体系调研。经研究发现，先进村庄普遍包括3类新型公益性设施和4类经营性设施配置共性。其中，3类新型公益性设施包括全龄段设施、户外运动和休闲场地，力求满足全龄段人群在休闲、健康、文化、社交等方面多样化、特色化的高层次服务需求；4类经营性设施包括商业设施、产业制造、酒店公寓、双创办公等，配置需要尊重市场发展规律，以满足当地产业发展和人民生活需求的业态为主。

新塘头村借鉴先进村庄的"3+4"设施配置体系经验，具体业态配比和建设规模结合自身需求进行合理谋划。

（2）结合服务范围和市场调研，明确策划业态规模和细化方向

新塘头村地处三镇交界，紧邻两个镇街道工业园区，村内的商业等经营性服务设施对周边的四个行政村均有一定辐射能力，实际服务人口超8000人。通过

7.中心区城市设计总平面
8.新塘头村中心区功能布局图
9-11.金彩礼堂建筑设计比选方案图

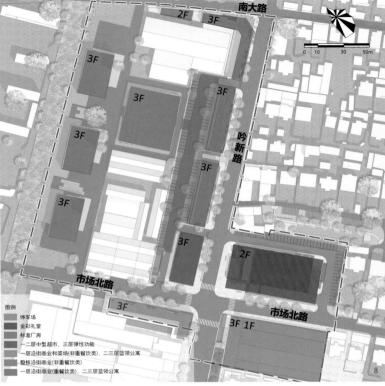

表1　新塘头村商业设施规模预测一览表

名称	类型	数量	面积（m²）
现状商业设施	农贸市场	1	3300
	超市	2	660
	便利店/小卖部	7	245
	水果店	1	60
	宴请型饭店	2	225
	小吃快餐	11	440
	药店	3	185
	美容美发	5	145
	其他生活服务	19	430
现状商业设施面积合计			5965
人均商业设施面积			0.71
预测人均商业设施面积			1.40
需求新增商业设施面积			5500

村委访谈、村内走访和线上问卷等方式，收集了各类人群的需求、休闲活动和消费习惯等信息。结合调研成果，开展设施业态的功能细化和规模预测。

①开展包括家宴中心、文化礼堂、医务室和联勤运营管理中心在内的全龄段设施功能策划

一是开展家宴中心功能策划。七成受访者的家宴需求在60桌以内，20~40桌最多。主宴会厅按60桌规模建设，配置厨房、储藏室、前厅等辅助功能。

二是开展文化礼堂功能策划。棋牌、阅览室、健身是村民主要的休闲娱乐方式，策划保留现状礼堂的户外文化舞台，其余功能迁出结合新村民活动中心建设，配置活动室，室内表演厅等功能。

三是开展医务室和联勤运营管理中心功能策划。规划新建医务室，升级接待厅、药房、诊疗室等基础功能，新增三甲医院远程医疗点、24小时数字药房、120村级急救转运点等新型功能，建筑面积约300m²。规划联勤运营管理中心，要配置监控大厅、办公室、休息室等功能。

②开展包括颐养中心、幼儿园在内的"一老一小"设施功能策划

一是开展颐养中心策划。村内现有60岁以上老人763人，对居家养老和全托照护两类服务有需求，规划颐养中心均需配置。同时考虑面向城市外溢养老需求配置一定比例的市场化床位。

二是开展幼儿园策划。以满足优质公办园建设标准为扩建目标。本地村民每年的小班适龄儿童加上外来人口随迁子女入学需求，初步测算需要9个班规模。幼儿园利用小学闲置建设用地扩建，增配婴幼儿成长驿站。

③开展以运动公园为核心的运动休闲场地策划

村内公共活动空间少，大量年轻产业工人没有运

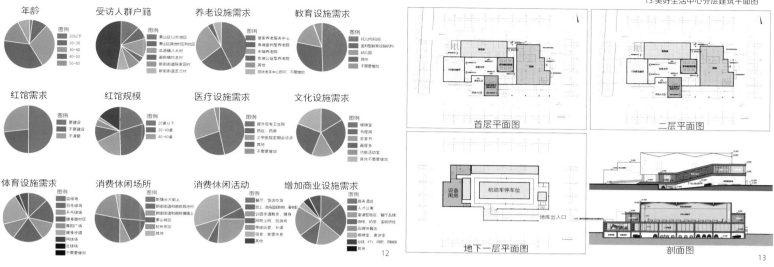

年龄　受访人群户籍　养老设施需求　教育设施需求

红馆需求　红馆规模　医疗设施需求　文化设施需求

体育设施需求　消费休闲场所　消费休闲活动　增加商业设施需求

首层平面图　二层平面图

地下一层平面图　剖面图

动场地。计划新建一处综合体育公园，融合篮球场、乒乓球、老幼活动场地、健身步道等功能，满足全龄人口运动需求。

④开展包括沿街商业、超市等在内的商业设施策划

新塘头村现有商业设施总建筑面积约6000m²，以沿街自营小店为主，品质普遍不高，现状人均商业设施面积0.71m²。对标先进村庄的人均1.4m²的配置标准，还需增补约5500m²商业空间。

⑤开展包括标准厂房和蓝领公寓在内的其他经营性设施策划

新塘头村产业发展活力足，租赁需求大。在满足低效工业腾退更新和公益性设施建设要求的前提下，应当利用剩余用地建设标准厂房，增加集体经济收益。酒店公寓和双创办公功能是发展成熟的工业村标配业态。目前仅有酒店已配置，其他业态均未建设。区域产业职工租住难问题突出，蓝领公寓建设呼声高。

（3）考虑未来条件变化，提出分时序和业态弹性适应方向

结合各项目建设进展、用地条件和市场需求，明确分期建设时序。近期落实部分公益性设施配置和补足商业设施缺口，同时建设部分蓝领公寓和标准厂房。中远期建设颐养中心和双创办公等业态，中远期项目用地近期按弹性预留考虑。

（4）依据地块区位和用地规模条件，明确策划业态空间布局

全龄段设施和商业设施布局有集聚效应，需要布置于高可达性、服务五村较为便捷的地区，区块一、二、三、四位于村庄中心区，商业氛围最好，五村到达交通便捷，适宜布置这两类设施。

酒店公寓、办公设施需要布置于有高展示度、大交通便捷地区，村口国道104门户地块（区块五、

六、七）的展示性强，依托彩虹高架路进城交通便捷，适宜布置这两类设施。

"一老一小"设施和户外运动休闲设施需要布置于相对安静、服务五村较为便捷地区，村庄西南角的地块（区块十、十一）避开国道、高架和中心区嘈杂环境，五村到达便捷，适宜布局这两类设施。

标准厂房设施布局对区位和可达性不敏感，需重点考虑避让其他公共活动功能。村庄内的其他地块（区块一、二、八、九）合适布局该类设施。

3.落实管控，引导开发，开展村庄中心区的整体规划设计

（1）根据上位策划，结合现实条件，细化中心区业态策划

根据前述策划，村庄中心区重点建设全龄段公共服务设施、商业设施和标准厂房。

全龄段公共服务设施包括家宴中心、室内演出厅和活动室、新医务室等功能。各类功能综合设置于计划新建的村民活动中心内，响应"金彩新塘头"的村庄宣传口号，打造"金彩礼堂"。

沿街商业是村级商业主要形式，底层商铺最为活跃，二层及以上商铺空置率高，通常做酒店、公寓整体出租或托管。村集体计划招商大型连锁超市，需要相应空间载体。先进村庄通常建设"连锁超市+停车场"形式的商业广场，能够较好地聚集商业氛围。综上考虑，新塘头新增商业采用沿街商业和商业广场结合的形式，近期利用沿街商铺的非首层空间建设蓝领公寓，解决部分职工租住需求。

单层建筑面积800~1500m²、3~4层的中小型标准厂房，兼容性好，物业形式多样，租售灵活，适合中小企业多的新塘头村，可快速招商回笼资金。

（2）结合空间用地条件，明确中心区功能布局

根据中心区各区块用地条件，落位策划功能。区块一沿干道展开面长，地块进深4~92m，适宜布局商铺、超市，腹地可做标准厂房；区块二不临街，周边是保留厂房，东侧支路快速连接对外交通，适宜布局标准厂房；区块三地块方正，位于主干路口，周边建设限制少，适宜布局村民活动中心；区块四地块进深小，靠近菜市场，周边无民房，适宜做商铺引导对村民生活有影响的业态积聚；区块十二是现状菜场，仅进行重新装修和立面改造。

规划中心区形成西厂房，中超市、商铺、公寓、东礼堂的总体布局，以停车场隔离商业与厂房。吟新路与市场北路交叉口，人流大商业氛围足，形成村庄的活力中心，功能布局既符合使用需求又兼顾经济效益。

（3）引导建筑风貌，协调公共空间，强化交通组织

中心区更新拆除的新街老酒厂和厂房，承载着在地生产生活的人文印记和产业底蕴，应当传承守护。在中心区规划方案中通过设计细节回应历史。建筑层数控制2~3层，色彩引导黑白灰的水乡基调，建筑形态采用连续的曲线坡屋顶，材质和体块交错的凹凸界面，将酒坛色彩和金属材质融入建筑立面装饰。

中心区打造以道路和广场为核心的公共空间体系。两条主干道保障7m双车道，增加人行道和非机动车道，交通有序组织。吟新路沿线控制建筑退界，保障南北视廊无遮挡，道路交叉口结合超市和活动中心建设活动广场，供人群停留。

4.投运一体，聚焦实施，开展启动区块建筑设计

（1）落实功能策划，强化合理布局

14.中心区城市设计东南视角鸟瞰图　　　　15.吟新路沿街界面效果图　　　16-17.中心区规划设计比选方案图

前述策划对金彩礼堂的功能和规模都给出了明确要求。家宴中心的主体功能大宴会厅需要可容纳60个10人桌（余同）的室内无柱空间（8m净高），其他功能需要协调考虑。

首层出入方便，空间单元大小相对灵活，承载村庄综合服务功能。沿吟新路一侧布置医务室、活动厅等高频使用的功能，医务室设独立出入口。南侧主入口通过入口门厅连接多功能厅、棋牌室、展厅空间，方便到达；入口门厅本身兼容接待、展示、阅览、水吧等功能。东侧布置厨房等家宴辅助用房，设独立后勤入口，与前厅公共服务功能流线分离。二层以大宴会厅为核心，按照宴请酒店标准配置辅助用房。地下停车兼顾服务南侧菜场使用，将中心区部分地面停车转到地下，改善沿街环境风貌。

（2）塑造特色形象风貌和趣味公共空间

金彩礼堂建设的复杂性使得设计不仅是单纯的建筑或景观的营造，更像是对村庄文化的挖掘和特征的重塑。延续中心区设计引导的黑白灰色调，以简化繁勾勒出江南风情，以体块间的退让处理新建建筑与周边民居环境的关系。屋顶采用大跨度钢构+几何坡顶，表现粗犷工业风与江南柔美融合的现代美感，兼具简洁实用经济的优点。墙面采用酒厂瓦罐砖片点缀，把村庄记忆注入到村民新生活中来，历久弥新。广场、露台、台阶、立体展厅等多样的公共空间穿插

环绕建筑，每个停留空间都有不同的观景视角。

（3）根据建筑设计方案，精准测算指导落地

金彩礼堂项目从建筑安装工程和装修工程两个方面进行投资测算。考虑到项目投资额大，装修可按需分期开展，近期需要投入使用的家宴中心、医务室、接待大厅优先装修，其他功能陆续完善，减小先期资金压力。

建筑安装工程方面，建筑结构选取相对钢结构系统造价较低的混凝土结构，减少纯形式因素导致的结构出挑，大部分区域保持竖直投影面对齐和建筑模数规整。在建筑效果可控的前提下，立面采用工艺简单材料，如有肌理的真石漆、质感涂料、铝合金格栅，屋面采用水泥瓦等来降低造价。

5.充分尊重村民意见，以共同缔造模式开展策划、规划和设计

（1）工作开始之初，制定微信调查问卷，开展意愿调查

项目开展前期，针对本地常住人口开展全面的线上问卷调研，共计发放电子问卷2702份，常住人口抽样率达38%。回收有效问卷2650份，分析数据了解常住人口对各类设施的需求，从诉求出发开展工作。

（2）全阶段多轮多方讨论，阶段成果公示，方案进行投票选择

项目的多轮沟通汇报，除村委领导外，邀请多位

村民代表参会。各阶段工作成果在村宣传栏进行公示，以推文形式发放到村公众号、微信群，广泛收集反馈意见。中心区更新和金彩礼堂建筑设计共五个方案成果整合形成线上投票问卷，采用微信小程序、问卷星等方式推送全村，让使用者成为决策人。

6.提出后续招商运营建议

（1）近中期投资建设运营思路

①经营性业态建设运营目标是快速收回投资。标准厂房、商铺和超市由村集体自建自持。标准厂房对外出租，滚动开发，单项目10年可收回资金。商铺和超市，分割对外长租，建成出租后即可收回投资。蓝领公寓委托第三方运营管理，每年有固定收益。菜场装修升级后铺位出租，也可快速收回投资。

②公益/经营结合业态的运营目标是逐步收回投资。近期建设的家宴中心和中期建设的颐养中心，争取上级资金，结合部分村集体资金建设。两类均可顾村内服务和对外经营，可逐步回收资金。

③纯公益性业态建设运营目标是经营反哺。近期体育公园建设和幼儿园扩建，争取上级资金，结合村集体资金建设。

（2）提出未来分权式商铺业态管控方向和管控方式

新塘头村商业升级标准建设对标城市社区型商

业、业态组合形式以超市为主力店，引进必备业态如餐饮店、便利店、药店等。选择性业态家庭服务、文化娱乐、医疗保健等建议引进，招商重点引进品牌化、连锁型商铺。鼓励其他存量商业自主更新升级，合力打造高品质的商业街区。商业街区后续管控，建议参考成都玉林东路分权式商业街运营模式，建立街区共发展联盟，选举负责人带领监管团队，打造商户共建共治街区。

（3）颐养中心和家宴中心未来使用兼顾经营性和公益性

家宴中心和颐养中心采用对本地（本村及周边四村、余同）和对外差异化收费。如家宴中心对本地村民租赁费用200~300/天，餐饮费1200~1500元每桌；对外场地租赁费10000元/天，餐饮费标准上浮。但相较于宴请酒店2500~3000/桌均消费标准，有显著价格优惠，造福本地居民，又能带来一定的经济效益。

颐养中心提供两类服务，一类是本地老人的居家养老生活服务、医疗照护，公益性为主，采取低收费或不收费的方式。另一类全托养老照护是经营性服务，按本地、本街道、社会化床位三个梯度收费。

四、结语

新塘头村作为杭州近郊的产业强村，村内产业区块已经纳入新划定的城镇开发边界内，而村内生活板块未纳入，村庄和集体经济形态还将长期保留和存在。同时，村庄自身产业发展动力充足，仍会集聚相当多的就业人口和常住人口，不会像众多市远郊村落一样走向衰落。随着经济发展、城市拓展，新塘头村未来将逐步向城市社区转型，村内的就业人口和常住人口对于各类服务的品质要求日益高涨。如何回应人群需求，提供高品质且可持续运营的各类商业设施和公共服务设施，是本次新塘头村的策划设计工作的重点。本研究从可持续运营的视角提出适应此类村庄设施提升的策划设计思路和技术方法，对于城郊工业强村的村庄设施提升具有普遍性的意义，未来可结合其他类似村庄，进一步探索和深化。

作者简介

秦　芬，上海同济城市规划设计研究院有限公司城市规划师；

黎　威，兴野产研（上海）管理咨询有限公司总经理、董事，"兴野"品牌联合创始人，注册城乡规划师；

魏京城，兴野产研（上海）管理咨询有限公司城市规划师；

刘紫宸，灰空间建筑事务所建筑设计师。

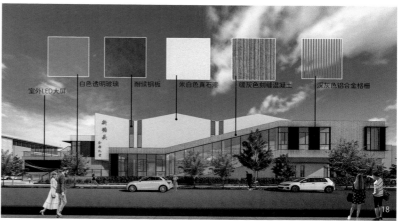

18.新塘头村美好生活中心立面材质使用图　　20.美好生活中心效果图
19.市场北路沿街商铺立面图　　　　　　　　21.美好生活中心西南角人视效果图

秀美侨乡、水岸村落：传统村落复兴视角的特色田园乡村营造探索

——以江苏省振东侨乡为例

Beautiful Overseas Chinese Hometown Waterbank Village Exploration of Creating Characteristic Countryside from the Perspective of Traditional Village Revival
—Taking Zhendong Overseas Chinese Township in Jiangsu Province as an Example

宋会雷 朱 剡
Song Huilei Zhu Yan

[摘　要]　乡村振兴战略是党的十九大做出的重大决策部署，特色田园乡村建设是江苏省乡村振兴战略的重要抓手，也一直是近年来多方重点关注的焦点。新时代特色田园乡村建设迎来了新的机遇与挑战，本文基于新时期特色田园乡村建设背景，分析传统村落在特色田园乡村营造过程中遇到的发展与保护、传统文化传承与现代生活需求、内部产业单一与外部多元资源等一系列矛盾问题，并提出相应针对性措施，以期为同类村落的特色田园乡村建设提供借鉴。

[关键词]　特色田园乡村；传统村落；功能多元；产业结构；保护要素，文化彰显；公共空间；公共服务

[Abstract]　The rural revitalization strategy is a major decision and deployment made at the 19th National Congress of the Communist Party of China. The construction of characteristic rural areas is an important focus of rural revitalization strategy and has always been a focus of attention from multiple parties in recent years. The construction of special fields in the new era has ushered in new opportunities and challenges. Based on the background of characteristic rural construction, this article analyzes the development and protection, traditional use and modern life, internal industry singularity and external diversified resources encountered by traditional villages in the process of special field construction, and proposes corresponding targeted measures to promote the sustainable development of this type of special field construction.

[Keywords]　characteristic countryside; traditional villages; multiple functions; industrial structure; protecting elements and highlighting culture; public spaces; public services

[文章编号]　2024-96-P-072

1.振东侨乡现状航拍图

一、特色田园乡村建设背景与研究目的

1.乡村振兴与特色田园乡村建设背景

2017年习近平总书记于十九大报告中提出乡村振兴战略。同年，江苏省委、省政府正式印发《江苏省特色田园乡村建设行动计划》，积极响应国家战略，开展特色田园乡村建设。经过多方实践和多年的经验累积，江苏省逐渐探索出以特色田园乡村建设为核心的乡村振兴江苏路径。根据相关政策文件，特色田园乡村建设总体要求为："打造特色产业、特色生态、特色文化，塑造田园风光、田园建筑、田园生活，建设美丽乡村、宜居乡村、活力乡村，展现'生态优、村庄美、产业特、农民富、集体强、乡风好'的江苏特色田园乡村现实模样"。

2.研究目的

以振东侨乡为代表的传统村落，普遍面临既要传承历史文化与保护传统建筑，又要建设和发展以满足村民对于高品质生活的需求。两者对于空间资源、公共服务、产业发展等要素的需求相去甚远，矛盾日益尖锐，挑战日益增加，导致传统乡村文化不能彰显，传统建筑无法活化利用，村民生活服务配套不足。特色不显、活力不足、发展缓慢、服务缺失等问题严重影响特色田园乡村的建设推进。

本文以振东侨乡特色田园乡村建设为研究样板，梳理传统村落现状面临的问题与多元瓶颈因素，聚焦历史文化载体保护与村民现代化生活需求之间的矛盾，提出破解难题的思路，并总结传统村落的特色田园乡村措施与策略，以期为同类村庄提供思路借鉴。

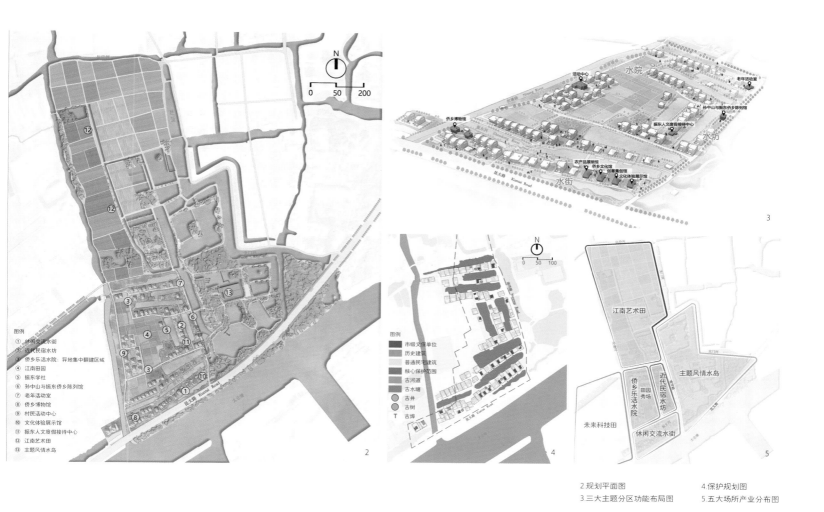

2.规划平面图　　　　4.保护规划图
3.三大主题分区功能布局图　　5.五大场所产业分布图

二、振东侨乡概况与现实挑战

1.振东侨乡概况

（1）百年振东溯源

振东侨乡位于江苏省昆山市周市镇东部。虽然地处江南水乡，但因为特殊历史原因，百年以来逐步形成了"中西融合、多元包容"的侨乡特色风貌，与江南地区常见的"白墙灰瓦"风貌的传统村落具有显著的差异。振东侨乡是苏南地区唯一侨乡、是孙中山先生建国方略的实践地，也是爱国精神的传承地，百年乡建的振兴地和中西文化的融合地。

振东侨乡的发展可分为三个阶段。

一是选址定居，艰苦创业，建设侨民归国新家园的阶段。1923年，曾任孙中山先生正、副卫士大队长的加拿大归侨黄湘、马湘2人为首发起，美国归侨、南京侨务委员会的邝卓生负责经办，联系一批希望归国定居的海外侨胞共62户、297人，共同归国。侨民归国后，从岑春煊后辈手中收购一家停办多年的垦殖公司，采取合资入股模式创办振东农垦公司，公司所有土地面积1008亩，侨民们因地制宜开辟鱼塘，开垦荒地，改造低洼的

土地。这些来自海外的广东籍归侨，在远离家乡故土的江苏昆山，开始辛勤创业、繁衍生息。

振东侨乡的选址顺应自然地貌，村落与河流水塘有着紧密的依存关系。聚落形态具有"屋塘相依"的显著特征，河、塘、宅、田互融互动，形成特有的村落格局和建筑肌理，并基本保存至今。

二是中西融合，扩建壮大，营造诗意生活新田园的阶段。创办初期，振东侨乡由私人建造的住房有30余幢，后来逐步增加至62幢。由于侨民拥有西式理念与生活方式，因此，住宅建筑样式不同于传统江南水乡风格，而是西式红房子，其"四面多开窗户、空气新鲜充足，室内有卧房二处到四处，都有浴室、厨房、厕所、会客室。门前有花园，四周围以竹篱或短墙"。同时，侨民们提倡精神、物质、社会文明共建，除住宅建筑之外，还共同出资建设了议事大楼、学校、码头、公路等公共设施。

三是他乡故乡，心灵纽结，构建多元文化新桥梁的阶段。振东侨乡的侨民源自各地，南洋文化、西方文化和江南文化在这里相互交融，留下诸多文化印记与沧桑往事。同时受梁漱溟乡村建设理论的影响，侨

民们创办振东"乡农学校"，开展乡村民众教育，通过"乡约"来规范乡村社会秩序，重构乡土社会，以培养农民自我发展能力为导向，开展乡村教育实践，成为民国时期乡村建设实践的苏南地区发源地。

（2）新时代发展历程

自2005年振东侨乡28栋建筑被认定为保护建筑以来，各级政府持续对振东侨乡的发展提供支持，不仅先后组织编制了保护规划、村庄规划、特色田园乡村规划，亦多次对保护建筑进行重点维护和修缮。其中三栋保护建筑更新活化为公共服务设施（孙中山与振东侨乡陈列馆、侨乡博物馆、老年活动中心）。2023年，随着振东入选第六批中国传统村落名录，振东侨乡迈入新的历史发展阶段。

2.现状条件与发展瓶颈

（1）村落产业结构单一，亟待融合升级

振东现状产业未能与侨乡文化有机结合，建筑活化利用不足，产业结构单一。村民收入主要来源仍以传统的第一产农业种植为主，水稻种植和蔬菜大棚产品附加值低，产业结构与农产品相对于周边村落并无

6

6.规划鸟瞰效果图

突出特色与优势，未形成振东特色农业品牌。第三产业服务业发展滞后，曾经导入南洋风情园的文旅项目，但项目特色不足，发展陷入困境，经营停滞。振动侨乡当前亟须调整产业结构，推动产业升级，依托传统文化特色，发展多元复合产业。

（2）保护建筑闲置，活化利用不足，传统文化特色亟须彰显

振东侨乡的28栋保护建筑多数处于闲置状态，仅有三栋建筑更新为孙中山与振东侨乡陈列馆、侨乡博物馆和老年活动中心，利用率仅为10%。同时，由于保护建筑建年代较为久远，建筑的原权利人在不同历史时期又陆续移居美国、加拿大等国，部分保护建筑产权问题较为复杂，导致无法建立相对统一的保护和活化利用措施。

从传统文化特色彰显角度来看，现状振东侨乡的多元文化仅体现在民国风格建筑形式之上，缺乏对侨乡多元文化的深度挖掘和丰富彰显。亟须结合江南文化、岭南文化、侨乡文化等元素，以保护建筑为载体，植入功能，活化利用，以公共空间为依托，彰显多元文化。

（3）公共服务设施缺失，公共空间品质较低

从公共服务设施方面来看，振东传统建筑保护与村民生活需求满足之间存在矛盾，村民急需的公共服务设施的空间落位受限。现状面向村民的公共服务设施不足，仅有一栋传统建筑改造为老年活动中心，且其规模较小，功能较为单一。为村民提供的室外健身

场地建设标准较低，无法满足日常使用需求，其他村级公共服务设施尚未配备，亟须结合现状空置建筑与集中翻建区域补充公共服务设施。

从公共空间品质方面来看，2018年，振东曾系统性地开展村庄环境提升与水系改造，近年来也零星进行环境整治。通过多年的努力，振东现状已有良好的公共空间建设基础，但整体空间品质较为一般。如宅前屋后空间缺乏营造，活动场地不足；滨水滨塘岸线空间较为单一，邻水而不亲水，且岸线私人化占用较为严重。

三、特色田园乡村的营造措施与策略

1.优化产业结构，农文旅一体布局；三大主题分区，激活多元功能

（1）农文旅一体发展，塑造五大场所，五种空间模式：街——休闲交流水街，坊——近代民宿水坊，院——侨乡乐活水院，岛——主题风情水岛，田——江南艺术田、未来科技田、田园秀场

村落居民点内休闲观光人群、文化体验人群、本地生活村民等各类人群对村落功能的差异化需求，依托传统建筑、水系格局、环境要素的分布，采取功能分区原则，塑造街、坊、院三种截然不同的空间场所与模式。

村庄东侧原南洋风情园具有良好的场地条件和可更新利用建筑，结合现状场地要素及建筑，活化利

用，精明改造，功能分区，营造西厅东堤的主题风情水岛。西岸塑造田园客厅：提供婚庆礼仪、节庆活动、亲子游乐场所；东侧塑造静谧风景长堤：利用现有建筑改造，塑造休闲交流与休闲垂钓场所。

以侨乡周边农田为载体，坚持以农为本、农文旅一体化发展的原则，在现有产业基础上，发挥现代农业优势，以精种植超级稻南粳3908为主要农业品种，创立振东农业品牌，植入观光农业、科普农业、休闲体验等多元功能，同时塑造艺术田园，打造田园秀场，发展新农业、丰富新体验。

（2）激活多元功能，挖掘村庄潜力，营造水街、水院、水坊三大功能区域，明确各分区主题，解决传统保护与村民生活的矛盾

①水街：休闲交流水街——营造一街三区，南区文化体验，北区伴休闲交流主题商业，西段主题餐饮

南区文化体验：对村庄南侧水街两侧保护建筑较为集中区域内的建筑进行整体活化利用，部分非保护建筑进行产权回收，村民于西侧侨乡水院内集中安置，使得南侧水街区域可集中成片开发建设并相对独立运营，并活化利用村庄入口四处保护建筑塑造文化体验展示馆、集创馆、农产品展销馆、振东人文馆四大场馆，打造振东多元文化体验集中地。

北区休闲交流主题商业：以振东江南文化、岭南文化、侨乡文化为核心概念，提供以文创休闲为特色的商业体验。

7.游园广场效果图　　8.滨水空间景观效果图

西区主题餐饮：提供各类主题休闲美食体验，重点结合振东农产品与农业品牌，打造水街稻米主题餐厅。

②水坊：近代民宿水坊——塑造商务接待与特色民宿特色水坊

中部保护建筑相对零星，可依托良好的自然景观、独特的水坊空间格局，结合侨乡陈列馆打造南北向主要活动场所，塑造良好的水岸空间关系，营造诗意的水乡生活场景。引导发展侨乡特色民宿与商务接待功能，原老年活动中心更新为商务接待服务大厅，塑造完整的特色水坊片区。

③水院：侨乡乐活水院——打造面向村民生活的公共服务与建筑景观

在水街和水坊区域内活化利用村民住宅填充商业与公共服务设施，于西侧集中翻建，打造主要面向村民日常生活的侨乡乐活水院。结合现状水系塑造南北向滨水公共廊道，营造宅前屋后水院景观，植入面向村民的公共服务设施，完善村民公共服务与景观体系。

2.加强保护体系，构建多元保护要素，多元文化融合，文化特色彰显

建立多层次的保护体系，不仅针对保护建筑、环境要素等物质遗产，同时保护侨乡时代精神及时代内涵等非物质文化遗产、侨乡历史遗存、侨乡空间格局、侨乡景观风貌。

按照分层保护要求构建文物保护单位、核心保护范围、一般保护范围、风貌协调区等多元保护体系，同时保护村庄"河、塘、宅、田"相依的村落整体聚居，保持原有"川"字形的骨干河网水系的空间格局，严格保护振东侨乡的古树、水塘、古井、河埠等历史环境要素，在多层次保护体系下，严禁实施对其保护不利的建设和行为。

在完善保护物质遗产的同时，注重振东多元文化融合衍生出的侨乡时代精神与时代内涵。振东是南洋文化、江南文化、侨乡文化、农耕文化等多元文化的集聚地，发挥不同文化特色，多元文化间相辅相成、相互碰撞、融合、衍生、形成的特色文化，通过建筑、展览、文创、节庆活动等多种方式予以彰显。

3.完善公共设施，营造公共空间

在本地村民主要生活空间——侨乡乐活水院内，完善面向村民提供服务的公共设施，新建公共活动中心一处，方便服务村民。老年活动中心迁移至北侧水院内，由现状历史建筑更新活化，为本地村民提供生活照料、文娱活动等服务。同时对面向游客服务的各类文化与商业设施进行更新改造与品质提升。

针对不同的空间属性，提供特色化公共空间营造。南部水街：滨水塑造前街后街。前街强调礼仪性，增加硬质铺装，后街强化游憩漫步，增加软质绿化，并新建景观桥连通前后街区。中部水坊：打通南北向水塘及慢行体系，塑造连续慢行体验，结合现状空地，营造亲水广场与活动场地。西部水院：结合宅基地和宅前屋后营造水院景观，其中的新建区域结合现状水系塑造南北向滨水公共廊道，并在现状区域内新建景观桥，改善村庄慢行活动动线。

营造诗意的水岸公共空间，沿村庄水系结构，重点塑造三廊滨水空间。针对不同景观需求塑造三种不同的驳岸形式——广场式驳岸、花园式驳岸、生态驳岸，直接入户一侧强调硬质铺装水岸，面向庭院侧以生态水岸为主。现状村内水塘间联系不畅，水闸景观效果较差，打通村内水塘，景观化处理现状水闸，新建两座景观桥，完善慢行体系，塑造慢行水岸花园村落。

提升村庄形象，更新村庄入口空间，在入口广场处植入侨乡文化，增加村庄标识性，展现包容姿态欢迎各方游客。同时利用多种途径提升并增加村落内公共活动空间，优化场地铺装，美化绿植搭配，提升村落内现状健身场地品质，并利用建筑更新后的腾退宅基与现状空地，塑造多个公共活动场所。

四、结语

综上所述，基于现状乡村振兴与特色田园乡村建设的背景，为真正发挥传统乡村特色，提高乡村活力，促进乡村可持续化发展，必须以充分彰显历史建筑的功能活化价值为前提，满足村民现代生活的需求，同时可结合异地翻建的方式实现适度功能分区，避免人文资源的错配和浪费。根据村庄现状条件与特色，因地制宜地提出相应措施与策略，优化产业结构，构建多元保护要素与特色文化彰显，营造有品质的公共空间，完善乡村各类公共服务设施的现实需求，从而促进传统乡村特色田园乡村建设的高质量发展，满足游客休闲与村民生活需求，以适应新时代的乡村发展。

项目负责人：宋会雷

主要参编人员：赵迎、尚晓萌

作者简介

宋会雷，中国城市发展研究院有限公司华东分院副主任规划师；

朱　剡，中国城市发展研究院有限公司华东分院副院长。

乡村民宿的集群化发展路径探索
——以山东沂蒙地区为例

Exploring the Cluster Development Path of Rural Homestays
—A Case Study of the Yimeng Region of Shandong Province

苏 鹏 刘漠烟 崔 静
Su Peng Liu Moyan Cui Jing

[摘 要]　本文以山东沂蒙地区的民宿发展为研究对象，通过对其民宿发展历程、民宿运营实践、政府出台政策、沂蒙民宿学院等多因素展开研究，总结出山东沂蒙地区民宿集群式化的发展路径，提出运营前置是民宿集群化发展的关键。

[关键词]　乡村民宿；集群化；山东沂蒙地区

[Abstract]　This article takes the development of homestay in the Mount Yimeng area as the research object. Through multiple factors such as the development process of homestay, homestay operation practices, government policies, and Yimeng homestay college, it summarizes the development path of homestay clustering in the Mount Yimeng area and proposes that pre-operation is the key to cluster development.

[Keywords]　rural homestays; clustering; Yimeng region

[文章编号]　2024-96-P-076

一、前言

2021年，《中共中央 国务院关于全面推进乡村振兴加快农业农村现代化的意见》指出："民族要复兴，乡村必振兴。"乡村振兴作为国家战略，是乡村经济、社会与文化全面转型发展的重要途径；是实现农业强、农村美、农民富等"三农"问题的总抓手；是重塑城乡关系，实现一二三产融合发展的必走之路。在这一背景下，近十年来，我国的乡村民宿及其相关产业逐渐发展壮大，民宿最早是作为旅游景区的住宿配套，在经历了以独立个人房屋市场化租赁、依托资源景观改造的旅馆的民宿1.0模式，以及集团化小规模村落集中化存在的民宿2.0模式后，民宿逐渐向集群化、区域集聚区的3.0模式演进。

乡村民宿是新消费新需求下乡村旅游业态的新模式。休闲度假是人的基本需求之一，随着人们收入水平的提高、城市持续的快节奏以及人更向往自然和乡村等几个方面的影响，度假需求在未来会变为一种刚需，同时人的需求向着个性化与多样化的方向发展，在所有的度假产品中，处于自然乡村环境中的、小而美的民宿及其相关业态是新需求下一个乡村旅游业态的新模式。

乡村民宿是解决乡村闲置资源，统筹乡村发展的重要手段。随着中国城镇化进程，中国各地出现了大量的空心村，没有人的村落如何振兴是一个不得不思考的问题。乡村旅游中的民宿及其衍生新业态是解决的有效途径之一，民宿可以利用闲置宅基地、村集体用地等资源，挖掘重构乡村文化，吸引人们来到乡村，由三产带动二产和一产，从而实现一二三产融合发展。

乡村民宿发展逐渐呈现出集群化发展特征。经过十多年的发展，全国各地呈现出多个民宿聚集区，其中以长三角为核心的东部沿海聚集区最具竞争力，位于其中的莫干山民宿集群最为成功，并成为全国民宿发展的典范。民宿集群是多个民宿在一定的地理区域范围内的聚集，民宿集群由于其规模性和聚集性特征，对其周边产业及业态更具拉动作用，从而实现丰富的体验场景，使得民宿集群本身成为乡村旅游目的地。

二、山东沂蒙地区民宿的基本情况

山东沂蒙，其地域指以沂蒙山区为中心、以今临沂市为主体的包括毗邻部分地带的山东省东南部地区。本文研究的山东沂蒙地区民宿地理范围是指临沂市行政区域内，以蒙山及村落为核心乡村旅游资源的民宿。

临沂市位于山东省东南部，是山东省人口数量最多、地理面积最大、山区面积最大的地级市。山东旅游民宿发展主要分为萌芽时期、初级阶段、标准化推进与精品化探索三个阶段。

（1）20世纪70年代至2000年

这个时期为民宿发展的萌芽时期，尚没有民宿概念，是乡村自发形成的，呈点状呈现，主要是村民利用自有闲置房屋提供有偿食宿服务，设施简单、民风淳朴，住客与主人接触度高，在乡村体验原汁原味的本地生活。

（2）2000年后

乡村旅游作为解决"三农"问题的有效路径之一，政策驱动下激发了农民参与乡村旅游的热情，沂南竹泉村就是这一时期产生的著名乡村旅游目的地。本时期乡村民宿以"农家乐"形态蓬勃发展，并引入农村文化和农业体验，但总体只是满足吃、住、采摘以及简单的观赏，商业化目的突出，沂南竹泉村、沂蒙人家、蒙山大洼区域等是这一时期产生的乡村旅游目的地。

2014年，公学国、李玉萍发表《基于SWOT分析的山东省民宿行业发展策略》，对2013年之前的山东省民宿进行了详述：当时山东民宿有900多家，而且每家的房间数量在5间左右，大多自主经营，民宿业者没有经过专业培训，服务质量不高，配套设施也不齐全，多数民宿仅有床位，卫生间是公用的，安全设施几乎没有，没有依据当地自然人文环境发展应有的家庭氛围和特色，显示出山东省民宿业发展尚处在初级阶段。

（3）标准化推进与精品化探索阶段

2013年山东省旅游局针对全省各地规模发展的"农家乐"推出改厨改厕活动，并投入资金支持。当年及之后先后多次组织乡村旅游带头人、从业者、行政管理者赴台湾、莫干山、杭州等地参观学习，开阔了视野，同时提升了对民宿的认知。山东沂蒙地区民宿逐渐开始从"农家乐"向"民宿"转型，民宿如雨后春笋般兴起，社会资本自发涌入乡村的同时，各级政府开始实施多样化的扶持政策。2017年山东省出台首个地方标准《民宿服务质量等级划分与评定》，标志着山东省民宿进入规范化建设发展时期。

2016年之后，山东省各市地纷纷将发展民宿纳入区域乡村振兴、旅游扶贫工程中，同时随着互联网平台及自媒体的涌现，推动了民宿业的快速发展，山东沂蒙地区之后几年快速出现了一批具有一定影响力的民宿，如沂蒙山舍、富泉山居、沂蒙云舍、竹泉村民宿、沂蒙书舍等。截至目前，全市精品民宿达到109家，总房间数2100余个，其中三星级民宿10家、四星级民宿21家、五星级民宿16家，山东省旅游民宿集聚区3个（居全省之首），在建民宿项目30个，筹备拟建民宿项目36个。

省委、省政府出台的《关于推进乡村旅游高质量发展的实施方案（2023—2025年）》《山东省旅游住宿业高质量发展实施方案（2023—2025年）》都把发展民宿产业作为重要内容，专门提到"要发展沂蒙本土文化特色的民宿"。

三、民宿集群化发展的必要性与制约因素

民宿发展初期个人、家庭及朋友合伙作为经营主体是最普遍的状况，业态也较为单一，同时随着消费需求个性化、差异化及多样化的演变，单体民宿即使增加衍生活动，但限于各种因素内容仍较为单一，难以满足消费者乡村游吃住行游购娱等多方面的度假需求；另一方面全国各地民宿呈现出遍地开花的发展趋势，要想争得一席之地，区域性的民宿上下游产业链的完整性和竞争力是关键。

民宿集群化发展策略是解决上述两个问题的重要途径。通过统筹规划，可实现各单体民宿业态互补，给消费者提供多种消费场景；与此同时通过更新基础设施、营造乡土质感的氛围及构建集群化的民宿产业业态等方式实现区域竞争力。

虽然山东沂蒙地区的民宿在2016年后取得了显著的发展，但是整体还存在诸多问题：民宿散点分布、业态缺乏规划、基础设施配套不足、同质化现象严重，由此导致整体区域竞争力有限，由单体民宿向集群化发展存在着诸多制约因素。

（1）缺乏统一规划及审批制度，核心资源区域呈现无序发展状态

4.沂蒙书舍实景照片
5.沂蒙山舍房间实景照片
6.沂蒙山舍露台实景照片

民宿是一个新兴的乡村旅游业态，各地政府及相关部门缺乏类似经验，加之2016年之后民宿的迅速涌现，导致社会资本快速进入乡村成为既得利益者，前期民宿数量相对较少且稀缺，入住率和营业额比较可观，村民的闲置宅基地租金成倍甚至十倍的增加。前期的民宿发展缺乏统一规划与审批，同质化现象严重；后期投资者由于政府没有对闲置宅基地进行统一管控回收，租金过高导致投资回收周期较长，减弱了投资者的积极性，从而导致房屋闲置甚至民宿的停滞发展。如蒙山大洼区域，大部分民宿住宿餐饮经营者为既得利益者，大部分档次较低但提升意愿不大，后期社会资本想投资高品质民宿但租金代价较大，因此该区域很难在短期内得到进一步的发展，其他资源较好的村落区域也呈现出类似的迹象。

（2）基础设施配套不足，游客乡村旅游体验度不高

基础设施完备是确保游客有好的度假体验的基础保障，随着人们水平的提高及体验式消费时代的到来，游客对乡村旅游的品质、卫生、业态等要求不断提高，但是当前大部分民宿相对聚集的村落缺乏最基础的配套设施，如交通道路狭窄、停车位紧缺，缺乏基本的污水处理设施、电线随处可见，很多民宿卫生

不达标、管家服务水准不高、山里缺乏服务驿站，代步租赁售卖配套不足等问题，这些都会极大地降低消费体验。例如蒙山人家景区李家石屋村目前没有污水处理设施，很多民宿和农家乐将污水直接排到河道，生态环境受到一定的影响，另外停车位配套不足加之道路较窄，一到节假日就堵车现象严重，影响了游客在区域景区的体验感。

（3）民宿运营趋于同质化，缺乏相关衍生活动及业态

差异化、创新性以及业态的丰富性是旅游产品的核心要素，也是乡村旅游培育核心竞争力的基础，虽然在大区域上都属于山东沂蒙地区，但每个乡村和村落都有自己的文脉特点和乡村文化。但是由于民宿经营者的认知水平以及看重短期利益等原因，民宿风格运营趋同化现象严重，甚至出现直接照抄照搬的情况，在表达方式上非常浅显地复制传统文化，以及堆砌"网红"商业符号，通过新媒体直播等方式获得了短暂的繁荣，并非对本土文化进行深入挖掘而展现其应有的魅力；在业态上大部分民宿甚至一些高端民宿还处于吃和住的1.0版本，客人在民宿体验不到当地的文化和生活方式，最终呈现一种"好山好水好无聊"的状态，从而导致区域缺乏持久的生命力和竞争力。

四、山东沂蒙地区民宿集群化发展措施

1.挖掘乡土文化传统，成立"沂蒙乡愁"民宿品牌，推进山东沂蒙地区民宿品牌文化建设

2022年市委、市政府将民宿发展纳入到"红绿蓝古今"旅游发展总体布局，作为助力乡村振兴、推动乡村旅游高质量发展的切入点，提出打造"沂蒙乡愁"民宿的决策部署。"沂蒙乡愁"民宿品牌是通过挖掘根植于山东沂蒙地区的乡土文化，使乡村民宿能够成为保护与传承乡土文化功能的重要载体。2023年8月首批被命名的"沂蒙乡愁"民宿正式挂牌，109家民宿统一使用"沂蒙乡愁"民宿品牌标识，将为全市树立旅游民宿发展标杆，提升民宿服务质量，推动民宿产业有序发展，109家精品民宿直接就业人员1500余人，间接带动1.05万人。市文旅局坚持充分论证、因地制宜、突出特色，注重规划设计和管理运营、项目建设和品质提升，全市民宿行业健康稳步发展，"沂蒙乡愁"民宿品牌逐步形成影响力。

2.成立沂蒙民宿学院，设立专家智库，注重民宿人才培养

2023年3月，成立"沂蒙乡愁"民宿学院，聘请

全国著名民宿品牌大乐之野联合创始人吉晓祥为沂蒙民宿学院名誉院长，苏鹏有幸被聘为沂蒙民宿学院首任院长。自学院成立以来，在市文旅局及市文旅发展促进中心的指导下，已举办民宿管家、设计、运营、营销等专题培训6期，培训民宿业主、从业人员、重点乡镇负责人500余人次。"民宿管家"作为新职业被人力资源和社会保障部向社会公示，民宿管家是一个"好民宿"的重要基石，学院将计划开展民宿管家职业培训班，为地区民宿发展持续输出民宿管家。

同时在成立之初，市文旅局经过全面了解考察、从全国甄选了29名业内民宿专家，建立了"沂蒙乡愁"民宿专家智库，并对6个民宿集聚区进行统一规划，常态化开展民宿规划设计、运营指导和咨询服务。

3.政府引导、国企引领，完善升级乡村配套设施，三部门推出民宿贷，维护民宿行业发展生态

为提高建设标准，临沂市按照2023年度新建完成27家精品民宿要求，分解任务目标，建立"沂蒙乡愁"民宿重点项目库，加强对项目的调度和指导，确保建一处成一处。编制《"沂蒙乡愁"民宿招商手册》，通过各种形式常态化开展招商。为优

化运营模式，临沂市制定民宿服务规范，并统一悬挂到民宿经营场所，提高民宿精细化、特色化服务水平；举办"中国旅游大讲堂"走进临沂民宿专场；组织临沂市旅游协会民宿分会换届，促进民宿行业规范运行。

临沂市及各县区文旅集团在民宿发展方面通过打造高品质民宿样板，起到一定的引领作用，如市文旅集团打造的沂蒙书舍是利用2处闲置宅基地打造，采用"政府引导、国企市场化运作、村集体和经营户参与"的模式，构建"旅游＋乡村振兴"发展路径，项目弥补了百花峪村高端精品民宿的空白，带动了百花峪民宿的发展。同时桃墟镇政府投入一定资金提升乡村基础设施配套，如提升交通道路及停车、优化乡村景观小品、增添戏水露营地等业态，这为百花峪乡村旅游发展奠定了良好的基础。

山东省临沂市文化和旅游局、临沂市地方金融监督管理局和中国邮政储蓄银行临沂市分行三部门联合推出了"民宿贷"产品。金融支持民宿行业发展是服务"三农"和小微企业，助力乡村振兴的重要举措，"民宿贷"产品的出台，有效整合了政银服务资源，为推动"金融＋民宿"深度融合，提供了有效的工作支持路径，可突破民宿发展的金融瓶颈，引领民宿提档升级，提高民宿产业投资热情，助推"沂蒙乡愁"

民宿工作实现新突破。

4.打造"四雁工程"荟萃各类人才，吸引青年返乡，以人才更新助力民宿产业多元化发展

作为山东省乡村振兴的示范市，临沂市打造"四雁工程"，以人才兴带动乡村兴。该市建强"头雁"引领作用，汇聚"归雁""鸿雁"人才智慧，壮大"雁阵"产业发展，聚焦四雁人才集聚优势，打造雁阵型创富共同体，推动乡村连片振兴。

在民宿方面充分发挥民宿领军人才"四雁效应"，邀请业界有影响力的高端人才齐聚临沂，利用专题研讨、论坛分享、观摩考察等形式，围绕民宿发展趋势、民宿规范化管理等议题，为"沂蒙乡愁"民宿行业发展积极献睿智、谋良策。以项目合作、"民宿学院＋"、人才互荐等形式搭建开放式学术交流平台，吸引民宿专家、业主、投资人到临沂开展学术交流和考察。

五、结语：遵循"运营前置"思维是乡村旅游民宿集群化发展的关键

统一"沂蒙乡愁"民宿品牌、成立沂蒙民宿学院

和专家智库、政府引领国企引导、推出民宿贷以及"四雁工程"人才引进等是山东沂蒙地区民宿集群化发展的重要举措，也是维护民宿行业良性发展的基石，在良好的政策支持、制度保障以及行业生态基础上，遵循"运营前置"思维是民宿集群化高质量发展的关键。

民宿的集群化发展不同于单个民宿，是在区域乡村旅游基础上打造民宿旅游目的地，因此其运营前置是针对区域整体民宿目的地打造，是以运营为核心，以"结果为导向"的运营前置体系化布局。"运营前置"思维不是行业内一时追逐的网红概念，而是依托科学化体系，在通盘思考产业链全局布局和各运营阶段数据化分析基础上，进行有数有据的规划，并最终成就正确的结果导向的运营规划。而运营前置能实现什么，我们可以用简单的"运营四句箴言"来概括，即：运营决定内容，内容融入业态，业态创造场景，场景引导消费。

民宿集群的发展，"运营前置"体系必须贯穿始终。大到集群顶层设计、规划策划、品牌定位、IP打造、完整的故事线、产品和业态分布，小到VI的形象、一个衍生品的设计，都需要关注集群的运营需要，提前分析并解决运营问题。运营前置还有一个核心，就是建立在对乡村文旅市场的需求具有敏感度与正确判断，同时具备民宿全产业链的综合运营能力，才有可能体系化形成和落地，反之结果终将南辕北辙。

作者简介

苏　鹏，灰空间建筑事务所主持建筑师；

刘漠烟，灰空间建筑事务所合伙人、主持建筑师，国家一级注册建筑师；

崔　静，山东临沂文旅集团党委委员，副总经理。

9.沂蒙书舍庭院实景照片
10.沂蒙云舍庭院实景照片
11.沂蒙云舍外观实景照片

从自然出发
——长三角生态绿色一体化示范区莼荡小馆设计与实践探索

Starting from Nature
—Design and Practice Exploration of Yuandang Small Hall in the Yangtze River Delta Ecological Green Integration Demonstration Zone

楮 光 王 峻
hu Guang Wang Jun

[简 要] 本文以莼荡小馆设计为例，展现从自然出发的设计思维方式，从环境、历史、文化印记的角度，将建筑设计与人文自然紧密结合，建筑与自然和谐互动，为重要风貌地区的建筑设计提供一种思路。

[关键词] 人文自然；互动

[Abstract] This article takes the design of Yuandang Small Hall as an example to demonstrate a design thinking approach that starts from nature. From the perspectives of environment, history, and cultural imprints, it closely integrates architectural design with humanistic nature, harmoniously interacts between architecture and nature, and provides a way of thinking for architectural design in important scenic areas.

[Keywords] humanistic nature; interaction

[文章编号] 2024-96-P-081

一、项目背景

莼荡小馆项目是长三角生态绿色一体化发展示范区先行启动区的重点项目之一，位于苏州汾湖高新区黎里镇，上海与江苏交界的莼荡湖畔。莼荡湖为苏州吴江区和上海青浦区所环抱，原先分割两市的水上界桩已拆除，优雅的步行景观桥横跨水面，连接两市，形成优美的莼荡湖沿湖景观系统。莼荡小馆的选址有着特殊的意义，长江三角洲区域一体化发展，是国家级的重大战略部署，市域的界限被打破，取而代之的是整体的互动协同。根据《长三角生态绿色一体化发展示范区总体方案》，"将示范区的战略定位明确为生态优势转化新标杆、绿色创新发展新高地、一体化制度创新试验田、人与自然和谐宜居新典范"[1]。莼荡小馆将承担展现历史、服务接待等"核心区客厅"的功能，同时，莼荡小馆的设计，也要融入莼荡湖整体景观系统，从人与自然和谐共生的角度，展现示范区绿色、创新的理念，助力莼荡湖畔的风貌提升。因此，项目的建筑创作也需要尝试新的设计思路，从自然的角度，不让建筑成为孤立于环境的人为摆设，而是融入环境、提升品质、丰富文化的复合体。

二、项目概况

莼荡小馆总建筑面积约2000m²，形体分为南北两部分，呈"L"形面向莼荡湖舒展地展开。北区为游览接待服务区，高度为二层，提供餐饮、咖啡等服务，南区为介绍地域历史的展陈区，高度为一层，两区之间以艺术廊架相连，也是多功能的室外展区。

建筑形体在南北和东西两个方向尽量伸展，形成半围合的建筑布局，可以将莼荡湖和步行桥的优美景色最大化引入建筑。围合的庭院中，形似莼荡的景观水池，将莼荡的水体风光进一步延伸到建筑旁，身处庭院中的人们，看到的是延绵的水面，由近及远，在植物的衬托下，逐渐延展到远处广阔的湖面。沿着莼荡河岸游玩的人们，也可以欣赏到优美倒影衬托下的莼荡小馆。

三、设计策略与特色

1.高度重视环境的融入

在建筑物的视线设计上，充分考虑了各个主要建筑使用空间与外部环境的关系，北区一层为接待区，可以透过连续的落地玻璃窗看到有层次的中心景观，近处是景观湖与姿态优美的点景树，远处是影影绰绰的莼荡湖湖岸风光。北区二层为服务区，大幅的玻璃窗配合大露台，室内的游客视线与深远的莼荡湖风光形成了良好的互动，也是整个建筑俯瞰整体莼荡风光的最佳视角，中景处姿态优美的步行桥，也成为这个视角画框中的C位主角。

南侧展陈区的入口门厅区域，采用落地大玻璃与布景的设计，紧邻玻璃面布置禽类和水生植物的雕塑，成为门厅中游客视线的近景画面，中景处是寓意为桥的半镂空艺术装置，远景为中心景观湖湖岸景观。这样的近、中、远设计，叠合为一个丰富的文化故事，也是一个融合的视觉环境效果。

吴越古镇的水与树的文化印记，是这个项目景观设计的出发点。中心景观水面、点景的大树、桥构成庭院的核心，紧邻建筑的半开放的空间，突出精细的"园"的寓意。在这个"园"中，结合人们的行进路线，可以陆续感受到开阔的水面、优雅的小桥、粉墙黛瓦背景下姿态优雅的大树、象征拱桥的抽象雕塑、在墙面肌理映衬下的景观树阵等景观层次。围绕中心水体的外围景观设计突出质朴的"田"的空间，与历

1.无人机顶视照片
2.元荡小馆整体鸟瞰实景照片

史时空中的田地风光相呼应。乡野感的滨水植物、水面上水生植物的点缀、以狼尾草围合的草地等，形成了让人们舒适且熟悉的景观空间。这种田园配合的景观空间，避免了新的建筑外部空间与周边自然环境的割裂，人工与自然的融合，使得项目的外部环境与鼋荡河岸融合在一起，形成与自然环境、田园文化相融合的丰富景观空间。

2.充分展现历史的印记

为了更形象地展现地域吴越文化，项目南侧的展陈区利用现代信息技术展现从远古到现代的鼋荡地区演变，包括生态环境、文化特质、民生轶事、动物植物等，这些都通过序列化的空间生动地呈现出来。门厅的主题是吴越归处梦江南，以鼋荡地理水脉的古地图来展现地域韵味，体现渔业农业兴旺发达、自然环境蜿蜒优美的特殊魅力。其后的水韵部分主题是四围春水润吴青，通过现代化的声光电技术，利用环幕投影和木船的布景，游客可以踏上木船甲板，周边环绕的景象，以时间浓缩的方式展现了鼋荡湖的历史变迁，使游客感受到犹如身处在穿梭时空的木船之上，仿佛经历了地域的风貌变化。接下来的乡思部分主题是秋风斜日鲈鱼乡，以微缩场景和图案表达地域的莼鲈文化，地面局部以漂浮水面的莼菜图案来装饰，墙面展现了历史上有关莼鲈文化的诗词，配合微缩模型、书法展示，对文化信息做了多方面的呈现。其后是民风部分，表达亦吴亦越三地情，通过场景化的布置，表达村落生活的情趣，人们渔耕农作、儿童嬉戏、欢唱吴歌的生动场景，通过现代光电投影、背景场景的墙面绘制等方式，给予游客以丰富的体验。最后是绿景部分，凸显滨水人居新生态，新时代的建设场景效果表达例了今日鼋荡的新面貌。

展厅外部的中心景观水池，形状的设计取意鼋荡湖的形态，既是中心景观水池，也同时是鼋荡湖的室外微缩模型。鼋荡湖中原有的分割沪苏两省的界桩已经拆除，在这个中心景观水池中，特意布置了一排水桩，表达对鼋荡湖中原有的沪苏省界老界桩的致敬。水池旁的廊架下，是一片未来可以用于文化展示的空间，这个空间的中心是一件寓意为桥的艺术装置。这个装置的上部是悬吊的竹子，下部是水面，竹子构成的形态，寓意吴越地区的桥与桥的倒影。同时，这个"桥"的空间，也是整个建筑群的重要连接部位，连接了本项目的历史展示和接待服务两个重要的功能板块。

3.创新展现水墨的建筑

项目以"水墨江南"的设计手法，减少建筑的陌生感，让建筑融入人文自然中，宛如从地域环境中自然生长出来的。设计从国画的表现方法中汲取灵感，寻找表现江南风光的国画作品中的精髓。将形体的勾勒、巧妙的留白、细处的描绘、灵动的笔触等手法引入建筑设计。研究画面的重点和构图，注重建筑物与环境设计的相得益彰，在鼋荡湖旁的这个三维空间里，塑造一幅立体的水墨画。

设计借鉴中国传统国画的手法，在吴越地区传统建筑聚落印象的基础上，以勾勒笔法描绘建筑轮廓，在有限的场地内，形成错落层叠的屋脊形态，宛如湖边的传统村落。项目的场地面积有限，整体建筑面积也有限，设计师将普通的立方体建筑空间的面分离出来，形成多片的"勾画墙面"，在一些局部也层叠了"勾画墙面"，使得整个建筑群在有限的厚度中，形成了更为丰富的层叠效果，与国画中小中见大的技巧有异曲同工之效。同时，设计也注重第五立面的设计，从周边未来的高处看来，建筑群呈现整体的跌宕起伏和优美的韵律，展现立体的勾画效果。

除了建筑采用较为粗犷的笔法来展现形体，建筑群中也配合以细腻的线条笔法描绘石桥，以一节节的竹子为线条，在建筑形体间，增加寓意为"桥"的艺术装置，为项目添加人文色彩和生活情趣。精心设计的竹子线条的密度，使得这座"桥"既有明确的形态，又可以形成镂空的穿透效果，成为贯穿前后空间的"帘"，增加空间层次。

建筑墙面以枯笔手法在粉墙形成动态效果，在传统的白墙设计上，以局部镂空的手法模仿斑驳的光影，使得较长的墙面，形成设计师所需要的斑驳感，配合植物的设计，丰富了画面的质感，以水墨化的立面细节，提升整体的建筑效果。从西侧入口进入的游客，首先看到的是由错落墙体、斑驳光影构成的画面，穿过中心艺术装置"桥"的广场，映入眼帘的是开阔的景观水池与景观树，形成有层次的心理体验。

建筑的色彩取自地域文化中的典型色彩，以传统建筑粉墙黛瓦的黑白两色为主色调，构成"水墨建筑"的基本色，辅以木色的点缀，与周边自然环境形成了良好的衔接关系。庭院中心的景观湖面，成就了建筑形体的优美倒影，错落的建筑形体，结合影影绰绰的倒影，与鼋荡湖的自然环境相映成趣，和谐共生。

四、建成效果与意义

鼋荡小馆建成后，很好地承担了它作为展现历史、服务接待等"核心区客厅"的功能，也成为鼋荡湖畔的重要景观节点、旅游打卡地。在文化和旅游部

全国公共文化发展中心评选的2022年乡村公共文化空间设计展示活动荣誉名单中，获得最美乡村文化空间（创新案例类）第二名。

建筑本身就是人文自然的重要部分。菵荡小馆项目在探索一种设计方法。从人文自然的角度，从研究建筑的外部自然环境出发，研究建筑的布局，形成与自然环境的良好互动。从历史文化的角度出发，挖掘内容的厚度、增加建筑的丰富度。从其他相关艺术表现的角度出发，吸取中国传统文化的精华，强化建筑的形象、突出建筑的韵味。从整体综合的角度出发，将景观设计、装置艺术等与建筑设计进行一体化研究，进一步将建筑与植被、水域、记忆等形成融为一体的人文自然的组成部分。

菵荡小馆的设计，不是为了让其成为孤立于环境的艺术品，不是在向人们单纯地表达建筑的美，而是希望表达建筑是从环境中生长出来的，并从人与自然和谐共生的角度展现示范区响应新时代需求的理念，这种设计方法，对于其他有着相似诉求的建筑设计项目有着积极的可供借鉴的价值。

五、结语

从利用天然的洞穴、简陋住所，到复杂的居住系统，建筑从诞生之初就与自然密不可分，建筑与自然的互动是整个世界历史演进的重要组成部分。自然可以是一个广义的概念，包括地理自然和人文自然两个部分，地理自然是自然演化和地理运动所产生的天然环境，包括自然湖泊、山川等，"人文自然既是有人类活动过，改造过的自然环境。人文自然也可以定义为：一定社会系统内外文化变量的函数，文化变量包括共同体的态度、观念、信仰系统、认知环境等。人文自然是社会本体中隐藏的无形环境。"在人们日益关注环境问题的今天，大家更容易形成建筑与自然共生发展的共识，建筑不是人们索取自然资源满足自身需求的机器，而是参与人类发展的历史、人文、环境的一部分。在这样的设计思路中，对环境的分析、文化的提取、视线的运用、文化的挖掘等方面，都需要设计师运用更综合的跨专业思维来思考设计手法，也需要人们以更宽阔的视角来评价设计成果的价值。

本项目坐落在沪苏交界处，恰逢长三角时代发展的新机遇，从地理位置、使用功能等方面，都有着更为特殊的意义。在设计探索中，笔者努力实践长三角生态绿色一体化发展理念，尊重自然，从自然出发，创造与自然共同发展、共同提升的新时代的建筑，为美丽的菵荡湖增添上新的景色。

参考文献

1]王汉超, 巨云鹏. "一张图", 牵引区域一体化制度创新
（长三角一体化高质量发展观察）——长三角生态绿色一体
化发展示范区调查[N]. 人民日报, 2023-09-04 (1).

作者简介

储　光, 上海同砚建筑规划设计有限公司设计总监；

王　峻, 上海同砚建筑规划设计有限公司主任设计师。

6 建筑西南立面实景照片
7 莲荡小馆建筑东北立面近景照片
8 场地中心的艺术装置"桥"实景照片
9 展厅内景和投影展示实景照片
10-11 展厅内景展陈布置实景照片

"艺术乡建"视角下的乡村艺术聚落策划和设计
——以海南省万昌国际艺术村为例

Planning and Design of Artistic Intervention in the Rural Construction
—A Case Study of Wanchang International Art Village in Chengmai County, Hainan Province

黎 威 侯琬盈 王小秋 李肇颖
Li Wei Hou Wanying Wang Xiaoqiu Li Zhaoying

[摘　要]　　"艺术乡建"在国内外已有众多实践，是实现乡村振兴的一种重要路径。过往"艺术乡建"成功案例的出现往往呈现空间和时机偶发特征，如何以政府引导、市场参与和艺术家融入的方式来打造新的乡村艺术聚落，是具有挑战性的命题。本文分析了国内外乡村艺术聚落的基本功能特征和分类，并对相关实践案例做了梳理和借鉴，然后以海南省澄迈县万昌国际艺术村为例，从"艺术乡建"的视角出发，分析万昌村优势资源条件，结合中国美院相关艺术家需求，提出策划总体思路和发展定位，明确艺术村的各项功能业态类型和规模，并开展启动区修建性详细规划设计。以期为类似乡村艺术聚落规划设计实践提供从目标定位、业态策划、空间规划到建筑景观设计的一体化技术思路和方法。

[关键词]　　乡村规划；乡村设计；艺术村；艺术乡建

[Abstract]　　Artistic intervention in the rural construction has been widely practiced both domestically and internationally, and has become an important path for rural revitalization. The successful cases of art rural construction in the past often presented occasional characteristics of space and events. How to plan and create new rural art settlements from the perspectives of government guidance, market participation, and artist integration is a new proposition. This article analyzes the basic functional characteristics and classification of rural art settlements at home and abroad, and draws inspiration from relevant practical cases. Then, taking Wanchang International Art Village in Chengmai County, Hainan Province as an example, from the perspective of art township construction, it analyzes the advantageous resource conditions of Wanchang Village. Combining with the needs of artists related to the Chinese Academy of Fine Arts, it proposes an overall planning approach and development positioning, clarifies the types and scales of various functional formats of the art village, and carry out detailed architectural design for the start-up area. We hope to provide integrated technical ideas and methods for the planning and construction of rural art settlements, including target positioning, business format planning, spatial planning, and architectural landscape design.

[Keywords]　　rural planning; rural design; art village; artistic intervention in the rural construction

[文章编号]　　2024-96-P-086

从国内外的经验来看，"艺术乡建"①是乡村振兴的重要路径之一。"艺术乡建"的全称为艺术乡村建设，是指通过艺术和文化的介入，提升乡村地区的文化内涵和生活质量，实现乡村振兴。艺术乡村建设不仅包括建设艺术设施和物质场所，更重要的是培育乡村的艺术氛围和创造力，艺术乡村建设可以通过公共艺术活动举办、驻村艺术家的导入、乡村艺术与农文旅的融合、本土文化艺术的挖掘和再演绎以及本土居民参与外来艺术活动等方式，将乡村打造成为一个文化创意的聚集地。乡村因艺术而产生知名度和影响力后，可以吸引外来游客前来消费休闲，也可以吸引外来投资者对当地农文旅融合项目进行投资，从而真正激活乡村产业、凝聚乡村活力，塑造新的乡村文化，实现乡村振兴的目标[1]。

过往的"艺术乡建"往往呈现偶发和随机发生的态势，即某个艺术家偶然到达某个乡村，受到生态环境、成本、文化范围的影响，萌生出艺术乡建的想法，逐步牵引了一批艺术家的入驻，并开始举办各类艺术节庆，从而带动村庄的建设发展和活力注入，政

府在此过程中逐步给予支持。

从通过"艺术乡建"推动乡村振兴的角度来看，如何积极作为，以政府引导、市场参与、艺术家融入的方式来打造全新的乡村艺术聚落，是具有挑战性的新命题。本文首先分析并借鉴国内外乡村艺术聚落的实践案例，从区位、功能和规模等维度总结乡村艺术聚落的类型与特征，然后以海南省万昌村相关实践项目为例，分析万昌村建设国际艺术村的潜力，明确万昌国际艺术村的定位，进而提出艺术村的具体功能业态组成、总体空间布局、分期实施路径和启动区修建性详细规划方案等。本文梳理海南省万昌国际艺术村策划规划及启动区修建性详细规划的编制思路，以期为同类地区的发展与规划设计实践提供思路和方法。

一、乡村艺术聚落的基本特征和形成的背景

1.乡村艺术聚落的基本特征

乡村聚落是人类文明的有机载体，在演化的过程

中逐渐形成了各具特色的艺术人文风貌，是地域历史文化氛围较为浓厚的地方。乡村艺术聚落是以乡村特色艺术产业为主，充分发挥地域文化活力，村民与艺术家共同参与建设的乡村聚落类型。乡村艺术聚落普遍具有三大特征：一是具备艺术品交易、艺术品消费和艺术品生产三大功能；二是集聚一定规模的驻村艺术家；三是定期举办具有一定影响力的艺术活动。

2.乡村艺术聚落的类型和实践案例

（1）乡村艺术聚落：艺术中心和艺术节点

乡村型艺术聚落根据功能和规模组成等差异，可分为两类。第一类是乡村艺术中心，功能上包括艺术品生产创作、艺术品市场交易和艺术衍生消费等，艺术门类上包括传统和新兴的多种艺术形式，驻村艺术家数量一般达到数千人；第二类是乡村艺术节点，功能上以艺术品的生产创作为主，兼容部分衍生消费功能，艺术门类上相对单一，驻村艺术家数量一般在数十人到数百人不等。具体乡村艺术聚落分类详见（表1）。

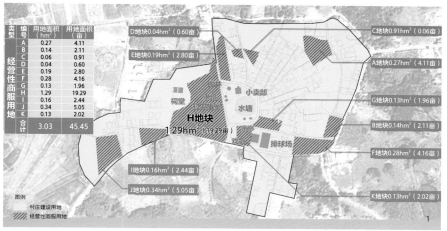

类型	编号	用地面积(hm²)	用地面积(亩)
经营性商服用地	A	0.27	4.11
	B	0.14	2.11
	C	0.06	0.91
	D	0.04	0.60
	E	0.19	2.80
	F	0.28	4.16
	G	0.13	1.96
	H	1.29	19.29
	I	0.16	2.44
	J	0.34	5.05
	K	0.13	2.02
合计		3.03	45.45

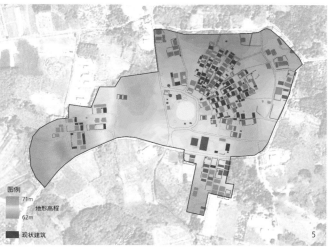

1. 空间本底现状图　　　　4. 万昌村的公共空间网络体系图
2. 万昌村卫星图　　　　　5. 万昌村现状地形和现状建筑关系分析图
3. 万昌村区位图

表1 乡村艺术聚落分类表

	乡村艺术中心	乡村艺术节点
艺术家数量	3000多人	50~500人
功能组成特点	（生产创作+市场交易+衍生消费）以艺术消费、艺术生产、休闲文化为主	（生产创作+衍生消费）以艺术生产为主
艺术门类特点	（综合）传统艺术形式+、新兴艺术形式、门类繁多	（专类）以某一或某几类特定艺术形式为主
典型案例	北京宋庄、日本越后妻有、德国沃普斯韦德	韩国黑里艺术村、芬兰菲斯卡斯、中国山西许村、中国河北易县知行村

（2）乡村艺术中心案例：北京宋庄、日本越后妻有

中国宋庄艺术村位于北京市通州区工业区，总面积约115km²，47个村庄中27个村庄有艺术家居住，拥有美术馆25家、画廊45家、艺术家工作室3600个，艺术家数量在7000人左右，具有艺术市集、艺术品创作生产、旅游度假等功能，艺术门类有绘画、艺术评论、摄影等多种类型，是国内典型的乡村艺术中心。

越后妻有艺术村位于日本地区新潟县的川西（Kawanishi）、十日町（Tokamachi）、中里（Nakasato）、津南（Tsunan）、松之山（Matsunoyama）、松代（Matsudai）地区，总面积780km²。艺术家数量在6000人以上，区域内包括文旅产品消费、餐饮住宿、艺术展览等功能，艺术门类包括绘画、大地艺术、建筑、公共艺术、数字媒体等多种艺术类型，是国外典型的乡村艺术中心。

（3）乡村艺术节点：韩国黑里艺术村、芬兰菲斯卡斯、中国山西许村

黑里（Heyri）艺术村位于首尔近郊，是一座韩国作家、电影人士、建筑师、音乐家等多领域艺术家们聚居的艺术村。村内有特色独立艺术商铺5家、独立画廊2家、艺术家工作室310家，艺术家数量在370人左右。艺术门类有写作、电影制作、建筑、音乐等，是东亚典型的乡村艺术节点。

芬兰菲斯卡斯（Fiskars）手工艺术村是著名的艺术与设计之乡，源起于1649年，由荷兰商人彼得·托沃斯特（Peter Thorwöste）修建，并一直持续至今。目前是由工匠、艺术家、设计师等组成的工作生活社区，有上百位设计师常年居住在村内，从事创意家居、加工家具，银饰设计等工作。村内古老酒店、咖啡馆、艺术、设计、古董等比比皆是，手工工作室与产品展示

6.总平面图
7.空间结构图
8.核心功能业态布局图

图例
① 工作室
② 游客服务中心/展销中心
③ 艺术街区(上宅下店)
④ 艺术馆/画廊
⑤ 艺术家民宿酒店
⑥ 艺术疗养中心
⑦ 艺术学院
⑧ 卫生站/照料中心
⑨ 保留户外外活动场地
⑩ 林间SPA
⑪ 农艺体验区
⑫ 热带采摘园
⑬ 艺术公社
⑭ 停车场

6

图例
　服务中心
　核心片区
　外围片区
　楔形廊道

艺术大街
艺术服务中心

7

类型	建筑面积（m²）
工作室	31654.6
三类服务配套	3895.5
新建和改造建筑面积合计	35550.1
保留村民住宅	12854.0

图例
　工作室——生产
　三类服务——服务
　村民住宅

三大类服务
村民住宅
工作室

8

销售融为一体，是欧洲典型的乡村艺术节点。

山西许村在山西晋中市顺县松烟镇，地处太行山腹地，由于地理位置相对闭塞，许村得以保留了较为完整的"明清一条街"，整条街上古道、古屋、古树、戏台等保存完好。2011年，许村国际艺术公社成立，"中国·和顺首届许村国际艺术节"举办，来自国内外的艺术家驻村创作。目前，许村成为国内外十多家机构的创作写生基地。主要的艺术门类包括绘画、刺绣等。主要功能有艺术展览、餐饮住宿、工艺品展销等，是国内典型的乡村艺术节点。

3.乡村艺术聚落形成的关键要素

（1）要素一：国际艺术村需要国际交通枢纽支撑

从成功案例来看，乡村艺术聚落一般需要邻近国际门户交通枢纽，以便高效开展国内外艺术交流，如宋庄距离首都机场车程28分钟。由于具备优越的地理位置，因此成为了一个可达性极高的艺术展示平台，进而吸引了知名艺术大师和艺术机构落户。

（2）要素二：艺术家青睐风景优美、气候宜人的场所

风景优美、气候宜人的场所是艺术乡村聚落构建不可或缺的自然基底。如日本越后妻有艺术村，越后妻有拥有广阔的稻田景观，也发展了多样化的稻田艺术，吸引了大量的大地艺术家前来创作办展，是依托优越的自然条件激活艺术乡村的典型案例。

（3）要素三：艺术家青睐具有较深文化底蕴和空间特色村落

村落的历史文化是乡村艺术创作的灵感来源，特色乡村空间格局能够令未来的乡村更具有地标性意义，二者都是构建乡村艺术聚落不可或缺的条件。如中国江西景德镇市浮梁县寒溪村四周被茶园包围，茶是该村最主要的产业，具有浓厚的茶文化，吸引了来自5个国家的26位艺术家、建筑师、音乐人、创意人来到此地创作，产生了大量以茶园文化为主题的雕塑作品。

二、海南省澄迈县万昌村建设乡村艺术聚落的条件分析

1.基本情况

万昌村位于海南省澄迈县金江镇，村民聚居点范围面积13.4hm²，现有建筑总面积约2.2万m²。村庄当前产业发展以热带作物类的农业种植为主。村内户籍人口约600人，常住人口仅300多人，呈现典型的空心化状态。

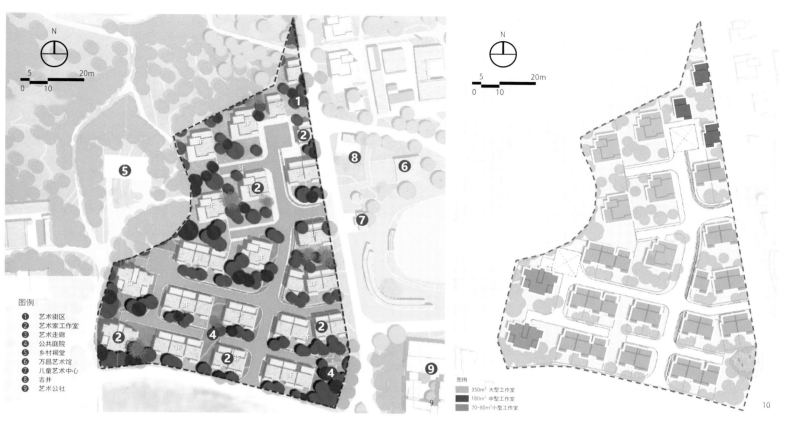

9.启动区修建性详细规划方案图 10.启动区方案户型布局图

图例（左图）
① 艺术街区
② 艺术家工作室
③ 艺术走廊
④ 公共庭院
⑤ 乡村祠堂
⑥ 万昌艺术馆
⑦ 儿童艺术中心
⑧ 古井
⑨ 艺术公社

图例（右图）
■ 350m² 大型工作室
■ 180m² 中型工作室
■ 70~80m² 小型工作室

2.优势条件

（1）万昌村紧邻国际门户，具备服务国际艺术人群的潜力

一方面，国家移民管理局2018年4月出台的海南省实施59国人员入境旅游免办签证政策表明，国际艺术家30天内入境海南省可享受免签政策。同时，离岛旅客（包括岛内居民旅客）每人每年累计免税购物限额增加到30000元，部分艺术品交易可享免税政策。相关政策为万昌村适度发展艺术品交易奠定了基础；另一方面，万昌村距离海口美兰国际机场仅30分钟车程，国际国内艺术家的到达、出发都较为便捷。这使得万昌村具备服务国际艺术人群、打造国际艺术村的潜力。

（2）万昌村拥有独特气候环境，具备吸引艺术人群集聚的潜力

万昌村所在的澄迈县是全国空气质量最好的地区之一，其负氧离子平均浓度为1.2万个/cm³，是世界洁净空气标准的10倍。同时，澄迈县整体位于琼北火山地区，表层土壤硒元素的平均含量达0.51mg/kg，是全省富硒土壤分布较集中、面积较大的市县之一，出产的富硒食品对身体健康有重要作用。正是拥有绝佳的气候和自然环境，澄迈县是全国有名的长寿之乡，

百岁老人密度为海南省平均密度1.7倍。

（3）万昌村拥有的特色村庄格局和建筑风貌，具备文艺赋能的潜力

万昌村村庄整体呈放射八卦状的空间形态。村落所在地区呈现周边高、中间低的漏斗型地形，村民在村落中心建设汇水池塘，环绕池塘建设村落公共活动广场，衔接广场建设放射式村庄巷道，沿巷道两侧建设民宅，随着与汇水池塘距离增大，民宅的地坪标高也逐步升高，同时，在村庄边缘环绕种植风水林树木。整体村庄呈现具有强烈向心性和排外性的村庄形态，具有独特的空间价值。

同时，从公共空间组织来看，村庄内有半私密院落—邻里街巷—公共广场三级空间。村内民居院落尺度较小，家家户户都有院子，单个院子较小院落侧向开门，连接街巷。邻里街巷尺度宜人，强调交通和排水功能并重。街巷宽1~1.5m，高宽比约2:1，断面一半是排水沟一半是石板路。

万昌村内民居以单层建筑为主，房屋高度在2.2~2.8m之间，屋顶为坡屋顶形式。建筑结构为石木混合结构，木结构框架将屋顶支撑起来并限定出墙体边界，四面墙体就地取材选用方形或卵型深灰色火山石，进行磊叠而成。外石内木的建筑结构奠定整村民居"灰

色为主、木色点缀"的主色调。由于火山石形状不规则，民居墙体上的各石块之间具有较多的不规则缝隙，这些缝隙可以起到较好的采光和通风作用，使得居住于内的居民可以适应海南炎热潮湿的气候条件。

（4）万昌村可通过中国美院平台牵引相关艺术家入驻

中国美院目前有在校学生9000余人，教职工约千人。由于万昌村具有独特优势与发展潜力，中国美院的相关老师到访万昌村后，表示非常希望能够来这里进行艺术创作和相关学术交流活动。

综上所述，万昌村具备区位交通、气候环境、历史人文和艺术资源四方面的优势，有条件打造国际艺术村。

三、海南省澄迈县万昌国际艺术村策划和设计

1.总体思路

从乡村艺术聚落的类型划分出发，明确万昌村定位，从而明确其功能业态配比和各类业态规模，根据空间资源条件明确各类业态的空间落位地点。在总体策划和规划的基础上，依托集体经营性建设用地地

11-12.启动区方案大鸟瞰效果图
13.启动区方案人视效果图

块，开展艺术家工作室启动区修建性详细规划设计，推动国际艺术村建设落地。

2.发展定位：乡村艺术节点

万昌村增量建设用地约200亩，可建设空间较小。同时，虽然有中国美院的老师和艺术家意向入驻，但整体的艺术氛围尚未形成。因此，策划提出，万昌村应当以打造"乡村艺术节点"为目标定位。

3.业态策划

（1）万昌村艺术相关功能建筑量配比

基于万昌村打造乡村艺术节点的目标定位，策划借鉴芬兰菲斯卡斯、韩国黑里艺术村、中国山西许村等类似区位、类似规模能级的案例，重点在万昌村谋划"两大类、四小类"的核心功能。第一个大类功能是指生产类业态，包括以创作生产艺术品为主要目的的艺术家工作室；第二个大类功能是指服务类业态，包括艺术产业服务、旅游消费服务、村民公共服务三种小类业态。

基于万昌村可建设空间总容量，结合同类型的乡村艺术节点功能配比（生产类业态的建筑面积规模与服务业类建筑面积规模的比例关系一般为9：1），策划提出万昌村内部艺术家工作室建筑面积为3.1万m²，其他各类服务建筑面积为0.4万m²。

（2）艺术家工作室业态详细策划

结合相关资源，万昌村计划引入15位艺术大师、60位成长型艺术家、60位艺术经纪人、120位学徒（学生）。根据访谈，艺术从业者们都更倾向于带有院落空间的下坊上居的混合工作单元。同时，不同艺术从业者对工作室的需求有差异，其中艺术大师的工作室要求区位好、面积较大；成长型艺术家要求工作室位置相对独立，面积中小；艺术经纪人要求工作室的位置相对独立，面积较小；学徒要求工作室的位置紧邻大师、面积较小。

（3）艺术产业服务业态详细策划

立足万昌村目标定位和未来驻村艺术家的需求，完善配套艺术产业服务功能。

具体包括服务于艺术上下游的配套功能，如万昌

艺术馆、艺术公社、配套工具材料作坊、艺术报告会议厅、艺术研讨实践基地，并结合人群规模，预测各项业态所需的建筑面积。

（4）旅游服务业态详细策划

根据旅游吸引力，测算日均游客规模，参考同类型同规模艺术节点日均游客量为300人/日；结合游客需求，策划提出配置儿童艺术中心、艺术民宿、游客服务中心兼容展销中心、艺术疗养、艺术商街等五类衍生产业功能业态，并预测各业态建筑面积。

（5）村民公共服务业态详细策划

测算未来村庄常住人口约400人，根据人口规模配置相应村民基本公共服务设施，包括公共食堂、医疗卫生站、日间照料中心、婴幼儿看护中心、图书室和村庄文化站六大基本公共服务设施（表2）。

4.总体空间布局

（1）空间本底梳理

梳理现状建设情况和村庄规划情况，明确未来开展更新利用区域和新增建设区域，提出万昌村未来新建和改造总建筑面积约3.4万m²，其中新增建设用地1.6万m²，已有居民点保留0.8万m²。以此为空间本底，开展相关空间规划布局。

（2）空间结构：一心一街、放射组团、风水环廊

顺承村庄中心放射空间格局，规划提出"一心一街、放射组团、风水环廊"的总体空间结构。"一心一街"即艺术服务中心与途径艺术服务中心的艺术大街；"放射组团"指六个核心组团与三个外围组团。"风水环廊"指依托现状林地形成"一环五楔"的风水林绿廊。

（3）核心业态布局

"一心一街"集聚各类服务功能，打造艺术村的

表2 业态策划总表

艺术家工作室	艺术产业服务	旅游服务	村民公共服务
大师工作室 4000m²	万昌艺术馆 300~500m²	艺术街区 200~300m²	医疗卫生站≥50m²
艺术经纪工作室 7000m²	配套作坊 30~200m²	民宿 1000~1500m²	日间照料中心≥50m²
成长型艺术家工作室 10000m²	艺术研讨实践基地 300~500m²	艺术疗养 100~300m²	村庄文化站≥50m²
学徒工作室 10000m²	艺术公社 200~500m²	儿童艺术中心 50~100m²	公共食堂 100~200m²
	艺术报告会议 300~500m²	游客服务/展销中心 1000~1200m²	图书室≥50m²
			婴儿看护中心≥50m²

公共服务和公共活力中心，具体包括艺术产业服务、旅游服务、村民公共服务三类业态。

"放射组团"重点布局以艺术家工作室为主的生产功能。最靠近公共中心区域布局艺术大师和学徒工作室；第二圈层布局成长型艺术家工作室；最外围布局艺术经纪和学徒工作室。

（4）空间特色塑造

设计延续村庄现有风水林格局，构建"一环五楔"的风水绿廊，绿廊与村落组团相互嵌套，每一个组团至少三面为绿廊环抱，形成天人合一的村落格局。风水绿廊内部则策划布局热带采摘、林野创作、树下露营等功能，丰富全村的功能业态。

设计延续街巷、广场、院落三级公共空间格局，私密空间与公共空间界限清晰、连接顺畅。同时，新建区域与保留区域村庄肌理和空间体量保持一致。

设计提出整村规划建设外部环状车行主路，沿主路布局四个小型生态化停车场，鼓励游客与住户将车停在外围，步行进入村落内部。设计构建"十字+环状"的步行网络主路径，打造可慢行可体验的艺术村。

（5）向法定村庄规划反馈用地管控指标

根据村庄规划[2]，万昌村规划总建设用地面积173.3亩（11.7hm²）；总建筑面积（含老村落）4.5万艺术经纪。其中新增可出让建设用地面积43.5亩（3.03hm²）；新增地块建筑面积（不含老村落）2.6万m²。

在尊重村庄规划划定的用地边界的基础上，本次策划设计根据前述研究，提出了各新增可出让建设用地地块的容积率、绿地率、建筑高度、建筑密度的指标。

5.实施路径策划

（1）建设时序：分三期建设

策划设计提出本项目分为三期建设推进：其中近期为1~3年，建设启动区；中期为3~5年，整改村落西部和南部和池塘周边；远期为5~8年，引导多方参与老村落改造。

（2）总体路径：分期吸引人流

第一步：吸引艺术家，整治基础设施。改造部分老村公建作为艺术配套（展厅、画廊、艺术馆），开展艺术家工作室首期建设。

第二步：入驻美院大师，吸引村民回村。通过导入2~3个美院大师，引爆艺术村发展。开展民宿设计大赛、大学生实习等艺术活动。导入新型农业、文创产业，为回迁村民提供就业机会。

第三步：持续入驻艺术家，提升游客体验。全面建设艺术家及老村落工作室，完善艺术产业配套。打造高质量民宿等旅游配套设施，提供优质舒适的游玩体验。

6.启动区修建性详细规划设计

（1）启动区选址

选取临近池塘西侧的增量建设用地区块A3区块作为启动区，A3区块用地性质为商业服务业设施用地，地块面积约1.28hm²（19.2亩）。

（2）总体方案布局和总体效果

根据功能业态策划和分期建设时序，启动区功能业态以三类面积大小的艺术家工作室和少量服务配套设施为主。其中，艺术家工作室共计55栋，总建筑面积约9100m²；服务配套设施为小型艺术街区，总建筑面积约200m²。

（3）方案设计与空间特色

方案设计突出以下四个方面特色。一是设计构建多尺度院落格局，并形成多层次交往与创作空间。其中私密院落用于创作、待客、家庭聚餐，由艺术家独享；半公共院落用于休憩、交往、创作，由组团共享；公共院落用于创意交流、邻里聚会，由全村共享；二是，设计树枝状结构的车行—慢行组织流线，使得建筑整体排布呼应老村向湖放射的肌理结构。三是遵从现状地形处理设计竖向标高，规划结合西北高、东南低的原始地形设计三级台地，三级台地之间高差1米，为不同组团塑造不同视高的景观。四是建筑立面的处理上，通过局部体量的前后错位、坡屋面的引入，以及立面材质的差异化处理，形成高低错落，材质有别，统一中又有着丰富差异的立面设计。立面色彩上，延续传统老村灰色为主、木色镶嵌的色调，并积极探索现代建筑设计语汇与传统风貌的融合。

（4）户型布局和建筑单体设计

根据前述策划，启动区规划方案内布局有大师工作室、普通工作室和小型工作三种工作室户型。

①75~87m²的小型工作室

小型工作室总建筑面积在75~87m²之间，主要布局于用地的西南角。单个工作室1层，内部包括两个工作间、一个卧室和两个厕所。20个小型工作室采用双拼形成2栋5层单体建筑。

②180m²中型工作室

中型工作室总建筑面积约180m²，主要布局于用地的东南部。单个工作室共3层，内部包括横厅展示区、2个创作室、卧室、书房和厕所等功能，内部局部为两层挑空。30个中型工作室采用双拼或者三拼形式形成11栋3层单体建筑。

③350m²大型工作室

大型工作室总建筑面积约350m²，主要布局于景观资源最优的西北角高台区域，单个工作室共3层，内部包括横厅展示区、学徒工作室、讨论区、创作室、卧室、书房和厕所等，内部局部为两层挑空挑

高，同时工作室还配置一个户外庭院，供艺术家拜访部分艺术作品。5个大型工作室形成5栋独立3层单体建筑。

四、结语

本文分析了国内外乡村艺术聚落的实践案例，从区位、功能和规模等维度总结乡村艺术聚落的类型特征与形成的必要条件，并以海南省国际艺术村策划规划及启动区修建性详细规划为例，探索以政府引导、市场参与、艺术家融入的方式打造全新的乡村艺术聚落的方式方法，以期为同类地区的发展与规划设计实践提供思路。

［本文图片、数据等内容均来自兴野产研（上海）管理咨询有限公司编制的相关规划、咨询和设计项目。］

注释

①指寄望采用艺术的方式、手段介入新时期乡村文化的生态建设。
②2020年批复的村庄规划。

参考文献

[1]罗先梅. 艺术乡建与旅游乡建在乡村治理中的困境——以粤港澳大湾区三个古村落为例[J]. 广州大学学报(社会科学版). 2023(6): 145–157.

作者简介

黎　　威，兴野产研（上海）管理咨询有限公司总经理、董事，"兴野"品牌联合创始人，注册城乡规划师；

侯琬盈，兴野产研（上海）管理咨询有限公司景观设计师；

王小秋，兴野产研（上海）管理咨询有限公司规划设计师；

李肇颖，研山建筑设计（上海）有限公司主持建筑师。

在鱼骨院落中生长：嘉兴市崇德古城策划设计与运营实践

Growing in a Fishbone Courtyard
—Taking the Planning, Design and Operation Practices of Chongde Ancient City in Jiaxing City as an Example

张文婷　金荣华
Zhang Wenting　Jin Ronghua

[摘　要]　十八大以来，在习近平总书记多次强调"文化自信"的背景下，浙江省着眼于打造新时代文化高地，积极创新文化和旅游发展模式，努力以富有浙江辨识度的业绩增进文化自信自强，包括提出"以大运河国家文化公园建设为契机，以古镇为明珠，以运河为轴，串珠成链"，打造大运河文化带（浙江段）。在此过程中，运河古镇受到关注，关于对古镇街区资源保护与开发并重的探讨、研究和实践逐渐受到重视。本文以崇德古城为例，研究破解古城保护缺资金、缺土地、缺人才"三缺"和修缮难、运营难、管理难"三难"问题的有力举措，在各试点创建过程中，既涌现诸多可复制推广的成功经验、亮点频出，同时也出现了针对文化保护与经济发展之间的客观矛盾，以期为同类规划的编制提供参考。

[关键词]　千年古城；鱼骨院落；保护与更新；业态布局；历史文化街区运营

[Abstract]　Since the 18th National Congress, against the backdrop of General Secretary Xi Jinping's repeated emphasis on "cultural self-confidence", Zhejiang Province has focused on building a cultural highland in the new era, actively innovating cultural and tourism development models, aiming to enhance cultural self-confidence and strength through achievements that are distinctly identifiable with Zhejiang, including proposing "using the Grand Canal National Cultural Park as an opportunity, with ancient towns as pearls, canals as axes, and forming a chain of beads" to create the Grand Canal Cultural Belt (Zhejiang section). In the process, The Grand Canal Ancient Town has received attention, and discussions, research and practices of the importance of simultaneously protecting and developing the resources of the ancient town district have also gradually received attention. The paper selects Chongde Ancient City as an example, analyzing apowerful measure to solve the "three shortages" of insufficient funding, land and talent for thr preservation of ancient towns and the "three difficulties" of difficult repair, operation, and management. During the creation of various pilot projects, many successful experiences and highlights that can be replicated and promoted have emerged. At the same time, objective contradictions between cultural protection and economic development have also become more apparent. So as to provide reference for the planning of the same.

[Keywords]　millennium ancient city; fishbone courtyard; preservation and renewal; business layout; operation of historical and cultural districts

[文章编号]　2024-96-P-092

一、引言

崇德古城是列入浙江省千年古城复兴计划的首批试点，《崇德古城整体规划设计》（以下简称《规划》）也是首批11个千年古城试点中第一个通过省级规划论证的方案，并荣获2021年度上海市优秀国土空间规划设计奖三等奖。《规划》成果对崇福镇进行千年古城复兴试点的申报、行动计划的具体落实、实施建设、招商引资提供了切实有效的规划指导和依据。自《规划》通过省级规划论证并提交最终方案以后，笔者及设计团队仍保持对崇德古城复兴进展的密切关注，并继续以自身技术专长，为崇福镇政府、运河文化投资发展有限公司（以下简称运河公司，承担古城具体的开发和运营工作）提供长期的规划、咨询服务。

崇德古城位于浙江桐乡崇福镇，古城县治近千年，古城核心区位于中心镇区，面积约1km²。"千年古城"是为具有较好文化底蕴且具有一定古镇街区条件的乡镇增添新的政策赛道。本文将结合崇德古城的试点创建与《规划》编制历程，试图对新时期江南运河古镇街区保护与开发进行探索实践。

本文总结了崇德古城从策划、规划、设计到落地运营的全过程实践经验，梳理了古城内"鱼骨院落"传统风貌街区的典型特征，分析了古城保护与开发过程中遇到的具体困难、机遇及风险，并指出《规划》作为全面指导古城创建的顶层规划的主要思想、方案思路和实施情况，以及规划实施期间的跟踪服务。此次经验可为新时期我国江南地区的运河古镇、历史文化街区及其他具有传统风貌特征的街区项目保护与更新提供参考。

二、崇德古城空间格局生成及其演变

1.崇德古城传统街巷"鱼骨院落"空间特质

崇德古城是目前嘉兴市域范围内保存状况最好的古县城，护城河、城墙旧址、京杭大运河中轴的古城空间格局脉络清晰。古城内三大建筑风貌各有特色，一是运河为轴、河城为环的古县城特色，二是鱼骨院落、临水聚商的水乡街市特色，三是湖徽并蓄、外敛内秀的江南建筑特色。崇德古城以世界文化遗产京杭古运河为中轴，现有京杭大运河、新地里遗址全国重点文物保护单位2处，崇德城旧址及横街（含司马高桥）、崇德孔庙等省级文物保护单位2处，市县级文物保护单位17处，文保点14处。

（1）崇德古城内"鱼骨院落"的遗存情况

崇德古城历史上的主要街道包括横街、县街、南大街三条。以此三街为代表的古城传统风貌街区院落均呈现面宽较窄、纵深较长，并排布局的"鱼骨院落"空间特征，具有前店临街、后宅临水的均好性，古时此种院落形态便于贸易和运输，反映了江南水乡市镇的典型特征。目前各历史街巷基本保持了原有的历史街巷空间尺度、名称、走向，部分街巷还保存着青石板铺装。

（2）横街历史街区是"鱼骨院落"的典型

横街位于兑泽门内，县衙、崇福寺、城隍庙以南，是历史上崇德古城的传统格局的重要组成部分。崇德古城的历史街巷可分为"街、弄"两类，大多沿用了历史地名，反映出与古城格局的历史关系，横街是其中典型，主街呈东西向、次弄呈南北向，形成次分明的鱼骨状格局。

横街主街为东西走向，东至浒弄口，西至庙前，街长约345m。次级巷弄共8条，分别为庙弄、保庆弄、学前弄、西寺弄、立总管弄、羊行弄、半爿弄、混堂弄，均为南北走向，平均宽度约2.5m（保安弄

徐自华故居　徐多绅故居　吴之振故居　蔡家厅　沈家厅　典衣锦绸店　永丰当　姜长当　马家钱庄　缪家厅　魏家厅　马家民居

104号民居　戴家楼　陈氏妇科诊所　待雪楼　吴滔故居　程国庆故居　马家老宅　钟家老宅　横街衣装店　朱和顺　范家厅

1.改造前的"鱼骨院落"照片
2.方案调整前的崇德古城核心区范围图
3.方案调整后的崇德古城核心区范围图

最窄1.2m），高宽比平均约2.4∶1，沿街两侧多为住宅，山墙临街，住宅侧门面弄开门。其中庙弄向北正对城隍庙，西寺弄则向北与崇福寺相连。

2.近代社会变迁与"鱼骨院落"的功能演变

崇德古城是江南名市镇之一，运河两岸，行栈林立。《崇德县志》记载："市肆多商贾，服饰以绮绣相尚，宴会以珍馐相竞，倡优盈市，饱酪腥禽，森列于肆者，不下百余家。""鱼骨院落"则是当时市肆聚集的重要载体。

（1）江南名市镇的商业中心

横街自宋、元两代开始形成，至明代基本定型，逐渐形成"鱼骨院落"的空间形态。明清至民国，横街逐渐繁荣，成为崇德县商业中心。清代至新中国成立前，崇德城经济蓬勃发展，涌现大量商业贸易场所，促进了横街、南门外、北门外等地段的繁荣，古城虽然曾遭受短时战事毁坏，但总体发展稳定。清初，城内烟叶、土布、绵绸交易大盛。至民国三十七年（1948年），包含崇德古城所在的崇福镇域共有商户600家。

（2）中心镇区的居住里弄

新中国成立后，以横街为代表的"鱼骨院落"街巷，逐渐退去商业和公共服务功能，转变为以居住功能为主的街坊里弄。横街商业网点减少，国有、集体

商业向东西大街（现崇德路中段）和南北大街集中，横街渐趋冷落。

20世纪70年代，西寺河、宫前河相继被填埋。1971年，镇境段运河实施裁弯取直工程，横街周边新辟宫前路、工农路，沿路陆续有商店开设。1979年至1990年分两期对东西大街实施拓宽改造工程。工程完工后，东西大街更名为崇德路，全长600m，路幅23m，成为崇福镇新的商业中心。古城内"鱼骨院落"的"商业中心"地位被彻底取代。

在历史进程的演变过程中，"鱼骨院落"内原一宅一户的私家住宅现在演变成一宅多户或一宅数十户，导致住房环境拥挤、居住面积低。过高的人口密度增加了古城保护和整治的动迁成本。加之由于传统社区居住舒适性不足、非安全生活空间、街区服务性空间萎缩等因素，原住民搬迁欲望强烈。

三、崇德古城保护与开发的困境、机遇和挑战

1.崇德古城保护与开发的困境

（1）崇德古城所在的崇福镇情况

崇福镇地处杭嘉湖平原腹地，临杭经济圈接口点，区域面积100.14km²，拥有户籍人口10.16万，新居民4.5万。2021年，崇福镇委镇政府提出"运河千

年古城、纺织皮草名城、融杭发展新城"三大城市定位，全面推动融杭发展。

（2）崇德古城格局逐步消亡，复兴框架难下定论

1949年后，随着城市发展和历史进程的客观情况，使规划区内的人口和建筑高度密集，环境交通压力不断增加。城市的发展使崇德古城原有的空间尺度和肌理不断发生变化。大拆猛建改变了传统街区和民居，导致古城格局存在逐步消亡风险。

针对以上问题，崇福镇历年编制的规划也提出了不同的解决措施，各版规划和古城内地块实际使用存在冲突，以及保护控制和开发利用存在矛盾的情况，因此要落实规划建设的难度非常大，一时在开发决策中较难下定论。

（3）崇德古城项目程序复杂，资金投入较难平衡

崇福镇级财政作为最基层的财政，为崇德古城的保护与开发提供主要的财力保障。由于我国经济发展步入新常态，国际形势变幻，三年疫情影响等因素导致国内市场环境面临很大的不确定性。2022年至今的镇级财政资金管理面临困境与挑战是前所未有的，镇级财政收入增幅放缓，甚至下滑，直接导致乡镇可支配财力减少[1]。因此，崇德古城复兴工作的保障推进面临巨大经济压力。

（4）"鱼骨院落"传统生活氛围延续困难

由于崇德古城内的"鱼骨院落"内有大量历史建

4.《桐乡市崇德古城整体规划设计》项目方案总平面图

图例
—— 核心保护区范围（6m建筑控制区）
—— 建设控制地带范围（12m建筑控制区）
—— 环境协调区范围（18m建筑控制区）
—— 大运河文保单位建设控制地带
—— 项目地块线
------ 古城规划红线

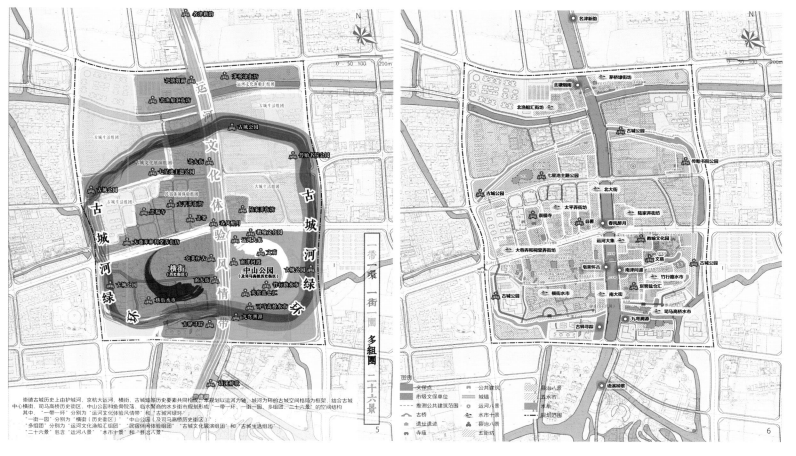

崇德古城历史上由护城河、京杭大运河、横街、古城墙等要素共同构成。本规划以运河为轴、城河为环的古城空间格局为框架，结合古城中心横街、司马高桥历史街区、中山公园和鱼骨院落、临水聚商的水乡街市规划形成"一带一环、一街一园、多组团、二十六景"的空间结构。其中，"一带一环"分别为"运河文化体验风情带"和"古城河绿环"；"一街一园"分别为"横街（历史街区）"中山公园（及司马高桥历史街区）；"多组团"分别为"运河文化渔船汇组团"、"民宿休闲体验组团"、"古城文化展演组团"和"古城生活组团"；"二十六景"包含"运河八景"、"市水十景"和"县治八景"。

5. 《桐乡市崇德古城整体规划设计》项目空间格局规划布局图
6. 《桐乡市崇德古城整体规划设计》项目二十六景规划布局图

筑和老旧建筑，老旧房屋的采光差，保温隔热隔声等性能不理想，房屋配套设施严重不足，不能满足现代居民生活需要。加之房屋长期缺乏必要的保养和维护，以及人为的破坏和自然侵蚀，危房比例逐年增加。硬件设施和"鱼骨院落"内现阶段的原住民生活需求存在极大矛盾。以横街历史街区的居民意愿为例，相比留守老宅，大多数原住民更愿意拆迁并获得经济补偿。基于此，对于"鱼骨院落"传统生活氛围的延续和烟火气的保留显得过于理想化。因此，古城的业态规划，尤其是在对横街"鱼骨院落"的功能定位、业态规划以及业态落地的过程是本项目规划的主要难点之一。

2. 崇德古城保护与开发的机遇

（1）"打造大运河文化带"的国家重大部署

浙江省以大运河国家文化公园建设为契机，提出以古镇为明珠，以运河为轴，串珠成链，努力将大运河文化带（浙江段）建成文化和旅游示范带和"重要窗口"。崇德（崇福镇）古城位于大运河国家文化公园建设范围内，是其中嘉兴段重要的运河城镇。

（2）2015年崇福镇列入浙江省历史文化名镇

崇福镇作为大运河文化遗产之一，于2015年获得了浙江省级历史文化名镇的称号。根据《桐乡市崇福历史文化名镇保护规划》要求，保护区分为古镇核心保护范围、古镇建设控制地带及古镇环境协调区。同时，在古镇核心保护范围划定横街片区为历史街区，街区保护范围4.85hm²。

（3）2020年崇福镇列入浙江省首批千年古城复兴试点

2020年，浙江省印发《浙江省千年古城复兴试点工作方案》，要求自2021年起，分三批开展试点工作，累计形成30个左右千年古城复兴试点。崇福镇作为崇德县治所在地，成功列入第一批试点名单。崇福镇也因此正式成立崇德古城复兴工作领导小组，由书记、镇长担任组长，下设古城办，同时设立崇福运河文化投资发展有限公司（以下简称运河公司），实施公司化运营，下设综合办公室、工程管理部、资产管理部和招商运营部，有序推进古城复兴工作。

在此背景下，由政府工作领导小组、运河公司、设计团队等多方积极参与和探索围绕千年古城复兴试点创建的一系列崇德古城策划、设计、运营工作，也由此拉开序幕。

3. 崇德古城保护与开发的挑战

崇德古城复兴工作采取的是国有背景企业实施的方式，由政府进行统一规划、统一建设、统一运营。从两个方面分析古城保护与开发的挑战[2]。

第一，从崇德古城整体开发的全周期角度，风险主要来自于开发周期较长，规划分期开发的时间长达十五年，并在实际推进过程中，受文保、水利、拆迁、国空体系构建和调规、具体项目报批和资金申请程序等客观因素，以及后疫情初期经济动力不足等大环境的影响，崇德古城的实际开发进程要明显滞后于规划。

第二，从崇德古城一期推进的风险角度，横街"鱼骨院落"作为其中重中之重，可能在商业获利方面显得后续动力不足。从根本意义上看，横街项目更被视为提升城镇面貌、保护当地文化、改善本地居民生活方式的民生工程[2]，侧重对文化保护和街区文化原真性的延续。横街的运营模式主要通过带动民间

7-14 横街商业街内活动实景照片

投资进入街区，以租金、出售方式补充前期投资[3]因此，收益和风险并不相符。

4.运营前置的规划思路指导古城保护与开发设计

《规划》成果对崇福镇进行千年古城复兴试点的申报、行动计划的具体落实、实施建设、招商引资提供了切实有效的规划指导和依据。《规划》已于2020年底启动规划编制工作，2021年4月通过崇福镇召开的党常委扩大会议，于2021年6月提交最终成果。目前，古城一期已按照规划实施，正在推进二期的工程建设。

四、崇德古城格局的营造方案

1.千年古城的格局重塑

设计团队在崇德古城运河为轴、城河为环、鱼骨院落的空间特征基础上，针对前文所述崇德古城关于项目融资难资金紧张、地块开发和业态规划难、文化保护和传承难等问题，提出总体复兴格局解决对策：第一是调整崇德古城核心区的范围，强化崇德古城作为京杭大运河上唯一中轴对称古镇格局的稀缺性；第二是提出"一带一环、一街一园、多组团"的古城空间格局重塑方案。

（1）崇德古城核心区范围调整方案

崇德古城是京杭大运河上唯一以运河为轴、城河为环的古县城，由京杭大运河、护城河组成的"一带一环"的格局极具典型性，是其区别于其他古镇的重要特征，是和其他江南古镇、运河古镇在形态上形成

差异化发展的主要竞争力。据此，设计团队在《桐乡市崇福历史文化名镇保护规划》关于古镇区范围和核心保护范围的基础上，根据千年古城试点创建工作相关要求，针对古城核心区提出了范围调整和优化的方案。范围调整后，崇德古城以运河为轴、城河为环、鱼骨院落、临水聚商的特点和资源优势更为凸显。

（2）崇德古城空间格局规划布局方案

崇德古城核心区既是千年古城复兴工作的重要区域，也是崇福镇的中心镇区，除了承担文化复兴的使命，更重要是必须兼具镇区必要的功能。因此在核心区1km²范围内完全恢复古城旧貌显然不切实际。

针对于此，设计团队在《规划》方案中，提出了紧紧围绕"宋韵文化"的发展和"宋韵古城"的建设，聚焦历史文化、经济发展和社会民生三大领域，以运河文化为底蕴、以县治文化为脉络、以商贾水市文化为特色，以古城休闲、餐饮购物、文旅体验及城市服务景观核心为主要功能，按"循脉向前，向史而新"的规划理念，逐步形成"一带、一环、一街、一园、多组团、二十六景"的复兴空间结构，以期重塑崇德古城的"城"的风貌。

2.千年古城的空间激活和实施路径

（1）激活二十六景

崇德古城格局营造的重点还在于塑造"崇德古城二十六景"，包括运河八景（即历史上的古城八景）、水市十景、县治八景。"运河八景"主要是对运河文化的演绎。

"二十六景"中的"县治八景"和"水市十景"则是恢复崇德古城"古"的味道，"二十六景"中的

"运河八景"是再现崇德古城"运河"时光。

（2）分期实施路径

根据《规划》中的分期规划，近期为2021年至2023年，中远期为2024年至2030年。至2023年，规划恢复50%古城，崇德古城核心区格局建设基本成型，逐步恢复城墙和护城河。

五、古城核心区"鱼骨院落"详细方案设计

基于"鱼骨院落"之于崇德古城的重要性，以及横街"鱼骨院落"的历史渊源和古城开发前已存在的基础业态，鉴于近年国内其他古镇、老街的实践经验，在对现状建筑物评估、居民意愿调查等前期调研分析后原住民大量外迁在所难免的情况下，为了更好地延续横街作为历史地段的文化和经济价值，延续老街"烟火气"，运河公司与设计团队经多轮谋划、先行区率先落地尝试、优化调整业态方案等积极探索，于2023年端午，形成了横街"鱼骨院落"从业态构想到落地的实践。

1."鱼骨院落"的业态溯源

以横街为中心的街市，在明清时期成为商业闹市，是古城历史上著名的商业街区和名人聚居区，拥有吴滔、徐自华、程庆国等多处名人故居，永丰当、善长当、典衣锦绸店等多家传统商铺旧址，横街（横街主街）、县街（横街支弄）、混堂弄（横街支弄）等10余条历史街巷和大量传统民居。其中横街为东西走向，东至浒弄口，西至庙弄，长约345m。

2．"鱼骨院落"的业态基础

2019年，位于横街二十三户的伯鸿城市书房经老建筑改造后开放，藏书九千多册，内设多间自习书房，成为小镇居民网红打卡点，也成了当地崇文好学的缩影和传承[4]。伯鸿城市书房取名于中华书局的创始人陆费逵，陆费逵字伯鸿，是桐乡籍的知名出版家、知名教育家，为纪念他的贡献，故将城市书房取名为伯鸿城市书房。

3．"鱼骨院落"的业态构想

2020年底，设计团队结合《规划》方案，首次提出横街作为崇德古城二十六景中"水市十景"之一的"横街水市"。方案对街区内的历史文化建筑和先行示范区进行文创街业态部署，并提出其他建筑院落要根据书画文创、工艺文创、民宿文创、美食文创几个主题板块进行招商。

直至2021年底，横街先行区的工程步入尾声，运河公司与设计团队在伯鸿城市书房的基础上，重点针对先行区内的各个建筑院落，包括和平招待所、待雪楼进行店铺业态选择。

2022年下半年，运河公司按规划方案首先谈妥一家本地咖啡馆经营户入驻横街，并给予较为优待的店铺选址（选址在横街入口的院落，原址是崇福曾经的和平招待所，因此咖啡馆便以此为名称为"和平招待所"）和租赁协议作为首个入驻商户的扶持。

2022年11月，横街一进院落即将开展整体招租的前夕，设计团队结合横街工作的具体进度，综合考虑实际业态引入的先后次序和招商难度，针对运河公司原业态布局方案提出调整建议。

（1）横街业态选择应以文创为核心

横街作为崇德古城的重要资源和先行区，要建立起和古城主题统一的历史街区形象，塑造有崇福传统特色、有文化内涵、有人情味的古街氛围。因此，横街业态功能和店铺形式上建议以文创为核心，并遵循同业差异、异业互补的准入原则，鼓励复合型文创业态或多店铺的业态组合。

（2）横街业态培育期要建立灵活的招商机制

从运营角度看，自崇福镇列入浙江省千年古城首批试点起，崇德古城创建工作的前五年始终是文化旅游市场培育的初创时期，也是横街业态的培育期。因此，设计团队向运河公司提出，在横街开发的初期其业态引入工作的重点应分两个方面：首先是做好招商，尤其针对支柱型店铺引进后要着重扶持品牌生长；其次是建立一般可替代型店铺的退出机制，如果实际招商过程中预见到此类店铺存在一定数量，或可直接考虑招商中预留一定比例的短期店铺。

（3）文化类业态选择要注重"强社交属性"

横街除了具有古城商业街的属性，还有承担弘扬崇福地方文化的使命，而传统文化一般比较"高冷"，文创和传播难度一般较大。为避免文化属性过重、消费门槛过高的问题，业态招商和店铺选址过程中考虑注重"强社交属性"，比如引入密室逃脱、剧本杀、桌游、中古店、小酒馆、汉服等比较特殊的文娱体验类业态，此类业态不仅天然具有网红属性，客单的消费过程也具有长时间停留的特点，可在店铺边多设饮品、零售类业态，增加消费场景。

4．"鱼骨院落"的业态落地

自2022年横街引入第一家商铺起，至2023年端午，横街已累计签约商户30余家。街区于2023年春节期间正式对外开放，节日期间日均游客量在1万左右。崇德艺房、徐自华故居等凝聚崇福文化的网红打卡点。

作为崇德古城"鱼骨院落"的典型，横街商业模式的初探无疑将对古城内其他具有传统风貌特征的"鱼骨院落"，甚至是其他江南市镇古街的保护和更新起到重要的示范和借鉴作用。截至本文定稿，横街"鱼骨院落"店铺招商工作仍在稳步推进中。

自2023年初横街正式开街以来，横街累计举办新春集市[5]、元宵灯会[6]、"朋东宴"、端午民俗风情活动及各类研学活动等十余次，活动人数达50余万人次，"鱼骨院落"焕发新活力。

六、结语

笔者结合《规划》项目的规划设计主持经验与古城一期运营的深度参与经历，分析了以崇德古城为代表的运河古镇街区的保护与更新过程。笔者认为，近年的古镇街区开发已超脱于过去通俗理解的古镇景区，并非是单纯的仿古临摹和建设，而是牵涉了巨大且庞杂的综合政治、经济、交通、民生等一系列的社会问题。

浙江省千年古城复兴工作也并非是设计工作者传统理解上的策划、规划、设计、施工、运营的线性过程，而是一张交织了策划、规划、设计、建设、运营实践等各环节相互交融的工作网。在《规划》完成并实施后的回访过程中，规划成果获得了浙江省发改委及论证专家、崇福镇政府、运河公司、当地乡贤等多方好评，根据崇福镇政府的书面评价，《规划》对崇福镇开展千年古城复兴试点工作"提供了切实有效的指导和依据"。笔者认为，在古城谋划期间，最突出的价值和意义更要归功于在规划编制和实施过程中当地政府、开发主体、运营主体、施工单位和设计团队的通力协作和不忘初心。

在嘉兴地区，越来越多的实例证明（根据笔者及设计团队走访调研的其他第一、二批千年古城试点以及运河古镇），不论是浙江省所定义的"古城"，还是文保体系上定义的"历史街区"，凡涉及历史文化保护的建筑集群，其保护与更新一定是多种因素共存互动的复杂过程。近年浙江省陆续出台了一系列针对古镇、古街、古村的政策文件，包括千年古城复兴计划在内，且一直呈现不断更新的状态，这些政策在某种意义上也可能对于江南的运河古镇街区、国内其他地区的古镇街区，以及其所在的城市发展带来重要影响。

参考文献

[1]黎晓霞. 镇级财政资金管理的困境及对策探讨——以M镇财政资金管理为例[J]. 质量与市场, 2023(4): 181–183.

[2]杨亮, 汤芳菲. 我国历史文化街区更新实施模式研究及思考[J]. 城市发展研究, 2019, 26(8): 32–38.

[3]王桦. 基于历史文化主题的商业步行街规划设计初探——以"诸葛古镇"规划设计为例[D]. 西安: 西安建筑科技大学, 2017.

[4]桐乡市崇福镇人民政府. 崇福融杭发展持续推进千年古城复兴[J]. 浙江经济, 2022(5): 76–77.

[5]吴卓尔. 老街变新景 绽放新活力[N]. 今日桐乡, 2023-01-16(2) [2023-07-31]. https://mobile.epaper.routeryun.com/index.php/Home/Article/index/appkey/96/date/2023-01-16/page/1324824/aid/7400669.html.

[6]姚斐帆. 横街赏灯打卡游园！宋韵崇福元宵系列活动诗意满满[EB/OL]. (2023-02-06) [2023-07-31]. https://zj.zjol.com.cn/news.html?id=2002757.

作者简介

张文婷，上海同砚建筑规划设计有限公司主任规划师；

金荣华，上海同砚建筑规划设计有限公司副院长。

基于全域协同的景区周边乡镇旅游规划与运作策略
——以德国特里贝格小镇为例

Tourism Planning and Operational Strategies for Surrounding Towns and Villages in Scenic Areas Based on Pan-Regional Collaboration
—Taking the German Town of Triberg as an Example

万 亿
Wan Yi

[摘 要] 偏远景区周边的乡镇往往因区位不佳、交通不便、基础设施水平低等因素而发展缓慢甚至萎缩；因而需要与景区协同发展，依托景区开发而促进服务业和地方经济发展。本文以德国黑森林地区特里贝格小镇为例，阐述其规划和运作策略，主要为：联动"景区-住宿-交通"系统；规划游线产品，提升目的地的核心吸引力；整合全域资源，提升乡镇空间品质。这些经验可为我国偏远景区与周边乡镇的全域协同发展提供参考。
景区与乡镇；旅游发展；全域协同；规划与运作

[关键词]
[Abstract] The towns and villages surrounding remote scenic spots often develop slowly or even shrink due to the factors such as poor location, inconvenient transportation, and low infrastructure levels; therefore, they need to develop in coordination with the scenic spots, relying on scenic spot development to develop local service industry and local development. In this article, taking Triberg as an example, a town in Black Forest region of Germany, strategies of planning and operation have been proposed, which mainly include: linking the "Attraction-Accommodation-Transportation" system, planning tour products to enhance core attractiveness of destinations, and integrating tourism resources to improve space quality. These experiences could provide references for development of remote scenic spots and the surrounding towns and villages in China.

[Keywords] scenic spots and towns; tourism development; pan-regional collaboration; planning and operation

[文章编号] 2024-96-P-098

1.特里贝格瀑布景区实景照片

一、引言

位于旅游景区周边的乡镇具有区位和资源优势，可以依托景区吸引的客源而发展服务业并带动当地经济发展。然而现实中一些景区周边的乡镇不仅未能借助优势资源发展地方经济，反而因地处偏远、生态保护要求或景区扩张虹吸现象等而导致乡镇的萎缩[1]。

目前景区周边乡镇发展面临的矛盾主要有以下三方面。

一是游客只游览景区，不驻足乡镇。这主要是由于邻近成熟景区的乡镇，虽具有区位优势，但往往因其基础设施发展水平较低，不具有与景区配套的服务能力，因此游客只在景区观赏游览，不会在乡镇停留住宿。

二是外来游客趋于留驻大城市，而不选择小乡镇。大城市作为区域性旅游景区的集散中心，交通方便，餐饮住宿便捷和品牌化；作为中转地，可信度高，选择效率也高，耗时短，可快停快走，在某种程度上与当前快节奏的生活方式相适应。但小乡镇则相反，多数基础设施水平低，交通不够便利，餐饮住宿与大城市相比没有竞争力。

三是便利度影响游客量，导致偏远景区和其周边乡镇客源较少。对于大型旅游圈，多个景区分布于整个区域范围，多数游客会选择交通便利的集散中心停留或住宿，并游览交通便利的景区和景点。一些位于偏远地区，路程时间较长的景区，即使品质较高，仍会因为距离远、交通不便而损失较多客源，这也会导致其周边乡镇游客量明显较少。

目前已有对景区影响下的乡镇发展路径选择及演化过程[2]进行的探索；为响应我国的精准扶贫政策，有研究提出了景区带动型乡村旅游的发展机制和实现路径[3]；并针对一些案例地的短板和问题，提出了相应的景区带动型乡村模式，以助推农村产业化、农民增收和实现友好型村域发展[4]。但总体而言，我国目前仍处在乡村旅游的逐步发展和实践探索阶段，成功的案例尚有限。

本文以德国黑森林（Schwarzwald）地区的特里贝格（Triberg）小镇为例，分析其旅游发展情况和相应的规划策略及运作模式，以期为我国偏远景区与其周边乡镇的全域协同和旅游发展提供参考。

二、特里贝格及黑森林的旅游业概况

1.德国及其小城镇概况

德国是欧盟人口最多的国家，也是欧盟乃至全球城镇化发展最为均衡的国家之一，2022年的城镇化率已达到77.7%。然而根据2016年德国联邦食品和农业部发布的数据[①]，德国有4690万人居住在大都市区以外的农村地区（人口低于10万的城镇及乡村），约占总人口的60%。这一方面说明德国城镇化并不明显表现于人口向大城市的迁移，而是表现在农村地区（包括小城镇和乡村）的非农产业的转型。

德国农村地区的主导产业已不再是农业，而是以非农产业占绝对主导，其中服务业占67.6%、制造业占30%、农业企业仅占2.4%[②]。并且，在德国农村地区已建设了丰富的旅游设施长期吸引城市居民游览和度假，包括徒步小径30万km，联邦内陆水道7300km，具有路标的自行车道75900km。

德国许多小城镇的人口规模与我国乡村类似，而德国乡村的居民点更为稀少，分布也更为分散。在德国的11个城镇群中，小城镇连接着大中城市和乡村，通过各自独特的经济产业和文化特点优势吸纳就业人口，缓解大中城市的居民住房需求压力。特里贝格正是这种小型的乡村社区和城镇风格为一体的小城镇，分析研究特里贝格小镇的旅游业规划运营模式，为我国乡镇转型发展提供启发。

2.黑森林旅游业概况

黑森林是德国最高最大的连续低山脉，位于巴登-符腾堡州西南部，海拔1493m，面积超过6000km²。同时它也是德国最重要的旅游区，是德国游客量最大的低山区度假胜地。由黑森林旅游公司（Schwarzwald Tourismus GmbH）管理的度假区面积已远超黑森林自然面积，达11100km²，其中包括可供游客过夜住宿的城镇和乡村共320个。

过夜住宿次数高是黑森林旅游业的最大优势特征，并表现在单个城镇和乡村内部的停留时间长。例如只特里贝格一个小镇，年游客量（2022年）达到2万余人，而平均每人停留时间为4.1天，即年过夜住宿达到9万余人次[③]。这一特征正是我国多数旅游度假区，特别是乡村旅游所缺乏的。针对如何吸引游客，同时让游客留在当地消费和住宿，黑森林采取了一系列的区域协同应对措施。

3.特里贝格旅游业发展的困境与机遇

特里贝格是德国巴登-符腾堡州的一个小镇，位于黑森林中部山谷地区，海拔在500~1038m之间，常住人口5400人。当前特里贝格的主要利润来源为酒店业、零售业和服务业等游客的直接支出费用，旅游业已取代了从前的钟表业、汽车制造业、伐木业、采矿业等传统产业，成为小镇最主要的支柱产业。

特里贝格拥有特殊的山地景观和低山气候，这为旅游业提供了良好的基础条件。然而，特里贝格作为黑森林地区的深谷城市，核心镇开发高差约250m，这意味着区位偏远，游客到达时间长，成为发展旅游的劣势。

从2008年欧洲经济危机起，德国开始进行小镇的经济产业修复，此后十年从低谷中逐步恢复经济功能。特里贝格一方面依托其自身自然景观，建设了众多休闲设施；另一方面依托宜人的气候特征，改建度假公寓，打造疗养胜地。从硬件上完善了服务配套设施，为发展旅游产业提供了条件。此外，在软件上，黑森林地区相继推行了一系列旅游政策，促进了旅游业在特里贝格乃至整个黑森林地区的发展。自此，旅游业超过其他产业，成为特里贝格的支柱产业[5]。

三、全域协同的旅游规划与运作策略

特里贝格旅游业的发展及小镇的复兴，不仅在于小镇自身的应对策略，而且是区域内协同规划运营的结果。

1.推行引导政策 "景区—住宿—交通"系统联动

在黑森林地区推行了一种旅行优惠通票——黑森林宾客卡（KONUS guest card），约有150个度假地——共约9000个住宿酒店提供该宾客卡，向所住酒店登记后即可获得。在住宿期间内，持该宾客卡可免费乘坐黑森林度假区加入交通协会的所有巴士和火车票的二等座，以及弗赖堡（Freiburg）和卡尔斯鲁厄（Karlsruhe）两大城市的电车和巴士。

宾客卡不仅对主要交通免费，对许多景区门票同样免费。例如在特里贝格住宿，可获得黑森林宾客卡，不仅能够享受主景区瀑布景区门票免费，而且其他旅游项目包括黑森林博物馆、滑雪缆车、室内游乐中心，以及一些互动娱乐项目全部免费，这几乎涵盖了所有游览景点。

该政策有助于须乘坐长线交通到达的旅游集散地与旅游目的地的联动发展。一方面鼓励在特定具有中转功能的大城市住宿，即在旅游集散地（如弗赖堡）获得宾客票；另一方面也鼓励选择在远距离的小城镇过夜，即在旅游目的地（如特里贝格）停留。无论选

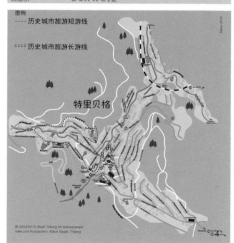

2.德国黑森林地区地形图
3.黑森林地区主要交通线路图
4.特里贝格历史景点分布图

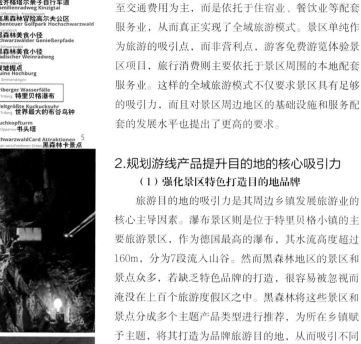

择住在哪里，都延长了旅行时间，能够为当地服务业增加收入。

该政策使得旅游收入不再是以传统的景区门票甚至交通费用为主，而是依托于住宿业、餐饮业等配套服务业，从而真正实现了全域旅游模式。景区单纯作为旅游的吸引点，而非营利点，游客免费游览体验景区项目，旅行消费则主要依托于景区周围的本地配套服务业。这样的全域旅游模式不仅要求景区具有足够的吸引力，而且对景区周边地区的基础设施和服务配套的发展水平也提出了更高的要求。

2.规划游线产品提升目的地的核心吸引力

（1）强化景区特色打造目的地品牌

旅游目的地的吸引力是其周边乡镇发展旅游业的核心主导因素。瀑布景区则是位于特里贝格小镇的主要旅游景区，作为德国最高的瀑布，其水流高度超过160m，分为7段流入山谷。然而黑森林地区的景区和景点众多，若缺乏特色品牌的打造，很容易被忽视而淹没在上百个旅游度假区之中。黑森林将这些景区和景点分成多个主题产品类型进行推荐，为所在乡镇赋予主题，将其打造为品牌旅游目的地，从而吸引不同需求的游客到访。例如，特里贝格的瀑布景区就被黑森林官方网站推荐为重要提示景区之一，其他推荐主题还分为历史、城市、乡村、国家公园、不同季节等。同时在特里贝格的官方网站上，瀑布景区也作为旅游形象展示在网页封面，为小镇树立了鲜明的旅游目的地品牌。

（2）挖掘乡镇内部资源延长游览停留时间

除了对主景区的打造，旅游目的地还应根据当地资源禀赋，挖掘具有地域特色的自然、人文旅游景点和项目，形成旅游线路，从而延长游客的停留时间。特里贝格已规划建设了自然体验、历史景点、休闲运动等30余个项目景点，形成小镇内部的游览线路。同时还打造出了不同主题的旅游产品，为特定人群或在特殊节庆时段提供服务。例如，特里贝格市政厅为传统木雕建筑，将其打造为特色婚礼主题旅游产品，提供婚礼登记和黑森林景观婚纱照服务。另外，在圣诞节等节日期间，特里贝格小镇还会推出特色主题活动，给假期到访的游人留下特别的节日记忆。

3.整合全域资源提升乡镇空间品质

在城镇空间的规划上，特里贝格将旅游服务及商业空间与公共开放空间整合，集中分布于镇中心，形成旅游服务轴线[5]。同时小镇的每条街道和建筑物都规划控制为宜人的风格和高度，广场、绿地等的规模

适宜，选址做到周全合理。小镇内的基础设施配套、医疗配套、教育配套等各个方面的建设都比较完善和丰富。小镇的居民主要是当地城镇的居民，本地的经济内需活跃，已逐步形成了良性的社会经济自循环生态系统。

这使得小镇的吸引力不仅是景区景点，更是当地居民所营造的宜人、舒适的生活场景。停留于小镇，游客不仅可以选择到适合的住宿和餐饮，更能够让自己融入当地生动的民俗文化，自然而然形成慢节奏的度假体验模式。这在一定程度上，将地域偏远、到达时间长的劣势因素转变为优势因素，使游客在旅游时间规划上主动延长目的地乡镇的停留时间。

四、结语

1.从区域角度定位景区与其周边乡镇的发展目标

对于景区周边的乡镇，不仅要考虑乡镇本身的旅游资源，还要从区域旅游空间结构的层面确立乡镇在区域旅游体系中的定位。根据其资源禀赋和所在旅游空间系统层级分布，明确该乡镇是旅游目的地，是旅游集散地，还是确须二者兼顾，进而落实相应目标。

针对定位为旅游目的地的乡镇，其目标是最大化旅游吸引物的功能辐射效用，如加强对成熟景区景点的资源保护和旅游品牌打造，同时挖掘乡镇自身自然人文资源，丰富旅游产品，尽可能优化对于吸引物的游览体验，增强游览的多样性和舒适度。

若将乡镇定位为区域旅游集散地，则首先要加强乡镇对外交通和到达景区交通的便利性和多样性，开发当地特色住宿，面向多层次消费群体，满足多类型游客需求，优化完善基础设施，专注于服务旅游目的地客源的集散功能。在此基础上再进一步增强各类基础设施的特色化和地域化，逐步将观光游转为休闲度假游，将旅游集散地向旅游目的地转变，最终实现全域旅游[6]。

2.景区与其周边乡镇要形成联动促进关系

景区周边的乡镇与景区可以形成相互促进的关系，一方面乡镇依托景区资源，承接客源发展配套服务，另一方面乡镇的优质酒店、餐饮，或度假、运动项目还将助推景区发展。在政府和旅游管理公司层面，应推行景区景点与本地旅游服务和区域交通的一体化联动，加强旅游信息的网络宣传和介绍，同时提供便捷的住宿、门票等预订服务，形成系统化、全面、综合的旅游产业体系，促进整个区域的旅游业发展。

注释

①②均引自德国联邦食品和农业部发布的数据https://www.bmel.de/SharedDocs/Downloads/DE/_laendliche-Regionen/Ehrenamt/Dorfwettbewerb/dorfwettbewerb-faktenblatt-laendliche-regionen.pdf?__blob=publicationFile&v=3。

③引自巴登-符腾堡州的旅游统计数据https://www.statistik-bw.de/TourismGastgew/Tourismus/08065012.tab?R=GS326060。

参考文献

[1]张雄一, 孙惠芳, 毛兴, 等. 景区依托型乡村发展研究——以张家界村为例[J]. 安徽农业科学, 2016, 44(34): 160-166.

[2]刘鲁, 吴必虎. "城市—景区"双驱动型乡村发展:路径选择及其动态演化过程[J]. 地理科学, 2021, 41(11):1897-1906.

[3]宋慧娟, 塞莉, 陶恒. 景区带动型乡村旅游精准扶贫的机制及路径[J]. 农村经济, 2018(5): 46-51.

[4]胡小凡, 塞尔江·哈力克. 基于乡村振兴背景下景区带动型乡村发展路径和提升策略研究——以新疆腰站子村为例[J]. 华中建筑, 2023, 41(11): 86-90.

[5]兰琳. 基于空间句法的德国旅游小镇演化机理研究[D]. 厦门: 厦门大学, 2021.

[6]金云峰, 万亿, 周晓霞. 从"景区旅游"向"全域旅游"发展的规划探索——以西双版纳10年规划实践路径为例[J]. 城市规划学刊, 2019(z1): 57-63.

作者简介

万 亿, 博士, 华东理工大学艺术设计与传媒学院助理研究员、博士后。

5-6.特里贝格圣诞夜活动网页截图
7.黑森林宾客卡照片
8.特色美食黑森林蛋糕照片
9.最古老的布谷鸟钟景点实景照片
10.木雕的市政厅大厅婚礼桌实景照片
11.镇中心商业街实景照片
12.主街轴线上的广场空间实景照片

实践研究
Practical research
乡村运营者与规划设计
Rural Operators and Planning Design

乡村民宿策划、设计、建造与运营的多维度评估
——以莫干山"课间"精品酒店为例

Multidimensional Evaluation of Planning, Design, Construction, and Operation of Rural Homestays
—A Case Study of Moganshan ANAP Hotel

俞　楣
Yu Gang

[摘　要]　通过回顾如今旅游度假发生的深刻变化及面临的挑战，引导出本文的写作重点，即从运营的终端视角来复盘莫干山课间度假酒店的策划层面得与失，进而围绕策划的三个手段即控造价削弱设计感、放大空间规模及高品质的围护体系展开讨论。通过政府、消费者、媒体、开发及运营五个视角来审视以上三个手段的成败得失。同时也点出"课间"三个重大规划错误背后是不同专业教育的侧重带来了项目管理层面的认知局限。最后从资本及政府等视角综述了现今民宿开发的一些局限，提出了"站在产业看空间"的思路。

[关键词]　乡村民宿；酒店设计；多维度评估

[Abstract]　This paper reviews the profound changes and challenges in the tourism and vacation industry, and focuses on the planning gains and losses of Moganshan Interval Boutique Hotel from an operational perspective. It then discusses three planning methods, namely controlling the cost to weaken the design sense, enlarging the space scale, and creating a high-quality enclosure system. It examines the pros and cons of these methods from five perspectives: government, consumers, media, development, and operation. It also points out that the three major planning mistakes of Interval are caused by the cognitive limitations of project management due to different professional education emphases. Finally, it summarizes some limitations of rural boutique hotel development from the perspectives of capital and government, and proposes the idea of "looking at space from an industrial perspective".

[Keywords]　rural homestays; hotel design; multidimensional evaluation

[文章编号]　2024-96-P-102

一、前言

1.项目缘起

2014年，我们作为一个小型建筑设计工作室，已经感受到了市场需要专业细分的压力。作为诸多项目设计方，我们挖空心思也只能从形态到形态，画地为牢的感觉愈发强烈。因此，当年7月，本团队在浙江省德清县筏头村租赁了4.5亩的农村集体建设用地，开始打造一家名为"课间"的乡村民宿。

选择在这时进入酒店行业源于两个原始冲动。一是为设计业务找到更多差异化竞争的手段，二是为了赚钱。2014年，莫干山的民宿和酒店行业赚钱较为容易，全年90%的入住率是常态。当然，今天回头再看，本团队2014年拿地，2018年开业，缓慢的开发节奏基本完美地错过了民宿的发展风口。

2.写作目标

自2014年到2023年，国内旅游度假大环境已经发生深刻根本变化，在这个背景下复盘一个现如今身处一片红海而且是五年前设计的民宿，意义在哪？一方面民宿行业环境早已天翻地覆，从2018年之前人人想

进，到2023年的人尽皆知难赚钱，从莫干山敞开欢迎民宿投资，到如今对民宿开发的多种限制等，都在不断变化；另一方面，随着旅游度假的演化持续，投资方对于旅游品类的选择有了更多口味和判断：露营地开始兴起并且星火燎原般席卷；室内外滑雪场创造的巨额利润让人咋舌；山野中的独立咖啡馆甚至成为投资热点；萤火虫基地这类全年运营三个月，剩余时间就可以安心歇业的品类，资本也趋之若鹜。

而更为重要的是，疫情之后经济下滑明显，民宿一晚收费上千元的神话根基——城市中产阶级的钱包已经日渐干瘪，疫情管控放开后的2023年暑假，莫干山整体流量的显著下滑就是印证。头部高净值游客多选择境外游，而上海周边留在国内的中产在这个暑假有许多更有性价比的选择。

住宿行业是世界上最古老的行业，乡村文旅所有活动的落脚点和基础也在于住宿。通过分析"课间"这样小房子5年后的运营状态，读者也许可以看到，如果你把民宿当作一项普通的商业活动，那么底层商业逻辑终归与其他行业是相似的：成本得降低，效率得增加，以及要聚焦体验。"课间"做得好的地方是相对吻合了这些规律，踩了坑的地方也是违背了这些

规律。因此本文的写作目标就是力求还原出当年开发过程中主观构想的价值体系和现实规律之间的碰撞，为未来的开发团队总结一些经验和教训。

本文的写作方式是干系人和投资人对项目进行多视角进行复盘评估。商业上获利是所有文旅投资的核心动力，对资本的了解程度最终决定了空间这把长剑是戴着镣铐前行还是长着翅膀起舞。

二、"课间"概况

"课间"度假酒店选址位于德清县莫干山镇筏头村99号。南侧紧邻原二级水源保护地的河道支流，北侧紧邻50亩的基本农田，西侧紧邻304省道，东侧紧邻县道递筏线。"课间"占地面积4.5亩，建筑面积2800m²，共分为三层，屋顶可上人。客房区建筑面积约1200m²，共有房间21间。可经营公共区域建筑面积约1300m²。

"课间"自2018年8月试运营开业，受到市场的欢迎，整体营业收入处于高峰状态。2019年末，疫情暴发后，营业额基本腰斩。2023年疫情防控放开后，营业有所回升，但仍未恢复到2019年以前的状态。虽

1 建筑鸟瞰实景照片
2 "课间"酒店区位图
3 停车场布局调整示意图
4 规划层面三个致命问题示意图

然营收不及预期，但略有欣慰是"课间"开业5年，携程和大众点评分数始终维持在4.9的较高评分水平。

三、规划视角看"课间"

1."课间"选址和设计忽视周边规划条件，造成后续困扰

"课间"选址之初，团队看到地块西北侧是纯粹田园、东南侧是山水景观、东侧依托一条县道进入，认为该地块较为适合建设一所高端精品酒店。建筑设计出身的创始团队，在当时完全忽视了周边的交通规划和村庄规划，导致后续项目定位和运营不得不做出一系列的调整。

"课间"选址和设计忽视的第一个周边规划条件是，基地西侧已经规划布局了一条双向4车道省道，并在"课间"即将建成开业之时开工建设。一方面，该省道交通量较大，距离"课间"最近点仅35m，有一定的噪声影响，这对"课间"的产品方向形成诸多限制，成为酒店2018年开业至今最大的噩梦，基本上"课间"从此再无可能做一个高端住宿类型的酒店；另一方面，该省道也大大提升了"课间"的可达性和

客群日常活动范围，促使"课间"的产品更好地向团建接待以及餐饮方面去转型发展。时至今日，"课间"的晴餐厅在大众点评已经排名莫干山地区第一。

"课间"选址和设计忽视的第二个周边规划条件是，基地南部已规划布局一处村民安置点，并将于近期实施。"课间"团队在设计之初，未提前查阅所在区域村庄规划，完全没有预知到居民安置点会在"课间"核心景观视野上，因此，也并未在建筑设计层面给出应对策略。未来待村庄安置点实施后，可能需要对"课间"做出相应改造。

2."课间"与周边区域规划协同不足

"课间"在设计之初，与地块红线以外区域联动发展的考虑不足，仅局限于基地范围内进行设计和功能布局，导致空间资源的浪费。如我们将基地东侧价值约150万元的建设用地用作地面停车场（2021年课间土地入市价格为110万/亩），对资源造成巨大浪费，也失去了场地内建设更大绿地的机会。如何破题找到规划上合法并可以就近停车的空间，是我们持续关注的问题。2022年，在与上级主管部门多次沟通后，最终我们把基地范围以外的林地承租下来，调整

为林下生态停车场，彻底解决了这一问题。

3.在项目落地中规划思维不可或缺

一个纯建筑师组成投资、设计和运营团队，在项目落地过程中，对空间形态的感性表达欲望强烈，但对于区位选址、周边规划条件、市场环境总是有意无意存在忽视。而这种忽视会对项目本身造成无可挽回的损失。而规划思维相对较为理性、突出水平型的知识结构，降低自我表达欲望，这在项目落地中非常重要。从投资方的角度来看，如果一个建筑外立面不理想可以改造、室内空间太简陋可以重装，但项目如果选址有误或总平面布局不妥，那就会造成非常大的负面影响。

四、策划和设计视角看"课间"

1.策略介绍：开展价值曲线分析，明确差异化定位

一个商业运营类项目的成功与否，策划是毫无疑问的核心。不同于公共建筑，民宿和酒店等商业性的建筑，需直面市场竞争，所以酒店产品的策划可以用商科经典理论中的企业竞争战略进行分析谋划。

5.建筑主立面（南立面）实景照片
6."课间"屋顶泳池实景照片
7."课间"B栋屋顶实景照片

所谓企业竞争战略，就是衡量企业自身资源长短，同时判断竞争对手长短，然后寻求自身差异化的定位，同时也给未来变化留下空间。"课间"产品的策划采用价值曲线进行分析。基本逻辑是酒店产品不可能多维度全面最优（成本不可控），因此，在成本控制要求下和企业能力所及范围内，重点提升产品目标客户在某个具体使用场景上的体验。

2."课间"产品价值曲线策划

"课间"产品的价值曲线策划中，重点提升客房大小、客房景观面宽、客房浴缸景观朝向、公共空间面积、公共空间多样性、保温系统、门窗系统质量、景观场地多样性等维度价值，而将客房室内设计感、公共空间设计感、外立面设计感、二期建设冗余度等维度价值维持在及格线水平。

作为设计师酒店，将客房室内、公区室内和外立面的设计感降到及格线附近，是基于三个方面的考虑。首先是建筑师团队室内设计经验相对不足，造价和效果控制存在不确定性；其次，"课间"四个朝向都暴露在公共道路视角上，没有大多数民宿的所谓背面，如果花较大力气提升外立面设计感，整体造价难以控制；最后，考虑未来通过运营获得收益后，再进行室内和外立面的设计感提升。

考虑到基地南侧有不错的竹林和山景，客房景观面宽、客房浴缸景观朝向和景观场地多样性等维度在设计方案中进行了重点考虑，利用大自然的馈赠抵消部分设计感的匮乏，从而节约造价。而省下来的精力和钱，则投入"空间规模"和"外围护系统性能"这两个维度。

"空间规模"维度，重点关注客房和公区的空间规模。一方面，团队开展产品策划时，判断莫干山高端民宿酒店的目标客群主要来自上海，而上海房价高、人均居住面积小，需要宽敞的客房空间体验。因此"课间"刻意放大了客房空间，21间客房中，45m²房型的客房9间，60m²房型的客房3间，80m²房型的客房3间，还有2个由3间30m²客房叠加120m²公区的套房；另一方面，团队判断当前的度假住宿产品的决胜场所更多的在公共空间而不仅仅是客房，因此，"课间"也适当放大了公区的空间规模，使得其建筑面积与客房区基本相当，与周边的民宿酒店产品拉开较大差距。

"外围护系统性能维度"重点关注外保温和门窗系统。在2014年，莫干山的民宿酒店建筑中，基本没有做外保温，但我们认为这事值得做。一方面是因为建筑南侧有大量的玻璃，应当尽量提升建筑整体的保温性能，以降低未来能耗，提升客户体验；另一方面是因为做好保温有助于提升长期空间品质，便于未来将产品整体打包出售。门窗系统突出保温性能和景观视野，选择了德国和比利时的保温门窗系统，将推拉门做到3m的高度达到顶天立地的全景视野，是莫干山同类型民宿酒店中最好的配置。

3.策划和设计策略评估

（1）策略一：控制造价，压低建筑外立面和室内的设计感

①政府视角评估

当地政府领导非常不满意，认为这个方盒子像厂房，提出"没有任何带领导去参观的动力"。但其他外地的地方政府领导参观后对"厂房风"没有反感，倒是重点感受到了内部活动空间的丰富性和多样性。

②消费者视角评估

大部分客户和消费者会觉得建筑内外空间有些"冷酷"，但也会自我说服成

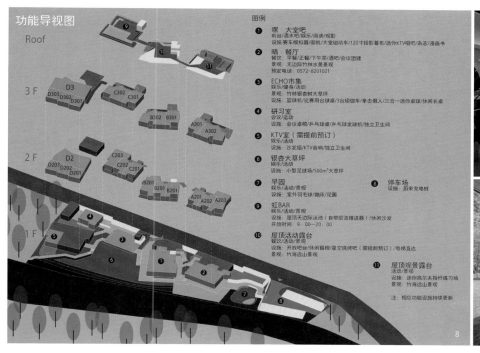

功能导视图

Roof

3 F — D3 D303 D302 D301 C302 C301 B302 B301 A301 A302

2 F — D2 D203 D202 D201 C203 C202 C201 B203 B201 A201 A202 A203

1 F

图例
① 嘿：大堂吧
前台/酒水吧/娱乐/阅读/观影
设施：赛车模拟器/台机/大堂碰碰车/120寸投影幕布/迷你KTV唱吧/杂志/漫画书
② 晴：餐厅
餐饮：早餐/正餐/下午茶/酒吧/会议团建
预定电话：0572-8201021
③ ECHO市集
娱乐/健身/活动
景观：竹林银杏树大草坪
设施：篮球场/比赛用台球桌/3台瑜伽车/拳击假人/三合一迷你桌球/休闲长桌
④ 研习室
会议/活动
设施：会议桌椅/乒乓球桌/乒乓发球机/独立卫生间
⑤ KTV室（需提前预订）
娱乐/活动
设施：沙发组/KTV音响/独立卫生间
⑥ 银杏大草坪
娱乐/景观
设施：小型足球场/500㎡大草坪
⑦ 早园
娱乐/活动/景观
设施：室外羽毛球/蹦床/花圃
⑧ 停车场
设施：蔚来充电桩
⑨ 虹BAR
餐饮/活动/景观
设施：屋顶无边际泳池（自带层流推进器）/休闲沙发
开放时间：9：00—20：00
⑩ 屋顶活动露台
餐饮/活动/景观
设施：开放吧台/休闲餐榻/星空烧烤吧（需提前预订）/电梯直达
景观：竹海远山景观
⑪ 屋顶观景露台
设施：迷你高尔夫推杆练习场
景观：竹海远山景观
注：相应功能设施持续更新

8. "课间"功能导视图
9. "课间"餐厅实景照片
10. "课间"C栋架空层实景照片

这就是"工业风"或者是"小清新"。

③媒体视角评估

笔者在参加一档央视节目录制的时候，主持人听说酒店名称叫"课间"，再一看杂志封面的照片，认为是故意将酒店做成教学楼的模样。

④开发投资视角评估

非标准不动产开发其实很难有一个标准评估模型。尤其在后疫情时代，总体流量下滑就更难评估了。总体而言，初期减少室内投入而增加室外空间的面积这个策略在疫情后还是抢到了很多团建的订单。但前期这些公共空间的投入在行情好的2019年没能挣到更多的钱也是一个遗憾。

⑤后续运营视角评估

刻意压低设计感的建筑，导致商业拍摄收入占比明显低于其他小而精的民宿竞品。但没有影响重要团建会议的承办。

（2）策略二：放大空间规模

①政府视角评估

当地政府领导虽然对建筑外观不满意，但走进来体验时觉得别有洞天。策略里定下的放大公区空间规模改善了人们进入后的体验，使得整个酒店更偏向于一个度假酒店而不是旅游酒店。

②消费者视角评估

从消费者视角而言，放大的空间规模是非常核心的吸引力。2018年开业我们即提出要做"莫干山最好玩的民宿"，其实"课间"本身和"好玩"没有任何直接资源关联，只有相对而言足够宽大的公区面积以承载多样化的活动功能。

③媒体视角评估

从媒体视角而言，大公区可承载丰富的活动是一个很好的宣传点，值得推广，但因为室内设计中缺乏明显的视觉记忆点，缺乏能够吸引人来打卡的"硬照"。

④开发投资视角评估

从开发视角而言，富裕的客房及公区空间，给疫情后"课间"的转型提供了足够腾挪空间。但从财务角度看，各类建筑面积的扩大非常直接增加了成本。

⑤后续运营视角评估

从后续运营视角来看，大公区面积使得"课间"除承接住宿业务之外，还可以拓展多种类型的其他产品。

（3）策略三：高品质的外保温和门窗系统

①政府视角评估

本地和外来的政府领导没有明确的感知反馈，也不认为低能耗是属于民宿和酒店的特色卖点。

②消费者视角评估

消费者同样对外保温系统没有任何感知，觉得房间和公区保持宜人的温度是基本要求。同时，消费者对门窗系统带来的景观视野感知明显，评价较高。

③媒体视角评估

媒体认为外保温系统无法感知，也无法报道和宣传，而可全部打开的宽阔门窗是很好的拍照取景背景。

④开发投资视角评估

采用外保温系统满足了投资者之一的某位建筑师的低能耗情结，她有英国诺丁汉可持续建筑设计硕士留学背景，认为自己参与的项目应该体现这个特点。但从开发投资角度而言，由于"课间"从设计之初仅做了外保温系统，没有对建筑节能进行系统化谋划，整体节能仍然存在不少漏洞，因此，外保温系统的投入产出比总体不高。同时，外保温系统对于产品的销售和营销没有产生正面效应，属于失败的投资选项。

⑤后续运营视角评估

从运营视角而言，在不开空调的情况下，客户仍可以较为直观感受到客房夏凉冬暖，同时，餐厅13m长的推拉门窗日常维护较其他民宿更简单。但室外保温系统使得外墙温度适宜，导致植物霉菌大量生长，较大地增加了建筑外立面维护工作量。与此同时，由于门窗玻璃面积较大，清洁工作量相对其他民宿较大，且部分门窗清洁需要使用"蜘蛛人"，成本较高。

五、跳出民宿看"课间"

1.体验规模化度假酒店开发，反思民宿开发

2023年上半年，笔者加入一家文旅开发公司，老板有意愿和能力在文旅行业持续投入。公司开发的项

11 建筑外立面实景照片
12 "课间"餐厅南侧镜面水池实景照片
13-14 "课间"80m²户型南侧景观实景照片

目规模都比普通民宿大，因此，笔者有机会系统地接触到一个规模化酒店完整开发的方方面面和全部流程，这些经历也使得笔者有机会反思民宿开发的一些问题。

2.民宿的品牌方和咨询方参与度不足

规模化度假酒店开发有条件对接到酒店品牌运营方。品牌方的介入，将会使得资方在前期投资上增加成本，但从酒店全生命周期而言，实际上是为资方进行整体开发运营降低了成本。如笔者最近接触的某知名酒店品牌，要求客房数量保持在120~150间的规模，收取品牌授权费用，并开展"一酒店一设计"，这会显著地增加资方前期投资，但考虑进品牌方的会员体系及成熟的营销管理体系，相关成本均摊到150多间客房后，总体性价比仍然不错。同时，基于品牌方的经验，其提出建筑设计任务书也较为合理，比如其要求酒店整体的平均综合建筑面积为100m²/间。对比之下，"课间"客房均摊面积居然高过豪华酒店品牌，任务书设定不尽合理。

规模化的酒店开发有条件对接到各类专业的第三方咨询公司，咨询公司给出的合理建议对降本增效有直接的作用。而民宿因为客房数量少、咨询费均摊到每间客房代价太高只得放弃相关咨询。以"课间"为例，其厨房设计没有对接专业的咨询公司，采购了一批与当地餐饮完全不匹配的灶具，使用率较低，损失较大。

3.民宿的体验和服务短板明显

从体验而言，规模化度假酒店的设计团队分工较为精细，室内设计和建筑设计一般交由专业团队分别开展。而很多民宿考虑到成本原因，室内设计是由建筑师一体化开展设计，但室内设计的思路和建筑设计差异显著，软硬装、灯光、艺术品、植物、平面等这些知识繁杂组合多样，而建筑师做的室内设计往往色彩太"素"，材料质感的层次不够、体验不佳。

从服务而言，"硬件复制是相对容易的，难的是服务始终如一"已经成为行业共识，而民宿的规模短板，导致其服务品质难以匹敌规模化度假酒店。

4.民宿的资产管理体系仍不够成熟

从资产管理体系而言，规模化度假酒店资产的"投融管退"已经形成成熟的产品体系，而民宿因为集体土地性质和房屋产权等客观问题，缺乏正经的退出或交易渠道。

六、结语

乡村民宿的策划、设计、建造和运营是一个复杂的命题。设计师亲自下场之后会发现，必须要摒弃"站在空间看产业"的习惯，而应该俯下身子认认真真"站在产业的角度看空间"，也许只有这样才会收获洞见。

作者简介

俞 枫，上海课间信息技术有限公司合伙人。

村潮澎湃
——基于青年视角的乡村文创实践

Better Country Better Life
—Rural Cultural and Creative Practice Based on Youth Perspective

彭 锐 金 鑫 温 婷 张 亮
Peng Rui Jin Xin Wen Ting Zhang Liang

[摘 要] 乡村文创作为文化振兴的有效手段和主要内容，对于乡村全面振兴和特色发展具有重大意义，但是理论研究滞后于地方实践，亟待回答"为谁做，谁来做，做什么，怎么做"的基本问题。本文结合"村潮澎湃"厂牌近十年的乡村文创实践，以"青年视角"为小切口，探讨了乡村文创的价值观、认识论与方法论，并通过六类实践案例的复盘，建构了"三维六策"的乡村文创体系，实现"用文化唤醒乡土意识，用创意激活乡村经济，用共创共建和美村庄"的初心和使命。

[关键词] 乡村振兴；乡村文创；青年；村潮澎湃；三维六策

[Abstract] Rural cultural and creative industries, as an effective means and major contents of cultural revitalization, have significant implications for comprehensive rural revitalization and characteristic development. However, theoretical research lags behind local practice, urgently needing to answer basic questions such as "for whom to do it, who should do it, do what, and how to do it." This paper combines the ten-year practice experiences under the brand name "Better Country Better Life" from a youth perspective, discusses values, epistemology, and methodology in rural cultural innovation, constructs a three-dimensional six-strategies system through summary reviews, realizing the original aspirations and missions: awakening consciousness with culture, activating villages' economy with creativity, and building beautiful villages together.

[Keywords] rural revitalization; rural cultural and creative industries; youth; better country better life; three-dimensional six-strategies system

[文章编号] 2024-96-P-107

一、引言

习近平总书记在党的二十大报告中提出"全面推进乡村振兴"，强调"建设宜居宜业和美乡村"，乡村振兴和乡村建设迈入了新阶段。一方面要加强文化引领。文化振兴是乡村振兴的"根"与"魂"，为全面推进乡村振兴提供精神动力。乡村振兴不能仅盯着经济发展和物质空间，忽视文化建设和乡村治理。乡村不仅要塑形，更要铸魂；不仅要"富口袋"，更要"富脑袋"。另一方面要防微杜渐。随着乡村振兴工作的推进，乡村已经成为各方资源青睐的热土，大量人、财、物短时间内涌入乡村，难免泥沙俱下，尤其在乡村文化振兴的过程中，随着追求高周转变现的资本涌入，流水线生产的美丽乡村、网红乡村成为主流和标签，今天城市所遭遇的千城一面与特色丧失也可能成为乡村的明天。

在此背景下，乡村文创的战略价值将进一步被放大。从意义上看，乡村文创作为文化引领和特色赋能乡村振兴的重要手段，不仅是文化振兴的有效手段和主要内容，而且与其他四大振兴都有很强

的关联性，更是链接城乡资源、促进要素流动的有效媒介。从实践上看，由于乡村文创门类较多、门槛较低，自乡村振兴国家战略提出后即在全国范围内蓬勃发展，呈现出主体多元、形式多样的良好态势，也面临着市场多变、好事多磨的挑战。相对于愈发重大的意义和日益丰富的实践，乡村文创的理论研究仍显不足：关于乡村文创的概念界定仍未形成共识，或是面向乡村的"文创产品设计"，或是"乡村创客的实践行为"，或是等同于"乡村文化规划"[1]，专业立场不同，理解角度各异。在既有的研究中，关于乡村文创产品的研究较多，并形成了一定的学科交叉和融合，如程倩探讨了新消费理念下乡村文创产品的设计与开发[2]，李文嘉等提出了认知叙事视域下乡村文创产品的创新策略[3]。针对于乡村文创的热点，诸多学者也进行了讨论，如向勇探讨了艺术介入乡村文创的价值逻辑、行动框架和路径选择[4]，刘玉堂等、解学芳等提出数字化、智能化、新媒体与乡村文创结合的新方向[5-6]。但是总体来看，对于乡村文创的研究较为宽泛松散，关于乡村文创"为谁做，谁来做，做什么，怎么做"的基

本理论问题仍然值得深度讨论。

基于此，笔者结合"村潮澎湃"厂牌近十年的乡村文创实践，以"青年视角"为小切口，探讨了乡村文创的价值观、认识论与方法论，并通过六大类实践案例的复盘，建构了"三维六策"的乡村文创体系，实现"用文化唤醒乡土意识，用创意激活乡村经济，用共创共建和美村庄"的初心和使命。本文既是对过往实践的总结，也是对未来如何在乡村振兴领域践行习近平总书记"两创"方针的回应与思考。只有深度聚焦乡村文化振兴，发现蕴藏在传统农耕文化中的独特差异与人文之美，通过乡村文创的新方法进行创新性转化与创造性发展，才有可能为疗愈同质的乡村，寻回逝去的乡愁并带来新的生机。

二、乡村文创与青年视角

1. 乡村文创的三个认识——从"两山"到"两创"的方法论转换

（1）"两山"转化的新触媒

与以聚焦建筑环境风貌改造为重点的美丽乡村建

1. "喜闻乐见"四位一体的乡村文创方法示意图
2. "三维六策"的乡村文创体系示意图
3. 洞庭山碧螺春茶品牌设计与茶品分类示意图
4. 洞庭山碧螺春品牌衍生产品设计效果图
5. "树山守"数字修复示意图

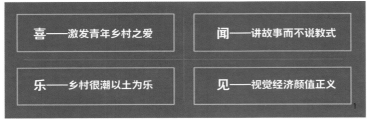

喜——激发青年乡村之爱　　闻——讲故事而不说教式

乐——乡村很潮以土为乐　　见——视觉经济颜值正义

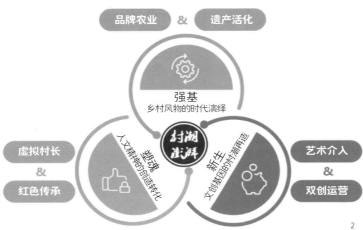

洞庭山碧螺春
DONGTINGSHAN BILUOCHUN
产地正·工艺正·血统正

水月　　人吓香煞　　小魁青元
洞庭山碧螺春·水月（大师茶）　洞庭山碧螺春·吓煞人香（口粮茶）　洞庭山碧螺春·魁元小青（青春茶）

Step 1
遗产实物

Step 2
数据采集

Step 3
云点生成

Step 4
模型构建

Step 5
3D打印

Step 6
逆向工程

Step 7
开模定塑

Step 8
文创产品

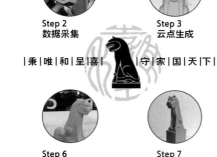

秉|唯|和|呈|喜|守|家|国|天|下

设这类空间生产模式不同，乡村文创是以小而轻，易落地，介入式的文化生产模式全方位改变乡村的生活、生产与生态，以尊重乡村的文化保育与活化利用为内核，带动乡村振兴与"两山"转换的一种全新理念方法。乡村文创根植于乡村地域环境，以乡村风貌、自然风物、人文风情、民间风俗为原料，进行文化解构与再造，以输出凝聚故事性的文创产品与文化场景带动文化传播消费，成为生态文化价值得以转化变现的全新触媒。

（2）系统建构的新实践

文创既是目标也是方法，是产品更是产业。文创产业是一种在经济全球化背景下产生的以创造力为核心的新兴产业，它可能是一个创意的点子，可能是一个网红IP，还可能是通过技术或营销手段，使产品具有独特意义的体系创新。

从系统化视角出发，笔者认为乡村文创实践不应被现时的快消文化所裹挟，仅局限在针对消费性农产品、日用品以及乡村场景的表层化与符号化设计，而应从习近平总书记的"两创"方针中汲取理论营养，搭建在地文化创造性转化和创新性发展的多维路径与完整体系，输出地域文化的IP新形象与时代新内涵，进而盘活乡土资源、赋能乡村振兴。

（3）开放包容的新图景

乡村文创从无到有，从活到火，首先离不开深厚的文脉底蕴。乡村文创以提升乡村的文化自信与文化软实力为目标，通过为乡村振兴文化赋能，可以促进在地化的生态与文化资源得以转化为可体验、可消费的新经济形态：一方面吸引文化创意人群与知识创新人群投入乡村文化建设，另一方面吸引本土本乡的年轻人返乡创业成为新农人反哺家乡，以各美其美、美美与共的开放包容价值观塑造未来乡村的生产生活新图景。

2.青年视角的乡村文创

（1）目标：双向奔赴

青年人处在最具创造力与能动性的年纪，如果把20世纪70年代的上山下乡运动看作是知识青年与广大乡村的第一次亲密接触，那么乡村文化振兴则为当代青年人开启了新的知识试炼场与创新实践地。新时代的知识青年不仅与他们的父辈一样同样心怀改变乡村的热情，还拥有更为开阔的时代视野与知识储备，是以文化产业赋能乡村振兴的最佳人选与关键力量。基于此，笔者将乡村文创定义为衔接人才振兴与文化振兴的媒介，努力促成知识青年与广大乡村在新时代的双向奔赴。

（2）方法：喜闻乐见

基于青年视角，结合村潮澎湃的一线实践，笔者以"喜闻乐见"重新诠释乡村文创方法论。

①喜——激发青年乡村之爱

以青年人的视角重新思考未来乡村生活的可能性，接纳与包容更多元的价值取向与兴趣喜好，展现当代青年的生活方式与年轻态度，从建设美丽乡村到众创和美乡村，用不一样的方法论重塑青年向往的理想之村。

②闻——讲故事而不说教式

尝试以一种新的文化生产方式，提升中国乡村讲故事的能力，以更强的创新力度推动文化创造性转化、创新性发展，把"好风景"讲出"好故事"，把"好故事"做成"好产品"。

③乐——乡村很潮以土为乐

乡村文创+潮玩活动的跨界联合可以带来强烈的戏剧性与反差感，用多元化的艺术方式重新演绎乡村的自然人文之美，可以传达与迎合当代青年的潮流审美与年轻态度，将国潮的流量从城市带向乡村。

④见——视觉经济颜值正义

尝试用年轻人喜爱的视觉传达代替传统的展陈导览，例如将乡村文化抽象与凝练成可感知、可解读的文化叙事，创作出青年人喜爱的文化IP、数字推荐官与VR代言人，用艺术化与美术化的方式提升乡村的文化魅力。

三、村潮澎湃与文创实践

1.村潮澎湃乡村文创体系

从乡村文创的业界发展状况来看，现在乡村的文创产品多面向大众化审美要求，产品产业化的准入门槛不高，普遍存在文化挖掘不够、研发能力不强、包装设计同质化倾向严重等问题。乡村文创产品只是乡村文创系统中的一个节点，只有整个系统启动了，乡村文创产品才能有更强的生命力[9]。好的乡村文创系统可以连接传统与当下，捕捉日常之中的鲜活场景与生命力，培育人的情感和经验，营造社区氛围，从而表现地域文化的特性。基于体系化思考，村潮澎湃建立了三维六策的乡村振兴全维精准打法。

2.底层维度——强基

将具有地域代表性的乡土风物与文化元素通过文创的方式进行新的时代演绎，从核心产品、延伸产品、附加产品等不同层面进行扩展，从而形成新的经济增长点，完善整个乡村产品的价值体系，这是实现乡村文化振兴的强基之本。

策略抓手一：品牌农业策划

虽然以文创设计提升乡村环境与非遗活化是目前的乡创风口与热点，但是在笔者坚持多年的实践认知中，农业仍然是解决"三农"问题的核心。村潮澎湃的文创团队坚持以农业为基的第一性原则，通过文创行为，在实用性之外加强特色农产品的观赏价值与情感体验；树立品牌形象，建构品牌理念，演绎品牌故事，助力特色农产品承载的多元价值变现。

以苏州碧螺春的品牌策划案为例，笔者在深度剖析茶叶市场行业的困局与洞察碧螺春文化历史价值的基础之上，制定了系统化的品牌文创策略：一是凝练品牌价值，解决有类无品。通过历史、产地、工艺三个维度的文化溯源为洞庭山碧螺春树立产地正、工艺正、血统正的中国名茶新形象。二是细分受众市场，建立子类品牌。通过全面持续的市场调研，对消费市场的受众代际与消费偏好进行细分，策划多个子品牌，进一步丰富与完善品牌文化内涵。三是丰富衍生产品，传达年轻态度。以茶为核，加强与科研院校的研发合作与联名推广，推出多种文创茶饼茶点，以及以山水风物为灵感的系列文创工艺品，全面拥抱Z世代，传达品牌年轻态的全新形象。

策略抓手二：遗产活化焕新

在现实的当下，人们能看到不少乡村地区都有"文创"产品，乡村不缺乏产品，但缺乏产品创新。某些乡村还在亦步亦趋地模仿和照抄，市场上什么产品"大热"，它们就做什么，盲目地跟着潮流走。该如何提升原创力，打造有温度、有情感、有创意的乡村文创产品与业态？笔者认为，这一问题的核心解法是厚植文化底蕴，从乡村地区所独有的历史文化遗产宝藏中寻找适合推广与传播的核心IP。

以树山守的诞生为例，自2012年起，村潮澎湃结合树山村陪伴式乡村规划实践，以树山村的"年兽"石像为起点，通过遗产活化打造出了一个承载树山文化印记与文旅推广形象的全新文创IP"树山守"。完成文物到文创的第一步之

6."树山守"第一款伴手礼照片　　　　8余东农民画LOGO设计及联合焕新创作现场照片
7."树山守"三大系列文创产品开发效果图　9-10."余东农民画"二次创新文创产品开发示意图

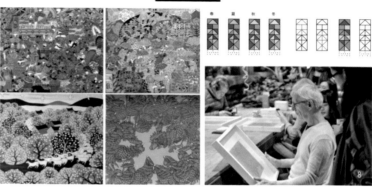

作者：毛桢喜
题材：荷塘春色。
获2014浙江省文化厅主办全省
农民画联展优秀奖。

11.张家港凤凰镇"河阳河恬"IP形象示意图　　14.昆山巴城镇费家浜虚拟村长"费团团"示意图
12.树山村"永不凋谢的梨花"艺术装置实景照片　　15.临湖镇"水东五将"文旅IP形象示意图
13.树山乡村双创中心实景照片

后，团队开始围绕"树山守"这个乡土文化遗产，用IP的视角和方法进行全面打造，同时进行线下与线上的运营推广与传播，形成线上IP运营、微店、自媒体常态化的开发运营模式，从而实现"一尊小石像，双重活起来"（遗产活化+乡村活化）的目标，对于乡村文化振兴和乡村文创兼具有启示意义。

除了物质遗产的活化，非物质遗产同样需要活化焕新。例如在衢州柯城余东村进行的文创实践项目中，笔者利用高校学术平台，邀请西班牙著名粉画家联合创作，以一幅农民画进行元素解构与再创作，重新开发了更具有现代风格与国际风潮的全新文创作品，实现了"余东农民画"的二次焕新。

3.中层维度——塑魂

5G时代，如果不能拥抱互联网与数字化，乡村就会被边缘化。然而只有科技手段，没有文化内涵的乡村文创同样难有可持续的生命力。因此必须加强乡村的在地性文化研究，基于乡村独特的生态资源、特色产业、历史文化、村落风貌等凝练出乡村文化根魂，创造出真正具有地域认同感与独特性的人文精神IP。

策略抓手三：虚拟村长

近年来各地发展乡村旅游的市场竞争越来越激烈，然而乡村物质空间环境的相似性与游览内容的同质化却越来越为游客所诟病，重塑具有地域文化特征的旅游IP形象占据了越来越重要的地位。

以张家港凤凰镇为例，笔者将河阳山歌与苏州首位状元陆器进行文化关联，创作出了一个会唱山歌的状元IP，成为凤凰乡村文旅的全新IP。在象山的乡创实践中，笔者以在当地拍摄的中国首部荣获国际奖项的电影《渔光曲》的故事为灵感，创作出了象山小渔娘这一IP形象，同时引入说唱方式演绎新时代的渔光

曲，通过音乐和影像的二次穿越形成了奇妙联结。

而以航天员费俊龙的形象为原型创作出的乡村数字推荐官费团团，同时结合航天主题落地了乡村天文馆等一系列主题文化场景，让费家浜文旅成功出圈。

策略抓手四：红色传承

"星星之火，可以燎原"，国内的大部分乡村都保留着鲜活的红色文化印记。红色文创要在充分理解红色文化的基础上，选择年轻人所喜爱的设计元素，提炼文化语汇，设计符合时代审美的红色文创产品。

例如笔者在井冈山项目中，紧紧围绕习近平总书记在当地扶贫时代表党组织对乡亲们作出的"在扶贫的路上，不能落下一个贫困家庭，丢下一个贫困群众"这一深情寄语，凝练出"在精准扶贫的道路上一个都不能掉队"这一红色精神内核，创作出了"不掉队"系列红色文创作品。在苏州的红色文创实践中，笔者则以具有鲜明地域特征的"苏州红"——水红菱为母板，创作出了苏小红这一IP形象，以鲜明的地域特色与鲜活的人物形象宣传红色文化、助力红色研学。

4.上层维度——新生

有别于城市的"有限"，在乡村拥有着更多样化的空间与无限的可能。通过乡村文创吸引有志之士来搭建双创平台与社群，他们可能是艺术家、企业家、学者，也可能是当地村民或返乡青年等，不同的社会角色聚在一起，既带来知识的流动，也促成新的希望与愿景，从而真正实现乡村的基因再造与文化新生。

策略抓手五：艺术介入

现时的乡村文创活动中，越来越多优秀历史文化资源融入当代生活，借助新形式保留地域记忆，构建

独特文化精神，为乡村振兴提供不竭动力。美术与艺术作为一种柔性活化的力量，正在以润物细无声的方式介入乡村，与乡土和居民共生，改变也在这一过程中慢慢发生。

笔者从2016年开始在树山发起了"艺树家"驻地计划，联合中国唱片、腾讯音乐、十三月文化三大顶级音乐机构，打造了首个乡村音乐文旅高地和民乐复兴长三角创作基地——树山乡村音乐会客厅，目前已经接待来自20多个国家的艺术家40余人，成功策划完成了树山梨花音乐节、树山艺术温暖乡村音乐季、苏州首届农民丰收节及音乐嘉年华、丰收音乐节等一系列主题活动。

此外，笔者把树山村的成功经验持续推广应用，以"太湖故事"为主题，挖掘设计出"水东五将""鱼米宝宝"等一批富有特色的乡土文化IP，用年轻人喜爱的美术化设计与艺术化表达，全面赋能乡村振兴。

策略抓手六：双创运营

笔者在近十余年的乡村文创实践过程中，除了创作年轻人喜闻乐见的文化产品与策划多样化的文化活动外，也在尝试建立可持续发展与沉淀积累的物质空间载体，探索基地化的全维度可持续文创智库运营。2016年，团队借力高校资源与平台优势，在树山村创建了全国首个"乡村双创中心"，通过"乡创+文创"的模式，组织双创活动、培养双创人才、孵化双创企业，激发乡村活力。

以双创中心为基地，团队还牵头创立了涵盖了餐饮、住宿、游乐、农业、文创等领域的80余家单位的树山乡村创客联盟——"树盟"，通过权利义务的约束，形成"树山命运共同体"，加强资源互补，打造产业链条，实现全域联动、抱团发展。这种全新的乡

16.临湖镇太湖稻米工厂音乐文旅嘉年华现场照片
17-18.树山村戈家坞村口"树山守"雕塑装置实景照片
19-20.树山乡村大舞台实景照片

建理念和模式不仅在实践中取得了良好成效，也得到了各级领导和相关媒体的肯定与好评。

四、结语

回望来时路，村潮澎湃的乡村文创之路从树山起源，在全国各地的持续实践中不断总结与反思，最后有四点思考与展望与大家共享。

一是放大规划的无限性：无论是"裁判员"还是"运动员"，无论"规划+"还是"+规划"，规划师能做的不止于规划，其特有的系统思维优势和统筹工作方法，不仅可以引领乡村建设，而且可以引领乡村文创。

二是明晰文创的有限性：一方面要因地制宜，并不是所有的乡村都需要乡村文创；另一方面要理性认知，乡村文创可以为乡村振兴与乡村文化赋能，但并非是万能，仍需要搭接链接平台，整合多方资源，兼顾事业和产业。

三是提高参与的本土性：乡村文创一方面要借助外力，乡村创客与知识院校是反哺乡村文创的外在助力，同时更要激发村民与新村民的"在地"参与热情，将众智营村与内生力量相结合才是可持续的方向。

四是保持永续的创新性：每代人都有自己的青春文创，每代人都有自己的不同乡愁，尊重理解与开放包容才能带来永续的创新活力，基于不同代际的乡村文创美美与共，才能真正的村潮澎湃。

参考文献

[1]许悦. 基于CiteSpace图谱的乡村文创热点与发展趋势研究 [J]. 湖南包装, 2022, 37 (4): 46-51.

[2]程倩. 新消费理念下乡村文创产品的设计与开发研究 [J]. 农业经济, 2020, (8): 138-140.

[3]李文嘉,高瑶瑶,张再瑜. 认知叙事视域下乡村文创产品创新策略研究 [J]. 包装工程, 2021, 42 (20): 381-388.

[4]向勇. 新发展阶段乡村文创的价值逻辑、行动框架和路径选择 [J]. 北京舞蹈学院学报, 2021, (4): 83-88.

[5]刘玉堂,高睿霞. 文旅融合视域下乡村旅游核心竞争力研究 [J]. 理论月刊, 2020, (1): 92-100.

[6]解学芳,张佳琪. 技术赋能:新文创产业数字化与智能化变革 [J]. 出版广角, 2019, (12): 9-13.

作者简介

彭　锐，同济大学建筑城规学院博士生，苏州科技大学乡村规划建设协同创新中心主任，村潮澎湃联合主理人；

金　鑫，新空间集团策划发展研究院院长，悉黎设计主持人；

温　婷，村潮澎湃联合主理人，苏州众智营城文化创意发展有限公司总经理；

张　亮，村潮澎湃联合主理人，苏州众智营城文化创意发展有限公司设计总监。

农村电商与乡村振兴的模式融合与发展
——以边外林场项目为例

Mode Integration and Development of Rural E-Commerce and Rural Revitalization
—A Case Study of Bianwai Forest Farm Project

桑 春 孙 亮 王树春
Sang Chun Sun Liang Wang Shuchun

[摘 要] 本研究聚焦于农村电商与乡村振兴战略的融合发展，以辽宁省抚顺市新宾满族自治县的边外林场电商项目为案例，探讨了农村电商在推动乡村经济发展和社会变迁中的作用。研究发现，农村电商不仅促进了农村经济的多元化和产业化，还为乡村振兴带来了新的发展理念和技术。文章从产品、客户、运营等多个视角出发，探讨了农村电商与乡村振兴模式融合的实践经验，并提出了一系列促进农村电商深度融合的发展策略，旨在为农村电商的深度发展提供理论和实践指导。

[关键词] 乡村振兴；农村电商；边外林场

[Abstract] This study focuses on the integrated development of rural e-commerce and rural revitalization strategy, and discusses the role of rural e-commerce in promoting rural economic development and social changes, taking the e-commerce project of the Bianwai Forest Farm in Xinbin Manchu Autonomous County, Fushun City, Liaoning Province as a case. It is found that rural e-commerce not only promotes the diversification and industrialization of the rural economy, but also brings new development concepts and technologies for rural revitalization. This paper discusses the practical experience of the integration of rural e-commerce and the new economic model from the perspectives of products, customers and operations, and puts forward a series of development strategies to promote the deep integration of rural e-commerce, aiming at providing theoretical and practical guidance for the deep development of rural e-commerce.

[Keywords] rural revitalization; rural e-commerce; Bianwai Forest Farm

[文章编号] 2024-96-P-112

1. 农村电商应对乡村振兴面临问题的发展思路图
2. 电商实践模式经验总结示意图
3. 林场消费者体验产品链示意图

一、引言

1. 项目背景

在21世纪的今天，我们正处在数字经济不断加深的新时代，随之产生的新经济模式和新一代技术变革正在改变我们的生活和工作方式，作为广袤的乡村地区在深度实施乡村振兴战略的过程中，以农村电商为代表的新经济产业模式的出现，正在成为推动我国农村地区发展的重要力量。然而，在激烈的社会变革中，这些新的力量如何与传统的农村经济和社会相融合，带动乡村地区全面发展，成为我们需要关注和探讨的重要课题。

实施乡村振兴战略是党的十九大作出的重大决策部署；党的二十大报告也强调要"全面推进乡村振兴""坚持农业农村优先发展"[1]。乡村振兴战略成为推动乡村发展的核心动力途径。2021年2月，《中共中央 国务院关于全面推进乡村振兴加快农业农村现代化的意见》中明确提出，"改造提升寄递物流基础设施，深入推进电子商务进农村和农产品出村进城"[2]，意味着发展农村事业应当加快实现农村电商物流的进程。近年

来，随着互联网、大数据等新技术的快速发展，以数字经济、分享经济、绿色经济等新经济模式不断出现[3]，正在改变着我们的生活和经济发展方式，尤其对农村地区的生活影响更为显著，从产业升级到农民生活生产方式，均发生了较大改变，乡村地区正向现代化迈进。

以农文旅融合发展的农村电商新模式，正是基于新经济模式背景下结合乡村振兴战略而兴起，通过电子商务手段，把农业、文化、旅游等产业有机结合起来，推动乡村产业的全面发展。农村电商的出现，不仅为农产品提供了新的销售渠道，也使乡村文化、乡村旅游得到了更广泛的传播，有力推动了乡村振兴的全面实现。

在当前的社会经济环境下，急需理解和掌握乡村振兴背景下农村电商的发展动向，以及两者之间的相互影响和可能的融合方式。

2. 乡村振兴战略背景下的乡村发展现状与挑战

乡村振兴战略核心目标是实现农村的经济、文化、社会、生态全面振兴，推动农业农村现代化。

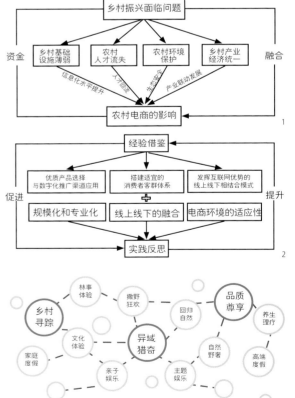

4.边外林场鸭子戏水原生态美景图　　5.边外林场特色农产品蜂蜜照片　　6.边外林场特色养殖绒山羊照片
7.边外林场蒲公英原生态美景图　　8.边外林场特色农产品松子照片　　9.边外林场特色养殖黑猪照片
10.农村电商与乡村振兴融合发展关系图

它是关系到国计民生的根本性问题，必须始终把解决好"三农"问题作为全党工作的重中之重[4]。积极推进乡村振兴战略成为全国各地的重要使命。然而，乡村振兴战略也面临着一些挑战。第一，乡村基础设施建设和公共服务设施还比较薄弱，成为影响乡村振兴战略推进的主要因素之一。尤其需要回应对交通、通信等基础设施需求增长的问题。第二，农村人才流失严重，农村人口素质和技能水平有待提高。需要通过提供更好的工作和生活条件、提供专门的培训和教育机会等多种政策来鼓励人才回流。第三，农村环保问题仍然严重。仍需要加强农村环保管理，推广环保技术，增强农民的环保意识，促进农村的绿色发展。第四，乡村产业基础多数比较薄弱且结构单一。长期依靠传统的种养殖业，乡村之间产业同质化问题突出。需要结合乡村特色推动产业多元化，发展现代农业、农村服务业和其他相关产业，提高农村经济的抵抗风险的能力等。

乡村振兴是一个长期的、复杂的任务，需要政府、社会和农民共同努力[5]，才能实现我们的目标。在21世纪的今天，农村电商作为一种新兴的商业模式，在推动农村经济发展和社会变革中发挥着日益重要的作用，成为推动乡村振兴发展的重要发展模式。

3.农村电商对乡村地区发展的影响

（1）农村电子商务的基本概念及模式

农村电子商务，通常简称为农村电商，是一种利用互联网技术和电子商务平台，实现农村和城市、农民和消费者之间的商品交易和信息交流的新型商业模式。农村电商的基本模式主要包括农村B2C（商家对消费者）、C2C（消费者对消费者）和B2B（商家对商家）等模式[6]。其中农村B2C模式主要是农民或农业企业通过互联网平台，将农产品直接销售给消费者，如淘宝农村、京东农村等平台。C2C模式则是农民或农业企业通过互联网平台，自己开设店铺，与消费者直接进行交易。B2B模式主要是农业企业之间的交易，如农产品批发市场、农产品拍卖等。

（2）农村电商的发展趋势及影响

农村电商在推动乡村振兴发展方面发挥着越来越重要的作用。具体表现在以下四个方面。

一是农村电商帮助农产品销售，提高农民收入。通过电子商务，农民可以突破地理限制，直接将农产品销售给全国各地的消费者，省去了中间环节[7]，直接进入更广阔的市场。通过电商平台，大大提高了农产品的销售效率和农民的收入水平，降低了生产成本，也加快了农业和农村的现代化进程。

二是农村电商提升农村的信息化水平。农村电商开始向多元化、社区化发展、规模化和专业化发展，如众筹农业、直播卖货、社区团购等不同类型的农村电商模式不断创新。而农村电商的发展需要网络技术、物流设施、支付手段等基础设施的支撑，因此，电商平台在农村的发展会推动相关基础设施的建设，提高农村的信息化水平，帮助农村接入现代化的经济体系。

三是农村电商帮助农村发展多元化经济。农村电商不仅仅限于农产品的销售，还涉及农村旅游、文化创意、手工艺品等多个领域，农村电商也为农村提供了更多的就业机会，有助于缓解农村的就业压力[8]，帮助农村开发更多的经济增长点，促进农村的社会稳定，推动乡村振兴。

四是农村电商促进农村人才培养和就业。电商平台需要大量的技术、运营、市场等人才，通过提供培训、咨询等服务，帮助农民提高电商运营技能，推动农村人才的成长。总的来说，农村电商正在逐步改变农村的生产、生活方式和经济结构，对农村的经济社会发展起到了重要的推动作用。

（3）农村电商面临的挑战

然而，农村电商的发展也面临诸多挑战。如何有效地将传统农业与现代电子商务相结合，如何在保证产品质量和安全的同时拓展市场，如何提升农村地区的信息化水平和物流配送效率，这些都是需要解决的关键问题。此外，农村电商的发展还需要解决技术培训、资金支持、政策指导等多方面的问题。

首先物流配送是农村电商面临的一大挑战。农村地广人稀，基础设施落后，物流配送的难度和成本都相对较高。一些电商平台通过建立农村服务站，与当地快递公司合作等方式，试图解决配送问题，但仍需进一步提升配送效率和服务质量。其次，农村地区的网络环境相对落后，网络速度慢，覆盖范围有限，也影响了农村电商的用户体验和发展潜力。虽然随着5G技术的应用，农村的网络条件正在逐步提高，但仍需进一步提升网络质量和稳定性。此外，农村电商的服务体系也需要进一步完善。包括对农民的培训服务、对消费者的售后服务、对农产品的质量监控服务等，都需要电商平台和相关部门共同努力，提供更完善、更专业的服务。总的来说，农村电商以其独特的商业模式，正在为农村带来前所未有的机遇和挑战。

本文以辽宁省抚顺市新宾满族自治县的边外林场电商项目为例，首先对边外林场电商项目的背景进行了详细介绍，随后，深入分析了项目的运营模式、产品策略、市场定位、营销传播策略以及所面临的挑战与对策。通过这些分析，旨在揭示农村电商在乡村振兴中的重要作用，探讨如何通过农村电商实现农村经济的现代化转型。最后，文章对项目的成效进行了总结，并对其未来的发展方向提出了展望。通过对边外林场电商项目的研究，我们期望能够为农村电商的发展提供更多的实践经验和理论支持，为乡村振兴战略的实施提供新的思路和方案。

二、项目概况

1.边外林场简介

边外林场实体电商项目位于辽宁抚顺新宾满族自治县榆树乡的边外林场，直线距离沈阳桃仙国际机场105km、抚顺市70km、新宾满族自治县35km，距离省道S104沈通线6.5km。林场核心区占地面积50km²，是一片山水寓形、林木驻神的自然风光秀丽之地，森林覆盖率超70%，常年负氧离子1万/cm³以上。林场拥有独特的地理位置和自然条件，覆盖着丰富的林木和多样的野生植物，成为了该地区乡村振兴的重要基地。

2.电商项目起源与发展

边外林场电商项目起源于对当地资源优势的深入挖掘和市场需求的精准把握。项目以销售当地特色农产品为主，如黑猪肉、野山参、各类时令水果等，通过建立电子商务平台，实现了产品的线上销售和品牌推广。随着互联网技术的发展和农村电商政策的支持，该项目逐渐发展壮大，成为推动当地经济发展的重要力量。

3.项目运营模式

项目采用了线上销售和线下体验相结合的模式。在线上，通过电商平台展示和销售产品，利用社交媒体和网络营销提升品牌知名度；在线下，通过积极举办立秋水果采摘季，包括蓝莓、葡萄、软枣、秋梨、沙果、山樱桃、李子、杏子等应季水果采摘，白露采摘玉米、尝苞谷宴等各类农产品体验活动，增强消费者对产品的认知和兴趣。此外，项目还特别注重产品质量和服务，建立了完善的售后服务体系，确保消费者的购物体验。

4.产品特色与创新

边外林场电商项目的一大特色是依托当地丰富的自然资源，推出一系列高品质、绿色生态的农产品。这些产品不仅满足了市场对健康生活方式的追求，也体现了乡村振兴中农业产业的创新与升级。同时，项目在产品包装设计、营销策略等方面不断创新，提高了产品的市场竞争力。

5.项目影响与社会价值

边外林场电商项目不仅为当地农民创造了稳定的收入来源，还促进了乡村旅游和文化的发展，提升了当地的整体经济水平和社会影响力。项目的成功实践为其他乡村振兴项目提供了可借鉴的经验，展示了农村电商在推动乡村经济和社会发展中的巨大潜力。

三、项目策划

1.制定精准的发展目标与运营理念

边外林场电商项目的策划始于对当地自然资源和农业生产条件的深入分析。项目的核心目标是利用现代电子商务手段，将边外林场的优质农产品推向更广泛的市场，同时推动乡村旅游和文化的发展，实现农民增收和乡村振兴。

项目坚持"绿色、生态、健康"的运营理念，注重产品的质量和安全，确保从源头到消费者手中每一环节的高标准。在营销策略上，项目采用了线上线下结合的模式，线上通过电商平台和社交媒体进行品牌宣传和销售，线下通过举办各类农业体验活动和文化活动，增强消费者对产品和乡村文化的认知。

2.优质的产品选择策略与创新

基于林场丰富的农林产品资源优势，通过实地深度调研，充分了解当前农产品的特色优势和质量安全问题，同时结合消费者的消费倾向，精准定位林场电商产品的发展方向，项目围绕"特色、差异化"的产品策略以体现"生态乡土"，遵循生态环保和自然生产环境的原则作为产品优选条件，突出农产品特色优势，融合绿色、环保，精选当地特有的农产品进行包装和推广，实现资源优势向经济优势的转变。如电商产品包括黑猪肉、野山参、春鲜礼盒、福蛋礼盒、椴树蜜/山蜂蜜、特大松子、手作黑豆油、大米、松子、榛子、散养鸡、炭和干货等。这些产品都是依托林场的自然资源优化提升而来，并注重农产品品牌打造，所有包装均印有林场的特色标记。同时，为了满足市场多样化需求，项目不断创新产品种类，如开发一系列与当地文化相关的伴手礼、健康食品等。此外，项目注重产品包装的创新设计，使产品在市场上更具吸引力和竞争力。

3.搭建适宜的消费者群体体系

林场的电商项目作为互联网信息时代发展过程中的重要产物，要想实现可持续发展，不仅仅在于提供好的销售产品服务，更应该关注消费者群体的实际需求，即制定适宜的消费客群体系。电商实践不仅是销售产品，更是通过建立会员体系，让消费者与林场建立起更紧密的联系。因而，项目首先明确了以中高端市场为主要目标，针对追求健康生活和有机食品消费者群体。基于林场特殊的地理区位和生态环境优势，结合产品优选、包装和推广渠道等视角，明确林场的电商的客户群体包括原住民、武陵人士、村民、游客、村铁等，这些人群在消费林场产品的同时，也成了林场文化的传播者。

4.充分发挥互联网优势实施线上线下相结合的营销传播策略

电商发展离不开好的销售模式，在营销传播方面，项目采用了多渠道策略，结合社交媒体营销、内容营销和影响力营销。通过故事化的内容创作，讲述边外林场的故事，传递品牌理念，增强与消费者的情感连接。同时，利用KOL和KOC等影响力营销，扩大品牌的知名度和影响力。在市场拓展上，项目不仅限于传统的线上销售，还积极探索与其他电商平台、旅游企业的合作，以及参与各类展会，扩大市场影响力。

林场通过电商实践，将线上的销售和线下的体验相结合，建立了从上游到下游的行业链条。在线下让消费者在购买产品的同时，也能够体验到林场的自然风光和文化氛围。在线上充分利用互联网移动终端营销，搭建互联网各种推广平台，诸如林场通过微信、微博等自媒体矩阵进行产品推广，同时也利用头条、火山、抖音等流量平台拓展分发渠道，以扩大林场电商产品的知名度和影响力。这种线上线下的结合，无疑增强了消费者对林场的归属感和认同感。

5.电商技术应用与人才培养相结合

项目在电商平台建设上，不断优化用户体验，如简化购物流程、提高支付安全性等。同时，积极应用大数据分析、AI等现代技术，精准分析市场趋势和消费者行为，提高营销效率和销售转化率。

项目注重人才的培养和团队建设，组建了一支既懂农业又懂电商的专业团队。通过定期培训、引进行业专家等方式，提升团队的专业能力和创新思维，确保项目的持续发展和创新。

面对日益激烈的市场竞争和不断变化的消费需求，边外林场电商项目注重持续创新和长远发展。项目团队不断探索新的业务模式和技术应用，如利用区块链技术确保产品溯源，提高消费者信任度，又如探索智慧农业，提高农产品的生产效率和质量。

6.兼顾社会责任与可持续发展

作为乡村振兴的重要组成部分，项目充分考虑社会责任和可持续发展。在推动本地经济发展的同时，项目注重环境保护和生态平衡，倡导可持续的农业生产方式。此外，项目通过提供就业机会、培训当地农民、促进农产品多样化等方式，助力当地社区发展和农民福祉提升。

总的来说，边外林场的电商实践在一定程度上推动了乡村振兴，实现了林区产品的线上销售，提高了农民的收入。但是，面对电商市场的竞争和挑战，边外林场还需要进一步提高电商实践的规模化和专业化，加强线上线下的融合，提高对电商环境的适应性，才能在电商市场中保持竞争力，为乡村振兴提供更强大的支持。

四、项目成效

1.经济效益

边外林场电商项目自启动以来，其经济效益显著。通过电子商务平台的推广，林场的特色农产品销量大幅提升，特别是其标志性产品如黑猪肉和野山参等，不仅在本地市场赢得了好评，也成功打入了更广阔的市场。这一增长不仅提升了林场的收益，也增加了当地农民的收入，有效推动了当地经济的发展。

2.社会影响

电商项目的实施，对于当地社会发展产生了深远影响。一方面，项目的成功吸引了更多年轻人返乡创业，带动了当地就业，改善了农村人才流失问题。另一方面，项目通过举办农产品体验活动等形式，促进了当地乡村旅游的发展，提升了当地的文化影响力和知名度。

3.品牌建设成效

在品牌建设方面，边外林场通过精心的市场策略和有效的宣传推广，已经逐步树立了其产品的品牌形象。通过参与各种展会、利用社交媒体进行品牌故事的传播，林场的品牌认知度和美誉度得到了显著提升。

4.技术创新成效

技术方面，项目在电商平台的应用、大数据分析和智能物流系统等方面取得了显著进展。这些技术的应用不仅提高了运营效率，也为提供更优质的消费者服务奠定了基础。通过建立会员体系、利用自媒体进行产品推广，以及线上线下的技术结合，使得林场的电商实践取得了很好的市场反馈。

5.环境与可持续发展成效

在环境保护和可持续发展方面，项目积极响应绿色生态的发展理念，推动了可持续农业的实践。例如，通过采用生态友好的农业生产方式、推广有机产品等，项目不仅保护了当地的自然环境，也提升了产品的质量和安全性。

五、结语和思考

1.项目总结

乡村振兴与农村电商的发展相互补充，相互促进，为农村地区带来了前所未有的机遇。农村电商为乡村振兴提供了全新的思路和实践路径，农村电商是这一过程中的重要驱动力和实现工具。农村电商模式的发展推动了农村地区产业结构的优化，也提升了农村经济的竞争力，是乡村振兴的重要途径。通过电商平台，农村地区可以将本地的优质产品销售到全国甚至全球，打破了传统的地域和空间限制。同时，电商平台还可以帮助农村地区提高生产效率，优化资源配置，进一步推动农村经济的发展。

2.项目反思

总的来说，边外林场的电商实践在一定程度上推动了乡村振兴，实现了林区产品的线上销售，为农村经济注入了新的活力，提升了农民的收入，推动了乡村振兴发展。然而，边外林场的电商实践在获得一定成功之时，同样也会面临一些挑战和问题。首先，电商实践的规模化和专业化还有待提高。虽然边外林场的电商实践在一定程度上提高了林区产品的销售，但是与传统的电商相比，其规模和专业化程度还有待提高。需要进一步增强电商团队的专业能力，优化运营流程，提高服务水平。其次，线上线下的融合还需要进一步加强。当前，虽然边外林场已经实现了线上销售和线下体验的结合，但是线上线下的融合程度还不够深入，需要进一步探索如何将线上的销售和线下的体验更好地结合起来，为消费者提供更加丰富和个性化的购物体验。再次，对于电商环境的适应性需要进一步提高。随着电商环境的不断变化，电商平台的规则、消费者的购物习惯等都在发生变化，边外林场需要进一步提高对电商环境变化的敏感性和适应性，才能在竞争激烈的电商市场中保持竞争力，为乡村振兴提供更强大的支持。

3.项目展望

展望未来，乡村振兴和农村电商的融合发展将呈现出更大的可能性。随着科技的进步，5G、大数据、人工智能等新技术将在农村电商中发挥更大的作用，为农村经济的发展带来更多的机遇。同时，政策支持也将对农村电商的发展起到关键的推动作用。边外林场电商项目不仅是一个商业成功案例，更是乡村振兴战略的实践者和推动者。项目的持续发展和创新将对当地乡村的经济发展、社会进步和生态环境保护产生长远的正面影响。通过这样的实践，项目有望成为推动区域乡村振兴的重要力量，为实现农业农村现代化贡献更大的力量。未来，我们有理由相信，农村地区将通过乡村振兴和农村电商的融合发展，实现更大的发展和繁荣。

参考文献

[1]刘庆, 贺亚亚. 乡村振兴背景下农村电子商务发展现状与策略[J]. 湖南农业科学, 2023(5): 101-104.

[2]中共中央、国务院关于全面推进乡村振兴加快农业农村现代化的意见[EB/OL]. (2021-02-21) [2022-12-26]. http://www.gov.cn/xinwen/2021-02/21/content_5588098.htm.

[3]潘慧, 徐宇霞. 湛江: 乘势而上 打造粤西地区区域创新中心[J]. 广东科技, 2021, 30(12): 39-42.

[4]智慧农业助力乡村振兴, 2018年智慧农业发展态势分析[J]. 农业工程技术, 2018, 38(27): 60-64.

[5]柳香莲. 乡村振兴背景下朝鲜族乡村民俗旅游合作社发展途径研究——以延边州A村为例[D]. 延吉: 延边大学, 2022.

[6]叶芳. 老龄用品电商平台急需标准补位[J]. 标准生活, 2015(12): 34-37.

[7]崔瑜琴, 马芬芬. 基于新媒体的陕西省农产品营销渠道模式优化研究[J]. 榆林学院学报, 2018, 28(5): 61-64.

[8]刘新. 有机茶推广体系建设及其绩效研究[D]. 杭州: 浙江大学, 2010.

作者简介

桑　春，上海同砚建筑规划设计有限公司董事长；

孙　亮，上海同砚建筑规划设计有限公司院长，高级工程师，注册城乡规划师；

王树春，上海同砚建筑规划设计有限公司主创规划师，工程师，注册城乡规划师。

乡村振兴项目设计和运营的实践要点
——以苏州太湖芳菲别院项目为例

Key Points of Practice of Rural Revitalization Operation
—Taking Suzhou Taihu Fangfei Garden as an Example

褚丽珍　袁中慧
Chu Lizhen　Yuan Zhonghui

[摘　要]　　民宿是全面推进乡村振兴战略发展的重要载体，作为苏州高新区首个"政企共建"乡村精品民宿项目，芳菲别院通过对当地闲置资源进行深度的开发与利用，实现乡村文旅发展和产业的延伸。本文从芳菲别院设计规划、客群特征、运营现状等角度出发，分析项目落地运营的要点、存在问题，并给出运营优化设计建议。基于乡村振兴战略的背景，芳菲别院不断探索提升民宿产业高效发展的创新性路径。

[关键词]　　乡村振兴；芳菲别院；运营优化设计

[Abstract]　Homestay is an important carrier for comprehensively promoting the development of rural revitalization strategy. As the first "government-enterprise co-construction" rural boutique homestay project in Suzhou High-tech Zone, the Fangfei Garden project deeply develops and utilizes local idle resources to realize the development and extension of rural culture and tourism. From the perspective of design planning, customer group characteristics and operation status of Fangfei Garden, this paper analyzes the key points and existing problems of the implementation and operation of the project, and gives operational optimization design suggestions. Based on the background of the rural revitalization strategy, the project further explores innovative ways to improve the efficient development of the homestay industry.

[Keywords]　rural revitalization; Fangfei Garden; operational optimization design

[文章编号]　2024-96-P-116

一、引言

1.项目背景

芳菲别院项目位于苏州市高新区镇湖街道石帆村。一直以来苏州市委、市政府大力推进乡村振兴工作，聚焦乡村旅游发展、乡村文化保护和传承、农村环境整治改善、乡村建设和提升等各方面。2020年，苏州明确以特色田园乡村建设为统领，构建由特色精品乡村、特色康居乡村、特色宜居乡村三类建设标准组成的乡村体系。2023年苏州多地发布乡村振兴片区协同发展规划，将全市1000个行政村全部纳入片区，连片编制村庄规划，打破边界消极空间，高效建设美丽乡村，振兴农村发展。

近年来，苏州高新区全面推进乡村振兴战略，充分发挥都市乡村的区位优势和依山滨湖、山水相融的生态优势，为苏州市率先基本实现农业农村现代化示范领航。目前，苏州高新区累计建成5个特色康居示范区、48个特色康居乡村，全域88个自然村达到特色宜居乡村标准，高新区成为全市唯一人居环境示范镇全覆盖的板块，树山、石帆、花野圩等分别入选省、市级特色精品乡村试点。

另外，苏州高新区结合太湖沿线自然文化资源，聚焦农文旅深度融合发展，挖掘农耕特色文化，重现太湖乡村聚落价值，推出石帆村、市干桥等"特色精品乡村"等项目，打造农村动感文化体验处和打卡点，创造多元化、差异化农文旅新体验，带动乡村全面振兴。

2.项目区位

芳菲别院坐落于苏州高新区镇湖街道石帆村，在镇湖街道石帆小学旧址上进行改造建设。项目濒临太湖，在苏州西部生态旅游度假区内，自然环境优美，生态资源丰富。

项目所在的石帆村有大规模种植的黄桃、梨、葡萄等水果，农业资源较好，并且石帆村具有深厚悠远的人文底蕴，孕育了极具地域特色的刺绣文化、渔文化和贡文化。目前，全村有1200多名绣娘，刺绣经验丰富，针法技术纯熟，石帆村凝心聚力、精益求精的工匠精神传承了中华民族非物质文化遗产，延续了苏州两千多年的丝绸文化。

3.项目功能定位

芳菲别院基于自身独一无二的资源和金海华集团化运营的优势，定位精品乡奢民宿，打造集原乡美食、乡院民宿、茶语空间、清溪庭院、自然田园等于一体的农文旅产品，兼具苏绣传承、民俗风情、旅游休闲、文化创意、商务会务等其他功能，融合打造出太湖之滨的诗意江南氛围，擦亮高新区特色田园休闲度假品牌。

4.项目建设意义

借项目建设契机，对周边基础设施和公共服务不断改善，促进石帆村的乡村文旅和非遗文化的进一步发展，为高新区全面实施乡村振兴提供新的范本。

同时，项目作为高新区首个"政企共建"项目，将政府、乡村集体经济组织、企业、农民等各个主体统筹考虑，并通过链条带动，利益共享，打造相互促进的可持续发展共生平台。通过项目落地运营，带动新型农民创新、创业，不断丰富完善乡村旅游、刺绣体验等村内产业，提升村级集体收益，带动村民实现生活富裕。本项目的成功实践为苏州乃至全国提供了可复制、可推广、可借鉴的发展模式。

二、芳菲别院建筑及景观设计特色

芳菲别院占地10亩，整个建筑按照"新乡野生活院落"的定位来设计，从景观到建筑融合当地原生态田园风光，打造一座东方原乡美学生活目的地。

1.建筑设计及功能

芳菲别院由三栋建筑组合而成。

多功能宴会区"大野之庭"，作为芳菲别院最大的主厅，总建筑面积达200m²，处处都呈现出返璞归真、素而不俗、雅而不媚的高尚空间质感。作为一个

1.布局鸟瞰图
2-3.区位及周边环境实景照片

多功能宴会厅，此处为各类主题聚会、主题活动、艺术特色展等提供丰富的多功能空间，满足人与人在原乡美学氛围中交流、互动、派对、用餐的需求，创造了一个"芳菲满庭"的新乡野中庭场景。

多功能厅边上还设有一个高端共享开放式厨房，便于客人在别院的菜园采摘新鲜食材后的自助加工烹饪，以及举办一些高端餐饮培训课程或酒吧等功能。

大野之庭的对面是院舍，一楼能够品茗闲谈，二楼往上是餐饮包厢，共设四个包厢，分别可容纳10~16人用餐，分别命名为"泊朴、泊庭、泊隐、泊溪"，以泊于原乡的意境命名，显示出芳菲新美学而独特的新乡野特色。

客房区共有5套联排阁楼式客房，平均每套户型的面积50~60m²，分别命名为"漫乡、寻林、见杉、枕溪、遇稻"，每套客房均带一个独立阳台和户外小院子，都是小复式结构，楼上套房、楼下会客。房间不仅配备智能化控制及24小时热水和地暖系统、五星级标准咖啡机和影音系统等，还带一个长满月季的院子。

为了将田园意境的雅与静完美融入，芳菲别院建筑内部设计均采用朴素的风格，同时与江南传统文化元素结合，客房推窗即山野，给人舒适温馨的感觉。独立的公共空间，可以喝茶、用餐、写书法、弹古琴、看书等，项目还会不定期举办雅集系列活动，弘扬中华传统文化，走进乡野，体验大道至简的田园生活。

2.景观设计特点

芳菲别院建筑粉墙黛瓦，墙面竹影绰绰，别院整体采用了循序渐进的路径设计，禅意庭院就地取材、取景，既保留了乡村的古朴自然，又融入了人文关怀。

别院入口的主题庭院，命名为"归去来园"，取意自著名田园诗人陶渊明的《归去来兮辞》，致敬陶渊明对田园牧歌生活向往的精神，亦表达出芳菲别院为城市客人营造一座新乡野生活院落，创造城市之外令人流连忘返的生活方式的愿景与理念。

院内造景别用心，一步一景，见证一年四季的轮转，还有枇杷树、橘子树、枫树、鸢尾、竹笋、等各类植物，每一种植物都有自己的姿态，风景轮换，生机勃勃。芳菲别院的美，既有植物欣欣向荣、院子鸟语花香；又有建筑的新中式与园内景观的巧妙融合，青堂瓦舍，意犹未尽。另外，项目处在大片稻田和树林的交接处，错落有致的建筑层次融合了田园风光，自然而又别致，动静分离的功能布局满足了小众人群对乡野休闲生活的向往。

三、芳菲别院的客群分析

一般在外出旅游时选择民宿的游客，对民宿所营造的"家"的氛围比较看重，其收入与受教育的水平较高。Jones D L和Guan J J在偏好调查中发现中国民宿的目标群体多是接受过中高等教育、收入水平处于中等以上且年轻的女性[1]。

芳菲别院的主要客群有设计师、画家、茶艺爱好者、文艺工作者、都市小资等，以女性居多，她们热衷于探寻人生意义，向往回归纯粹原野文化生活。这部分人消费能力比较强，追求个性化体验，同时由于生活压力比较大，他们比较注重品质与享受。

从客群渠道上看，目前芳菲别院主要客源渠道来自线下，主要包括店长内推、朋友介绍、回头客，以及部分自来客等；由于项目暂未在线上进行宣传推广，线上平台获客比例较低，主要渠道为某些自媒体或个人在小红书或抖音进行打卡分享，其他人看到后慕名而来。另外，还有一部分客群为高端企业公司会议或团建而来的客群。

从地区来看，目前芳菲别院的客群主要来自长三角周边地区，其中较大比例客源来自本市苏州，本市外的客源主要以上海客群为主。

从客群逗留时间来看，项目淡旺季较明显，大多数客群选择周末前来，一般逗留时间为1~2天，也有部分客群仅选择过来用餐，逗留时间约1~2小时不等。

从客群消费上看，非住宿客群客单价相对较低，午餐客单价一般在200~300元/人，晚餐客单价一般在

4.多功能宴会厅实景照片　　6-7."泊朴"一楼、二楼布局实景照片
5.共享开放式厨房实景照片　　8.客房室内外布局实景照片

300~700元/人不等。住宿客群客单价相对较高，客房区共有5套联排阁楼式客房，平均每套户型的面积50~60m²，其中有一间家庭双卧室，对外售价1888元，会员价1588元，2间加床房，2间标间，对外售价1388元，会员价1088元。

四、芳菲别院运营落地要点

1.精准项目定位

当民宿市场逐渐成熟，竞争日益激烈，针对特定消费群体、各种市场需求，需要对自身的定位做出全面、支持性的调整。结合当下的住宿市场环境，客户对民宿的需求模式发生了改变，逐步地由原先的"人+住宿"模式转变成了"人+自然+共享+体验+住宿"的多元化模式。

芳菲别院不同于苏州及长三角地区传统民宿产品，定位较为高端，项目引入金海华集团来运营，打造具备高标准的功能服务、有一定品位格调的美学设计、融合当地传统文化及自然生态为一体的新乡野休闲度假目的地。这类产品在目前民宿市场普遍低端、服务水平参差不齐的情况下，定位精准且急需。

2.创新运营模式

民宿根据地域特性和自身特征，经营模式呈现多样化，一般有自营模式、租赁模式、"公司+农户"模式、"资本+农户"模式、众筹共享模式等[2]，传统模式目前难以使民宿企业走向发展。芳菲别院是高新区首个"政企共建"乡村精品民宿项目，由镇湖街道石帆村股份经济合作社委托苏高新股份代建，金海华集团进行日常化运营的全新运营模式。根据协议，由于项目初期投资较大，政府给予一定的运营补贴，项目尽力将服务和品质做到最好，打造高新区休闲度假新品牌，实现与高新区政府、石帆村村集体三方共赢。

在具体落地运营上，金海华集团也采用不同于传统民宿的创新运营模式。芳菲别院定期举办主题茶会、诗会、雅集等系列活动，邀请知名茶艺大师带学员亲临教学，并邀请主播、摄影家、自媒体创作者等前来体验，并进行圈层社群宣传，这种模式既带动了芳菲的客源和消费，同时因要预定又破解了客源淡旺季不均的难题。

3.多样化的餐饮休闲服务

芳菲别院可以给前来的客群提供优质的用餐服务、野奢民宿客房服务等，例如淮扬特色点心早餐，客人可以从一餐美味的早餐开启芳菲的乐趣一日，午餐可以在西厨房自己做，也有日式茶室可以品茶赏花，或进行棋牌娱乐休闲，晚餐有潮州主厨烹饪的私房料理，晚餐后还可以在大野之境多功能厅趣味K歌。多样化高品质的休闲服务，以及金海华集团品牌餐饮的加持，大大增加项目的核心吸引力。

4.本土文化的发掘融入

项目作为一种独特的度假住宿方式，深度挖掘在地历史文化、特色资源等，充分利用江南本土文化元素，打造独一无二的住宿体验，提高项目的市场竞争力和品牌知名度。如芳菲别院处处园林景观细节设计，以及苏绣鉴赏、昆曲体验、江南茶会等，无不展示江南文化的精致和风情。

芳菲别院不仅仅是一个提供食宿的场所，更多时候需要向年轻客户提供另一种生活体验，同时丰富客户的情感体验、增强文化认同。

五、芳菲别院运营中存在问题

1.运营情况

芳菲别院2022年5月试运营，凭借金海华集团多年的酒店、餐饮专业化运营管理经验，目前芳菲别院以金海华自营为主。

由于项目位置不在苏州目前核心网红景区范围内，加上开业时间较短，前期投入成本较高，且项目定位较高端，为保证项目品质和服务质量，人员成本以及食材、水电等其他刚性运营成本整体较高，目前项目工作人员在12人左右，芳菲别院目前还未取得盈利。

2.存在问题

芳菲别院以特色住宿和品牌餐饮为两大核心业务，另外接待一些会务、休闲活动举办等，整体档次较高。客群主要以艺术活动举办、知名企业活动、朋友聚餐休闲等为主，目前并未进行大规模线上宣传推广，项目客群来源不足，项目知名度有待进一步提升。

受项目规模限制，项目内部空间功能单一，导致相关休闲娱乐设备和设施不够齐全，且游客整体主客、客客间的活动空间较少，无法互动交流，无法满足游客多样的空间功能需求，整体品质体验不高，自发客户再次光顾的概率比较低。

9-10.客房室内外布局实景照片

项目与周边村落、景区等资源互动相对不足，在活动体验方面，没有充分结合在地文化和生态资源，为客群提供地域特色鲜明的体验性活动，目前产品和服务对客群吸引力不足。且芳菲目前特色娱乐活动设施也不足，缺少趣味性的体验，不能满足客群亲近大自然、回归自然和感受原生乡村氛围的需求。

另外，芳菲别院的业务形式相对单一，目前的收入仅仅局限在活动举办和食宿方面，从前端休闲体验、特色住宿到后端商品销售、品牌输出的整体产业链条尚未形成。

六、芳菲别院运营优化及调整策略

芳菲别院作为一个非标准住宿体验产品，不同于普通的酒店或民宿，不能用酒店规范化服务和标准化管理作为其运营的模式。如何融合地域特点、文化特色、体验项目等内容进行优化设计、开展个性化的运营，是其需要进一步考虑的重点。

1.多元化市场发展

围绕芳菲别院所在区域石帆村的特色产业和乡情乡趣，推动芳菲与乡村多业态纵深融合，通过周边生态环境、乡村产业和在地文化的充分挖掘融合运用，形成"芳菲+"产业联动，以增加附加值和利润点，形成芳菲产业闭环发展模式，将芳菲民宿产业链从住宿、餐饮等传统产品供给走向了休闲观光、文化体验、研学教育、特色农产品销售等全产业链延伸，并且将特色产业要素嵌入芳菲的体验活动、场景消费、特色购物中。

如充分挖掘项目所在的石帆村农业资源，提供农耕文化体验、田园景观休闲、黄桃等果蔬采摘、有机农产品销售等相关的产品和服务；结合石帆村悠久的刺绣文化，开展苏绣文化体验、文化研学教育、特色手创销售、系列市集等活动举办等。多元化的市场发展也使得芳菲别院拉动与周边空间的互动交流性，加强客群与地域的衔接，通过周边空间弹性使用、体验活动等的在地化表达提高客户归属感，提升客户的黏度。

另外，抓住市场发展机会，食宿方面也需要通过开发新的业务板块来推动企业的多元化发展，例如自助餐厅、酒吧、特色产品销售等。

2.灵活的营销策略及价格策略

现代化的民宿运营需制定一套有效的营销策略，包括线上和线下营销推广。线上营销可以通过线上的自媒体营销、多元化互联网平台等进行，如小红书、抖音、微博、头条、微信公众号等社交媒体、OTA平台等；然而芳菲如何把自己的优势和特点，通过线上各渠道宣传出去并产生网红效应，需要对内容进行深入创作和专业的营销策略。

线下推广可以与其他企业建立合作关系，与其他企业或组织合作进行互推；或者定期在苏州知名打卡地不定期举办活动进行芳菲别院的线下营销，也可以结合线上自媒体宣传同步线下推广。

另外，根据市场调查结果和竞争状况，制定合理的价格策略。可以采用动态定价策略，根据市场需求和预订情况调整价格，同时，定期评估和优化价格策略，以提高营利能力。

灵活的营销策略和价格策略在确保节假日、周末客源稳定的前提下，可以带动非周末的入住率。

3.增加多维度客群类型

儿童是一个家庭最核心的消费群体，建议增加亲子家庭客群，并相应增加这些客群相应的配套和服务，如图书馆、儿童研学课程、深度体验乡村特色活动等。与周边村庄农业资源进行合作充分联动，选址设置特色采摘及农事体验基地、生态科普教育基地等，开展相关的美食体验、手工劳作、研学科普等相关课程和活动，打造形式新颖、独特，参与性强的新型研学形式。另外，可以与当地农学院、研究机构、专业培训机构等单位合作，打造专业研学课程和自然科普研学营地。

4.打造芳菲自身"IP"

《中国旅游家》首席顾问王钧凯认为，从观光与体验旅游的1.0时代，到观光与体验相结合的旅游2.0时代，再到文化旅游的3.0时代，如今中国旅游度假已进入以IP驱动旅游的4.0时代。相对比传统的度假休闲旅游，IP旅游度假极大地丰富和完善了旅游产品的内涵及价值；在运营上，IP旅游度假不同于传统旅游纯粹依靠基础设施、营造景区获取投资收益，而是通过文化资源的创意转化获取文化附加值以及良好的效益。

旅游度假IP的打造主要体现在文化含量、精彩故事、较强的娱乐性等方面上[3]。对于芳菲别院而言，其建筑及景观设计、室内设计的艺术性得到了充分的体现，苏绣、昆曲、茶艺等无不体现江南文化的传承，多元化的市场发展后，其故事性和娱乐性也都会进一步加强。每一个IP的打造需要一个过程，包含创意、积累、培育、成长、品牌、扩张等，这些需要时间及专业的人士、专业团队的创意、策划、培育和维护。

11-13 院内景观实景照片

七、若干思考

十八大以来，乡村面貌提升、美丽乡村建设、乡村振兴等接续开展，乡村基础设施和公共服务设施建设的标准和水平得到迅速提升，从而促使乡村民宿和乡村文化资源迅速发展。乡村民宿也从最初的乡村旅游配套和补充环节走向推动乡村振兴的综合性平台，也成为乡村全面振兴的重要力量。

项目所在的石帆村曾获评苏州市"十佳最美乡村"，濒临太湖，生态资源原始，至今保持着湖连河塘的自然格局和"浜村合一"的显著特征。芳菲别院项目在设计和建设过程中深耕石帆村特色文化，有机融入苏州文脉与乡野元素。打破单一民宿产品以院落和建筑为空间界限的局限，将乡村的山水林田和文化资源纳入民宿外围运营空间。芳菲通过空间的拓展、产业链的延伸和配套的共享，进一步释放对乡村经济、社会、环境、文化系统的包容性和带动性。在建设美丽乡村、带动当地乡村旅游产业提质升级等方面发挥积极的作用。

在价值创造和利益机制方面，作为高新区首个"政企共建"项目，采用村股份经济合作社与国有资本合作，将乡村集体经济组织、企业、农民、金融机构等不同主体统筹考虑，通过链条带动、利益共享，打造相互促进的可持续型共生平台。并且，通过项目落地运营，带动新型农民创新、创业，不断丰富完善乡村旅游、刺绣体验等村内产业，提升村级集体收益，带动村民实现生活富裕。

芳菲别院将继续根植产品本身，将发展优势转化为发展优势，全力建设具有高新区特有自然禀赋的特色田园乡村样板工程，助力石帆村打造"乡村旅游+特色民宿+本土文化+品牌塑造"于一体的农文旅融合发展品牌，为当地乡村振兴贡献自己的力量。

参考文献

[1]JONES D L, GUAN J J. Bed and Breakfast Lodging Development in Mainland China: Who is the Potential Customer?[J]. Asia Pacific Journal of Tourism Research, 2011, 16(5): 517–536.

[2]乔宇. 乡村振兴背景下乡村旅游民宿发展模式——以海南省为例[J]. 社会科学家, 2019(11): 102–107.

[3]虞伟民. 民宿、客栈运营中的"痛点"与"难点"——无锡市民宿、客栈运营情况调研[J]. 江南论坛, 2020(8): 47–49.

作者简介

褚丽珍，上海同砚建筑规划设计有限公司策划总监；

袁中慧，上海同砚建筑规划设计有限公司策划师。

乡村的价值再发现：基于两个上海乡村实践案例的思考

Rediscovering the Value of the Countryside: Based on Two Cases of Rural Practices in Shanghai

杨笑予
Yang Xiaoyu

[摘　要]　以近几年来深入乡村开展的观察，以及组织并进行至今的乡村振兴实践项目经验为基础，结合自身的城乡规划专业背景，笔者从个人视角出发，对上海本地开展的乡村振兴活动成果和现况进行阶段性的评价。以"现实与愿景的滞后性导致方法论的错位"为主题进行批判性的分析；并针对性地提出"方法论的白改黑""聚焦新村民的内生活力激发""建立城乡价值要素映射体系"三个发展方向的思考与展望。

[关键词]　现实的滞后性；愿景的滞后性；方法论错位；"白改黑"；新村民；价值观重塑

[Abstract]　Based on personal perspective and professional background in urban and rural planning, this paper evaluates the achievements and current situation of Shanghai's rural revitalization activities in a phased manner, drawing upon observations of recent years and experience in organizing and implementing rural revitalization projects. This paper critically analyses the theme of "discrepancy in reality and vision leading to a mismatch in methodology", and then puts forward targeted thinking and prospects for three development directions: "white-to-black methodology modification", "focusing on the internal vitality of new rural residents," and "establishing a mapping system for urban-rural value elements".

[Keywords]　lag in reality; lag in vision; mismatch in methodology; white-to-black transformation; new rural residents; reshaping of values

[文章编号]　2024-96-P-121

一、深入乡野：身体力行的沉浸式乡村实践

2019年至今，由于某些机缘，笔者在上海市奉贤区的乡村地区开展了两项长期实践工作。通过对现有的乡村宅基地、场地进行重新设计、修复、改造并优化，结合周边的场所条件，先后开启了企业社区和人才公寓两个项目。迄今为止，除去情况特殊的疫情期间，笔者几乎每周都会花约两、三天时间待在乡下。除了日常的运营管理工作外，在田头刨马铃薯，修剪和照料植物，烹饪，做案头工作，接待相熟的朋友和陌生的访客，同村委会的基层干部和工作人员，以及左邻右舍的当地居民交谈，倾听他们的烦恼，见证他们的忙碌；寻求他们的帮助，同时在力所能及的范围内施予援手。此外还有深入各个郊县的乡村地区，漫无目的地游走、观察。

对笔者而言，上海乡村的情境是不陌生的，毕竟我自幼就在这里生活、成长，几乎在这里度过了整个童年；关于这段时光的记忆闻起来就像是浓夏的水田里发酵的淤泥——绝不是仅凭两三影像、几许文章或者浅尝辄止的造访就能把握到的印象。所以，尽管如今这些有着潮湿而热烈空气的村庄大多不是笔者记忆中的童年之家，但当我以一个"外来者"的身份出现时，只需道出三两家乡话的寒暄，流于表面的戒备和疑虑往往就显而易见地缓和了；仿佛某种意料之外的状况里与同胞相认的简朴仪式，亲切而又庄严。得益

于此，笔者才得以深入乡村开展观察和实践，且称得上收获颇丰；得以实时且长期地、相对客观地观察并参与如今的上海乡村的种种景观与事件，了解其中各类人群的生存处境；以及阶段性地，将出自这些所见所闻的一系列思考整理并记录下来。

二、滞后的现实：渐行渐远的城乡时空景观

1.迟滞怠缓的乡村时间景观

同城市相比，乡村的作息起居更多地受到风土、季节和气候而不是班车和地铁时刻表的支配与限制。"时差"是显而易见的：在炎炎盛夏，这里的居民往往要在天还没亮时就起床并尽快地投入田头工作——这时天气还算得上凉爽，空气中也没有过多因为高温而自土地里被烘烤出来的水汽。然后大约在一个城市白领把咖啡纸杯放到办公桌上、启动电脑并抓住这最后的宝贵机会再补一分钟睡眠的那个时刻到来之前，村民们就把这一天绝大部分的田间工作都完成，回屋休息片刻。

近三十年来，在上海中心城市飞速发展的背景下，这种城乡"时差"一直存在且愈发凸显。中心城逐步扩张，在时间、空间、功能上都经历了翻天覆地的进化。在这个过程中，大片原属乡村的地区被卷入城市化进程，不再属于传统意义上的乡村。然而，那些更广大的、如今仍谓之"乡村"的地区，其中的时空和人文景

观大多还是一派往日情境，相较之下，显得有些暮气沉沉。身处这样的乡村，人们心中首先被唤起的往往是有些陈旧的回忆和追想，而不是对种种可能性的想象。

2.露去霜来的乡村生存景观

出于职业的缘故，在最近的十年里，笔者密切地关注、见证了烈火烹油的城市化进程盛极而缓。与此同时，"乡村"这个字眼开始逐渐出现在各种版头的标题和公共议题当中。特别在近几年，人们仿佛突然都开始热烈地谈论它；大多凭着些许不假深究的认识，以及各种美好的想象，热切地探讨着形形色色的所谓"机会"，就好像不久前它还不在那里似的。从某种意义上说，乡村确实在很长一段时间里都是"缺席"的：把昔日上海城市中心和乡村地区的景观同今天做个比较就会发现，最近三十年来，假如把上海的城市发展比作艺术家的肆意泼洒，那么乡村就像是这幅瞬息万变的瑰丽画卷里广袤且留白的画布。相比中心城改天换地般的巨变，上海乡村的绝大部分地区——除了少数曾被称为"城乡接合部"、如今已被城市化浪潮所囊括的区域外——真正谓之"乡村"的本底环境几乎没有发生什么特别值得注意的变化。深入到这些田园腹地就可以看到，以家庭、小农户为单位的农业经济形式仍广泛地存在着，"农民"往往仍然是作为身份而非职业的形式为人所认知；始建于八九十年代甚至更早的老旧宅基地房屋至今仍举目可见。

总体而言，从人文生态到环境景观，上海的乡村

1. "自游逸墅"乡村设计沙龙改造项目外景照片
2. "自游逸墅"乡村设计沙龙改造前后对比照片
3. "亦致乡寓"人才公寓改造项目一期外景照片

仍然称得上是"古典"的。而其中关于"时代"变化的最直观的感受，恐怕算不上特别积极：有机会亲自深入上海乡村探访一番的话，相比青年人和儿童，你很可能更容易在这里遇到一些中、老年人，并且在他们身上最直观地看到时间在乡村是如何流逝的。村民老龄化、村庄空心化的现象广泛存在。

多年来，城镇化运动促使大量乡村人口持续不断地涌入城镇地区；乡村被腾空，失去了大部分青壮年人口，也失去了昔日的活气。如今，许多村庄都只能靠留守的老人勉强地维持着乡村社区的基本样貌：他们大多继续从事着繁重的田间劳作，豢养家禽，在空阔的场地或路面上曝晒谷物和干草，前往附近的市场售卖农获；孤独而寂寥地维持着一派上世纪的田园景象。笔者的邻居就是一个典型：她年近鲐背，独居；性格温和开朗，记忆力严重衰退。每周我路过她家门口时向她招呼，她都会特意出来攀谈，并且每次都一定会问我是否准备在村里过夜，以及这一回打算待几天。当得到肯定的回答时，她就会连声道谢——最初令我感到有些摸不着头脑，但随后她解释了道谢的理由：每次我的到来和暂留都让她觉得"热闹了不少"——只是因为这一点，她就觉得应当向来客们表达她的感谢之情。

3.室迩人遐的乡村空间景观

正是由于原住居民人丁渐稀，宅基地房屋闲置的情况很普遍。这些空置或半空置的房屋常常权宜地成为外来务工人员的临时栖所。这些远道而来的劳动者或者通过租种农田从事农业生产，或者只是就近租住租金便宜的宅基地房屋，以便能以尽可能低的代价来把握那些不定时出现的工作机会。这些临时居民往往早出晚归，只是把这里当作宿舍，很少真正参与所处的乡村社区中来；极高的流动性也给乡村社区的治理工作带来了许多不确定性。在上海乡村，老龄化、空心化以及外来人口与本地人口严重倒挂的现象，几乎总是稀松平常的。"乡村"就像是一件旧家具，人们为了跟上时代步伐而匆忙离开；而它由于笨重、过时而被遗留下来，堪堪可用，但少人问津。

总的来说，这三十年间，在地理区位、交通条件、城市规划、政策执行、人口流动、行政区划变更等诸多因素的作用下，上海郊县谓之"乡村"的地区大体上分别经历了两种不同的命运：或者为城市化进程所囊括、最终在空间和历史上都成为了城市的一部分，亦即从此不再属于乡村；其余更为广大的田园腹地，也就是那些至今仍被称为"乡村"的地区，几乎就这样停留在了三十年前，像笔者的邻居那样风霜历尽，在遗忘的同时被遗忘。

4. "亦致乡寓"人才公寓改造项目一期外景照片
5. "亦致乡寓"人才公寓改造项目二期外景照片

三、滞后的愿景：悬而未决的未来

1.尚未到来的观念革新

作为一种现象，"乡村"在时空上的这种滞后性，潜移默化地塑造了现今公众、政府乃至城乡规划专业人士对它的认识和理解；同时也极大地影响了关于"乡村"的愿景。

从"新农村"到"美丽乡村"再到"乡村振兴"，这些年来，尽管仍未在公众、资本和市场层面上激起广泛的热情，但政府确实已经在广大乡村投入了难计其数的资源。这番耐心的耕耘是卓见成效的：上海乡村的环境——生态、人文、文化环境的修复、改善和提升肉眼可见。整洁优美的环境、更完善的社区管理、更加灵活和开放的产业发展导向，等等。但即便如此，从政策指导到基层实践，关于现代、未来乡村的愿景似乎始终还处在一种语焉不详的境地之中。少数能确定的事实之一是，在绝大多数情况下，设计师们都至少默认某种原则：从意象到内涵，乡村都必要是有别于城市的——乡村振兴的实践首先要因地制宜，避免与城市化、城镇化同质。大规模的翻新和改造有时是必要的，但仍必须保留乡村所特有的风貌环境——一座座乡村振兴示范村就在这样心照不宣的共同愿景中被创建出来：黑瓦白墙、小桥流水、绿野田园以及青石板铺成的阡陌小径——作为某种"基底意象"，诸如此类的标志性元素被一再提起并实际再现，有意无意地巩固、加深了某种关于"乡村"的固有印象。

问题在于，除了以所谓的"现代手法"重现记忆中的乡村景观和社会生态外，还有没有更值得深入思考和实践的事情？持续多年的城乡两极式的政策实施

和社会经济发展，乡村的时代性明显地滞后了，换句话说，如今所谓"现代乡村"的意象几乎可以说是缺失的，以至于不得不主要在记忆中的"古典乡村"当中去寻找开展工作的线索。纵览现时业已完成、或正在进行的大部分"乡村振兴"实践，与其说体现了城乡两地的异质内涵，毋宁说更多反映的是城乡之间的时代错位——如果说中心城是名副其实的"现代城市"，那么乡村地区就很难称得上是与之相匹配的"现代乡村"。

三十年来，无论是空间改造扩张还是社会经济关系发展，以中心城和各街镇为主要载体的城镇化进程是绝对的主旋律；相对而言，乡村的时空被搁置了。这导致今天的乡村振兴实践遭遇了这样一种困境：在"乡村"这个主题下，我们很难找到一个在时空上动态地、充满活力地延续至今的对象或现实基础供笔者直接上手去加以进一步规范、改善、拓展乃至发挥想象；这些年来，随着愈加深入最基层的乡村实践，笔者愈发感到自己常常要面对一些脱离时代的现实，以及越来越显陌生的记忆。我们往往不得不就在这样的现实基础上开展工作，得到的成果看上去就好像某种反映昔日景观的精致盆景。假如把现代社会生活看作是一个平凡但活力四射的寻常人家，那么这座盆景确实称得上端庄优美；但比起那些更不起眼的日常家居什物，它恐怕总是很难证明自己确实具有某种即便琐碎平凡但现实而生动的价值——相反，它可能常常还需要额外的照料。

2.尚不成熟的实践方法论

（1）城乡发展方法论的同质化

除了乡村愿景的滞后外，城乡发展在时代进程上

的错位，可能还导致了某种实践方法论上的错位。

自20世纪80年代起，在"集聚、效率、增长"的名义下，相比乡村的亦步亦趋，作为发展核心载体的中心城镇可谓是一路狂奔。在经历了长达三十多年对这三大信条的热切迷恋之后，如今这种"（经济意义上的）明天理应比今天更多、更高、更快"的价值取向已变得根深蒂固；仿佛任何不直接或间接地服从这些主题的倾向都要被认为是消极的。这一认识对如今重新理解乡村的价值构成了一种挑战。

正如常常能观察到的那样，在关于乡村振兴的路径设计和实践中，"产业振兴"总是占据最瞩目位置的主题；并且事实上也往往成为乡村振兴实践中的最大难题。一项有具体针对性的、严肃认真的乡村振兴计划，就其主要内容而言，经常就是一部以振兴对象为独立目标的、兼具深度和广度以及地方适应性的产业发展策划。尽管我们都赞同那些田园牧歌、蓝天白云、漱石枕流的意象是必要且珍贵的，但"增长"仍然无可置疑是必然的主角。公平地说，对产业的重视绝对不是什么谬误。但与此同时不得不承认的一个事实是：除了将来自城市发展的理论和实践经验加以调整、"改编"，以适应乡村的特殊自然地理条件、社会组织形式、资源和经济禀赋等等之外，似乎缺乏某种由更多元化的、更彻底自洽的价值观体系来支撑的乡村发展方法论。

乡村振兴的"产业主导"思维方法，基本上就相当于把乡村地区当作某种"城市的偏远地区"来看待，并没有以乡村自身为中心、并从其自身的价值本底上去重新审视真正属于乡村的价值要素——除了土地、交通、人口等等这些通常在城市作为价值核心的要素之外。这一现实处境同我们心照不宣地设定的前

6. "自游逸墅" 乡村设计沙龙改造项目内景照片
7. "亦致乡寓" 人才公寓改造项目内景照片

提——无论是外在形式还是内在逻辑上，乡村振兴不应与城市发展同质化——似乎是有所背离的。

（2）方法论革新的源头：多元化的价值观

时代性地看，乡村振兴的宏观愿景——至少也应该是愿景之一——应当是借由"乡村"这一对象的发展实践，实现对全社会价值观的一种调节和完备。这种更全面、更完备的价值观应当能给予大众一种更多元、更和谐的社会发展期望。

如今在最发达的经济体当中，实用主义至上，乃至功利主义泛滥的价值观倾向并不罕见。在经济增长的加速度整体趋于放缓、不确定性显著增加的时代背景下，应当思考：在如今超大、特大城市的乡村振兴实践中，是否可能允许一种不以"增长"为最主要，甚至唯一目标的发展观得以被明确、更坚定地陈述。

宏观地看，任何可持续发展的理念都包含着一个潜在的客观事实：既有所取、必有所予。尽管我们不想、也没有必要去质疑城市的一贯职责和追求："集聚、效率、增长"；也即"取"。但在乡村这个主题下——只要设计师们还坚持它不应与城市同质的话——是否应该着重考虑一种"予"的形式，并且通过某种机制，将城市之"取"与乡村之"予"真正地有机联动起来；在正确面对和审视城市经济发展的"外部成本"的同时，实现城市活力向乡村的蔓延？在微观层面，在每一位城市、乡村居民的身上，这种更多元的、更可持续的价值观念，应当能够扩宽人们的生存视野，允许一种不以物质财富的竞争为最主要，乃至唯一目标的人生观得到更广泛的尊重、认同和实践。

四、思考与展望

1.乡村实践方法论的"白改黑"

在当前的乡村振兴实践当中有一项实事求是且颇受群众欢迎的工作：对原有的乡村道路进行修缮和改造，使它更便于日常乡村生产生活的使用，也更适应现在机动车辆逐渐增加的现实状况。在技术手段上，通常是用新的柏油路面取代原先状况不佳的水泥、碎石路；因而这项工作常常被望文生义地称为"白改黑"。同属于乡村振兴的主题之下，笔者想在这里借用这个简洁而恰切的独特"术语"来描述第一项方法论建议。

迄今为止，上海的乡村振兴实践多采取以政府主导的"蓝图—落实"路径。大体可以概括为土地属性梳理、空间规划、产业策划、基础设施投入、空间改造和建设、产业和功能导入、平台化的运营一这样一套具体流程。本质上，"蓝图实践"是一种基于"白名单"思维的方法：即在有限的形式中规定并实践那些"可以做的"。但是，不论是从如今上海乡村所面临的现实，以及从一系列乡村振兴实践的阶段性效果看，如何更充分地引导和激活乡村的内生动力，使它能再一次自发地"生长"，或许才是应得到进一步关注的问题。在这样的认识前提下，以"黑名单"代替"白名单"：慎重地考虑各类红线——基本农田、环保、土地功能属性、集体资产保护等，明确地规定哪些是"不可以做的"，或许是值得思考的方法。

事实上，所谓的"乡村"并非仅仅只是某种区别于城市的物质空间，它更多的是一系列谓之"乡村事件"的集合。但坦白说，笔者实际上并不清楚、也无从规定未来的乡村将由哪些"事件"所组成，毕竟我们的未来愿景总也不是特别具体的。唯一可以确定的是，现代乡村的愿景不应仅仅是从过去的记忆中抽取出来，并刻意加以重现的东西。传统物质和精神文化的精髓应当得到保护和延续，但无论身处乡村还是城市，人们总是期待着变化，对未知的、崭新的明天抱有希望。明确地给出红线所在，并承诺其在现行法律基础上的有效性，以及相关政策长期的相对稳定性；然后退到一边、看看会发生什么——对于"失去"了三十年的上海乡村，通过方法论上的"白改黑"，鼓励、引导外部资源的入场乃至入驻，从而真正激活其内生活力促使其重新发育；而不是简单地重塑、覆盖。这样，笔者才可能有机会重新"目睹""发现"现代乡村的真实价值。

2.聚焦"新村民"，内生活力的激发

以重新激活乡村为目标，一切来自外部的关注和投资最终都应当指向促使乡村的再一次自我发育。而所谓"内生活力"的唯一载体是人。其中堪称中坚力量的主人翁，一贯被称为"乡民""村民"。在过去城乡二元的户籍制度背景下，"乡民""村民"的主要身份组成是"农民"。如今城乡二元的发展方针正在成为过去——我们都希望如此——上海已经多年未开放新增农业户口的注册登记了。而既有的农业户口人群，除了其中大部分随着城镇化发展而转为非农户口外，剩余的农业户口人群老龄化特征也已十分突出。尽管作为职业的"农民"的继续存在有着充分的必要性，但作为身份的"农民"，也就是历史上曾作为上海乡村地区的居民主力的这一身份群体终将成为过去式。尽管近年来一系列政策的颁布确认了非农户口的原乡村居民及其后代对诸如宅基地房屋使用权等原属农业户口享有权益的合法继承，但如何使乡村地区迎来"新血"——无论他们是否以"农民"为职业——以"主人翁"的身份建设家园的"新乡民""新村民"，如何培育、发展这一新的群体才是如今在乡村振兴实践中需要认真思考的关键。

8. "自游逸墅"举办乡村主题沙龙活动现场照片
9-10.改造施工工作现场照片
11.与村干部座谈项目进展现场照片

3.城、乡价值要素的映射体系的建立

（1）明确价值要素、建立市场化的城乡价值要素映射体系

笔者希望将乡村独特的价值要素体系区别于城市的价值要素，不希望它仅仅被当作"偏远的城市地区"来看待。但同时也要清醒地认识到，要实现这样的愿景，将乡村的价值要素完全孤立于现存的、高度市场化的城市价值要素体系是不现实的。

市场需要有可靠的途径去了解：清洁的空气、水体、自然植被、多样化的生物栖息地、低密度的生存环境等等这些具有乡村特征的价值要素是如何锚定现有的市场价值——价格体系的。也就是说，要对乡村特有的价值要素加以量化引导，赋予它一个可供市场参考评估的价格。应当考虑建立一种使之能与现有的城市价值要素——土地、空间、交通等已充分地商品化的价值要素之间实现"映射"的机制。

在政策上，"城市建设用地的土拍收入部分作为专款、针对性地用于乡村振兴"是一个好的开始。但是更重要的是具体规则的建立。缺少价格的背书，流动性所在的主体——市场就很难找到关注乡村的理由和渠道。通过行政手段已经为城乡联动发展机制打开了突破口，形成了投资指引；而要进一步激发市场的关注和兴趣的话，那么就需要建立一个清晰、具体、理性的规则，向市场传递更明确的信息。

（2）引入城乡价值要素映射的媒介：碳成本计价

在传统的城市建设用地的规划、开发和管理当中，在有限的范围内，以公共性、公益性投资（公共绿地、学校、社区服务中心等等）来交换某些可换算为市场价值的指标许可（容积率、建筑密度、限高等等）是常见的做法。但这种做法通常是一种作为行政管理手段的约定，位于交换两端的要素条件之间往往并没有一个明确的"一般等价物"。但这种传统方法至少可以给予我们一些启发：能否将这种"有条件交换"加以调整、改良，并用于实现城市和乡村的价值要素关联、映射甚至"交换"上？其次，前面提到，传统上，在城市土地开发管理中的这种以鼓励公共、公益投资为目的的政策手段中，尽管土地开发是一种市场行为，但在这一行政管理细节当中通常没有"一般等价物"来建立一种通用机制。也就是说，倘若我们想要借鉴这种方法，将它广泛地应用在链接城乡价值要素，并给乡村的价值要素赋予"估值"，从而真正引起以市场为首的、更广泛的关注和兴趣的话，那么就有必要对这一机制加以进一步完善：需要在城、乡价值要素之间引入一种"媒介"，它能够在一定程度上使关系到这些价值要素的潜在的、但至关重要的成本因素得以量化即通过传统的控制性详细规划和城市设计来规定其功能定位、开发强度、空间形态等要素的城市建设用地的开发——无论是商业性的还是公益性的——将意味着何种形式和程度的环境正、负效应？土地市场的定价体系又在多大程度上能够反映这些潜在的外部环境成本？……同时，这一媒介还要能在城市和乡村的价值要素之间建立有效的链接。结合近年来碳排放市场机制的逐步建立和完善，以"碳成本"作为"媒介"来链接城、乡价值要素、从而实现价值要素的互相"映射"，可能会是一个具有技术空间和实践潜力的思路。

从碳中和目标的角度看，一片由规划明确了开发功能和强度的城市建设用地的开发和长期利用，意味着应当将市场对之给出的价格当中的一部分，视为它的"碳成本"。而由市场将之量化为具体货币形式的"碳成本"，就可以被用于建设、维护甚至拓展那些广泛分布于广大乡村地区、并成为乡村区别于城市的独特价值要素：生物栖息地、水体、大气、植被等等主要作为"非生产性"的、环境资源再生性的价值要素——当然，也可以根据实际情况包括部分乡村的生产性要素，从而实现更可持续的投入。比起单纯的"将城市建设用地的土拍收入的部分作为专款用于乡村振兴"的行政手段，这种更具有市场化语言风格的方式是否能更直观地体现、映射那些主要属于乡村地区的、独特的"非生产性"的价值要素的价值？而如何更科学、更高效、更可持续地将这部分以"碳成本"计价的资本持续转化为那些乡村的非生产性价值要素的积累，将会成为这一体系中可能产生新的价值增长点的深度所在。

五、结语：重新发现乡村的价值

借由这样一种更贴合市场规律的城乡联动从而能够激发乡村新的内生活力的语言，可以为这些广泛地属于乡村地区的、非生产性的价值要素赋予可被市场所辨识的"估值"，并由此重塑笔者对乡村的未来愿景。尽管作为一种市场性的标识，这一"估值"并不等价于它们的实际价值；但至少，它能为笔者指出得以正确地发现和认识其真正价值的方向。与此同时，通过最广泛也最深刻的公共传播途径——市场，这一方法背后所蕴含的、以可持续发展为核心的价值观念也将得到最大程度的传递：既有所"取"，必有所"予"。

作者简介

杨笑予，上海亦致创客空间管理有限公司发起人、董事。

艺术扎根乡村与链接未来
——上海金泽古镇湖畔艺术公社漫谈

Art Rooted in the Rural and Linking to the Future
—Talking about Shanghai Jinze Ancient Town Lakeside Arts Commune

陈文玉 钱铮
Chen Wenyu Qian Zheng

[摘 要] 以上海这一国际化都市为背景，坐落在淀山湖畔的湖畔艺术公社，旨在连接不同文化、关注自然与人文和乡村教育，分享本土文化与国际联系。本文介绍了跨文化社区：湖畔艺术公社的创立和发展，以及在促进人与自然、人与人之间的和谐关系和可持续发展的努力与成就。创始人陈文玉在2012年来到淀山湖畔生活。2016年她创办了这一社区，致力于深度、真实和可持续的多日游在地体验。文章介绍了社区的发展历程、与当地社区建立信任关系和与国际艺术家的合作，还强调了与环保组织的合作以及社区在文化创新领域的成就。湖畔艺术公社与"PARS自由游戏"合作，创建了金泽艺术游戏营项目基地，以推广儿童自由游戏。这个项目强调以儿童为中心，让他们自主决定游戏内容和目的，从而促进他们与乡土联结和身心健康发展。文章还描述了金泽乡村的特色，提供各种创新的游戏体验，并吸引了艺术家的加入。最后，文章探讨了湖畔艺术公社的愿景，包括分享本土体验和推动可持续发展。

[关键词] 艺术扎根乡村教育；运营共建绿色可持续经济；本土价值；国际跨文化交流

[Abstract] Against the backdrop of the cosmopolitan city of Shanghai, nestled along the shores of Dianshan Lake, the Lakeside Arts Commune aims to bridge diverse cultures, prioritize nature and humanities, and promote rural education while fostering connections between local culture and international ties. This article introduces the establishment and development of the cross-cultural community: Lakeside Arts Commune, highlighting its efforts and achievements in fostering harmonious relationships between individuals and nature, as well as among people, all within the framework of sustainable development. In 2012, the founder, Chen Wenyu, moved to the shores of Dianshan Lake. In 2016, she established this community, dedicated to providing in-depth, authentic, and sustainable multi-day experiences deeply rooted in the local context. The article outlines the community's journey of growth, the cultivation of trust with the local community, and collaborations with international artists. It also underscores collaborations with environmental organizations and the community's achievements in the realm of cultural innovation. The article then delves into the community's relationship with local culture and rural education. Lakeside Arts Commune collaborates with "PARS PlayWork" to establish the Jinze Art Play Camp, serving as a platform to promote children's free play. This project places children at its core, enabling them to autonomously determine the content and purpose of their play, thus facilitating their holistic development. The article also describes the unique features of Jinze Village, offering various innovative gaming experiences and attracting the participation of artists. Finally, the article explores the vision of Lakeside Arts Commune, encompassing the sharing of local experiences and the advancement of sustainable development.

[Keywords] art rooted in rural education; operating and building a green and sustainable economy; local values; international cross-cultural exchanges

[文章编号] 2024-96-P-126

1.淀山湖杨舍村实景照片
2.杨舍基地水路实景照片
3.古宅四水归堂实景照片

　　湖畔艺术公社连结着世代生活在这片土地的村民和国内外艺术家，关注人与自然、人与人的和谐关系和发展。通过艺术扎根乡村、赋能乡村，它是一个促进分享乡村艺术、乡村教育、乡村生活的国际跨文化社区。

　　公社创办人陈文玉是一名海归策展人，2012年因参与淀山湖畔两座古建筑的投资和修建工作来到杨舍村；湖畔艺术公社始于2016，最早的生活基地在淀山湖杨舍村。2022年在金泽古镇林老桥开办"湖畔艺术馆"，同年公社从杨舍基地、联动到金泽林老桥和岑卜村，旨在提供淀山湖乡村一种更独特、更深度、更健康、更真实、更可持续的多日游在地体验。基地活动距离6km左右。

　　20年前，淀山湖被定义为世界湖区，它是未来面向世界的"水"家园，上海是一个包容、创新的国际化城市，如何讲好淀山湖"水"的故事，分享本土链接世界，是我们的使命。

一、湖畔艺术公社的起源

1.机缘巧合下选址淀山湖畔

　　公社创办人陈文玉2012年第一次来淀山湖项目

4.村民徐阿婆、陈文玉和她的同事现场照片　5.2017年湖畔艺术节艺术家团队现场照片　6."回归"展览现场现场照片
7.生态设计户外厨房现场照片　8.以庙宇建筑为核心的奉爱艺术社区活动现场照片　9.村民口述历史现场照片

地,看到杨舍村旁边的"青龙庙",她的家乡也有一个"青龙庙",油然升起的敬畏心使得她在一开始就与当地人建立相互尊重、彼此友善的信任关系。

2016年文玉为了筹备一个国际艺术展览"回归"召集一批艺术家以及活跃于上海的环保组织"绿色倡议"国际义工团队参与艺术空间共建,慢慢形成淀山湖国际艺术社区的雏形。"绿色倡议"是一家资深专业并且拥有丰富经验服务世界500强公司和国际学校的绿色环保机构,多年来在淀山湖与湖畔乡村提供过多场优质服务活动,例如PWC普华永道、BOOKING.COM、协和国际学校等国际机构在淀山湖乡村的低碳可持续环保活动。2017年湖畔成功举办第一届淀山湖国际跨媒介艺术展览——回归,获得上海青浦区颁发的2017—2019"淀山湖公共文化创新奖"。展览结束以后,湖畔创办人文玉想更深入地挖掘当地文化并进行在地创作,她开始收集乡村老人口述历史,调研淀山湖、杨舍村和金泽古镇,用影像记录当地每一年的变化。文化是经年累月世代流传的故事、技能和人生感悟,文玉希望将采集的文化故事分享给新一代的世界公民。

2.为什么叫湖畔艺术公社

过去8年间,社区的角色历经了多次转变。从短暂存在过的湖畔美术馆、湖畔艺术社区,到最终的湖畔艺术公社。为什么叫公社?因为依托在淀山湖公共美好的生态环境,共融、共享、共创,所以定义它为公社。村里的艺术家和村民阿婆们都可以在公社中找到自己的位置。过去几年间,不同领域的专家学者来湖畔考察并且指导文玉为她加油,其中包括上海同济城市规划设计研究院有限公司院长张尚武、台湾设计

师程文宗、同济大学吴志强院士、同济人文学院专家王国伟、台湾纸教堂创始人廖嘉展等。

二、艺术家、村民与地方的故事

1."在地性"空间营造,构建社区家园

面对艺术家、村民等个体,如何在建筑艺术与乡村自然之间构建生态循环关系和有机连接,"在地性"空间营造一直是文玉的一大课题:空间和空间中的人产生怎样的关系?提供什么使客人感受最舒服?自然的生产力、运营空间最和谐共赢的是什么内容?有一次阿婆捡起果木烧土灶饭,与刚进村的老外新村民凯德分享,凯德赞不绝口,阿婆也从中获得了价值感;平时阿婆每天会摘新鲜的菜作为礼物送给凯德做沙拉,凯德也会特意去阿婆家学习烧柴火灶饭,后来她们一起成为湖畔厨房的同事,为来公社体验的客人服务。来自不同世界的人,因为食物让他们变成好朋友和好搭档,这种关系很神奇很美好。在情感驱动下的社区本土活动交流,比如那些生态美好的非遗文化体验——阿婆茶、摇橹船、打莲湘、当地流传的老山歌,都深深吸引着大家。

湖畔秘鲁籍音乐家Inenvai和当地杨舍村的庙会"阿婆歌舞团"进行联谊活动,在当地青龙庙通过江南民歌,将原始歌声和不同国家的乐器融合,呈现一个既本土又国际多民族融合的方式。这样的活动交流看似"无利可图",但是乡村的空间会说话,庙会成为艺术家、年轻人和老年人互相认识、互相交流的社交空间。外来人对原生环境的敬畏心让本地人自然友善,促成了一种相互的尊重。老空间与新人的结合,

慢慢激发了空间更多创造力,儿童和生态游戏也依托建筑空间产生了在地的联系。

2.与下一代分享乡村的生态美好

文玉心目中的湖畔艺术公社不仅关于爱与社区家园,更是关于给下一代分享乡村的生态美好。当初最吸引文玉到村的原因是这里勾起了文玉对儿时家庭美好时光的回忆,老桥、老树、老庙、老宅和老人,这些老空间给人既有温度又轻松自由,相比大都市更容易释放天性;文玉的女儿在这里长大,孩子从小与大自然和湖水亲近,青蛙、萤火虫、蝴蝶、橘子树都是她的亲密伙伴,阿婆会带她摘野菜,教她做手工青团、草编,偶尔有机会听到隔壁爷爷拉二胡,讲当地的英雄神话。文玉小时候也在这样的环境长大,她觉得乡村更容易获得归属感和幸福感。文玉理解的乡村不仅是理想的居住地,更是一个有别于城市,可以提供孩子们更全面更深度体验生态人文的学习基地。但是乡村有太多现代规划与保护的不对称问题,物理空间的管理和社会意义上的社区营造的矛盾不可否认地存在。她觉得乡村规划可以更多留白,有更多的灵活空间,由市场决定需要哪些体验的产业,使之成为乡村价值生发、提炼的契机,在市场需求中找到当地的内生动力。

3.吸引多元人才的到达和停留

一个社区的发展,最重要的核心是人才。在一个乡村"老"空间,什么样的年轻人会考虑到乡村发展呢?应该是热爱健康生活、热爱自然、有创意、有创业目标的人。2018年,有几个老外长租在杨舍村生活,其中有一个韩国艺术家说,他喜欢村里每家每户

10-24.举办活动以及艺术家演出交流现场照片

都有土灶，看着冒烟的老烟囱，远远闻到阿婆烧菜的烟火气，非常抚慰他思念家乡的心。

许多人问湖畔艺术公社是怎样吸引国际人才精英到村的，答案是某种不言而明的精神，以及共同认可的生活方式。留住人才的核心，就是尽可能提供各种资源，同时保障有稳定可持续的商业项目支持他们留在乡村发展，获得一种生活的平衡。

4.和在地艺术家开始分享乡村教育的旅程

2022年湖畔艺术公社与国际环保组织"绿色倡议"成立淀山湖乡村"GREEN TIME"活动基地，和在地艺术家一同踏上了乡村教育的旅程，典型的包括以下三位。

①新村民舞蹈艺术家谭远波

2018年游历各地后的谭远波第一次来到杨舍村，乘着当地摇橹船到湖畔，他说："大湖泊就是个大舞台，我可以在这个生态剧场里尽情舞蹈。"2019年他与驻村南非艺术家Natali在村里以舞蹈与自然进行对话。他们共同创作了自然流动与声音疗愈作品《隐·引》。在大自然中以肢体语言去表达，让他了解了更多剧场之外的可能性。

②美国人类学博士Felix Grion

她是位非常推崇中国文化的茶艺师，大家亲切地叫她为"阿芳"，她会定期主持跨文化茶艺工作坊。通过湖畔艺术公社分享她对茶的热爱和乡村慢生活理念。

③麻进是多元立体书法艺术形式的创立人

他毕业于中国美术学院。以水为主题创作，其中作品有美国火人节艺术装置《未来》《水母》以及为在地创作的文化艺术装置《青龙上河图》。

三、地方文化和产品运营的问题

基于淀山湖和金泽的文化背景，湖畔艺术公社设计了一条路线IP叫"青龙上河图"。在淀山湖的东面，唐宋时期是著名的"青龙古镇"，杨舍村有一个青龙庙，这里的居民靠水而居，仿佛漫步在宋代"清明上河图"的场景。湖畔艺术家为"青龙上河图"创作了一个多元书法立体装置，另一部儿童绘本正在创作中。目的正是形成在地故事的传播度。2023年初运营"青龙上河图"市集，但因宣传力度不够，疫情后客流影响没有成功。

除此之外，湖畔艺术公社还碰到的一些运营问题，主要包括：

①上河的水上路线无法落地，码头没有合法资质。

②公共安全救援和公共设施缺乏。

③室内活动空间不够，夏天冬天和雨天无法执行。

④市场客户难招募，一方面大众对淀山湖区域缺乏了解；另一方面主要原因没有民宿餐厅运营资质，没办法上主流平台例如大众点评做推广，大部分商家无法推于线上市场宣传。

四、未来产品运营导向

我们重新调整产品和运营策略，目前我们的主要产品是融合艺术文旅和教育创新的乡土体验——湖畔与"PARS自由游戏"成立金泽艺术游戏营项目基地。

"PARS自由游戏"致力于研究并推广儿童自由、自主、自发的游戏，让儿童和青少年根据他们的天性、想法和兴趣，用他们自己的方式，出于他们自己的理由，来自行决定并掌控他们游戏的内容和目的。简而言之，就是以儿童为中心，由儿童自己决定玩什么、怎么玩、和谁玩，而成人要做的就是为他们提供可以自由游戏的时间和空间。

游戏是儿童的天性，是儿童生活中不可或缺的部分。然而城市的儿童，正经历着"机构化的童年"。他们从一个机构到另一个机构，他们需要去遵守每个机构里成人和老师制定的规则。但是学习的发生不仅仅在课堂里，他们更需要自由的时间和空间去主动输出他们的所学，去动手创造他们的所想，去体验和实践在真实环境里如何与人相处并解决问题。他们需要去思考并实践他们自己想做的，而不只是成人认为他们应该做的。

自由游戏提供了这样的契机，让孩子们的社交、智能、体能、情绪都在这个自由、自主、自发的过程中获得成长和发展，并且在自由的氛围里，他们的好奇心、创造力和冒险精神也能得到充分的生长。同时，自由游戏的状态对孩子们的心理健康也至关重